JN303122

現代数学の源流 上
複素関数論と複素整数論

佐武一郎

朝倉書店

前　書　き

　現代数学（20世紀以後の数学）の特徴は何だろうか？　その答えは人によって様々であろう．難しくいえば切りがない．しかしわかり易く考えて，私はその一つの答えは複素数を日常的に使うことにあるのではないかと思う．

　実際，複素数を代数学ばかりでなく，微積分や幾何学，数学全体に自由に使うことによって，これらの理論の本質が鮮明になってくる；それがその一般的展開，さらには抽象化や公理化の基礎になるのである．これは主として19世紀の数学者ガウスやリーマンの考え方である．

　この本（上巻）ではこの考えに従って，複素数がどのようにして生まれたか，その初期の応用，複素関数論や複素整数論の初歩について，数学史を交えながら解説しようと思う．しかし，著者は数学史については全くの素人なので，これに関する所には独断や偏見が多い．読者のご寛恕をお願いするとともに，識者のご叱正を仰ぎたい．

　より具体的にいえば，第1章で複素数が数として認められるまでの経過の概略を述べた．第2章では，コーシー・リーマンの複素関数の基礎理論をコーシーの留数定理まで説明した．第3章ではワイエルシュトラスの解析的延長の理論と，その応用として（複素関数としての）対数関数やガンマ関数，リーマンのゼータ関数，特にそれらの関数等式について述べた．また第4章の前半ではガウスの複素整数について説明した．

　この辺までは，微積分と（抽象）代数の初歩を学んだ人，または今学びつつある学生諸君には，必要なときに『解析概論』などを参考にしながら読めば，それ程困難なく理解できると思う．さらに整数論に興味をもたれた方は，第4章の後半を読み進められれば，現代の代数的整数論の入り口に到達することができる．そこまでゆけば，円周の等分，平方剰余の相互法則，ガウス和，2次体の類数など，本書に散在する話題の相互の結び付きがはっきりすると思う．

各章末には，その章の話題に関連する参考文献の表をつけた．また演習問題には，簡単な計算問題から定理に相当するようなものまで様々あるが，巻末にそのすべてに対しかなり詳しい解答をつけた．

本書の下巻では，さらに複素数の幾何学的応用，複素曲面（リーマン面）の理論を中心に，抽象的曲面（多様体）の理論，代数関数論などの入り口まで読者を案内したいと思っている．

著者が（浅学をも省みず）この本を書いた一つの目的は，高校の数学と大学の数学の間隙を埋めたいということである．大学に入っていきなり，ε–δ 論法や，抽象代数学，位相数学などに接し，どうしてこんな面倒なことを習わなければならないか，疑問に思う学生諸君が多いのではないかと思う．その必然性は，これらの理論の発展の歴史を知って初めてわかることである．したがって，その基礎理論を論理と歴史の両面から解説し，数学の面白さに対する興味や関心が，高校から大学へと自然に繋がり，高まってゆくようにしたいというのが著者の願望なのである．

この本を書くに当たっては，何人かの友人諸兄からご意見やご助言を頂いた．特に幾何学一般については，同僚の小林昭七氏に，イタリア語やラテン語については，一高時代からの友人戸口幸策氏に，（下巻で話題となる）最近のフラーレンの化学などについては（同じく）小玉剛二氏および下井 守氏に多くのことを教えて頂いた．佐藤文広氏には原稿の一部を読んで有益なご意見を聞かせて頂いた．またいうまでもなく，朝倉書店編集部の方々には終始お世話になった．これらの方々に，この場をかりて心から感謝の意を表したい．

2007年1月

著　者

一般的文献について：

次の文献は本文中何回も引用されるものである．

『原論』：中村幸四郎，他 訳・解説，『ユークリッド原論』，共立出版，1971．

『概論』：高木貞治，『解析概論』，改訂第3版，岩波書店，1961．

『史談』：高木貞治，『近世数学史談』，第3版，共立出版，1970；（杉浦光夫註，解説）岩波文庫，1995．

[Bourbaki] N. Bourbaki, Eléments d'histoire des mathématiques, Hermann, 1960, 2nd ed., 1969 (17. Calcul infinitésimal; 19. La fonction gamma); ブルバキ，『数学史』（村田全，清水達雄訳），東京図書，1970；ちくま学芸文庫，2006．

特に，高木貞治の『概論』と『史談』は，本書の読者には是非座右において（もしまだ読まれていなければ），並行して読み進んでもらいたいと思う．（これらの名著を原文で読めることは，日本の学生諸君の一つの特権なのである．）本書には『史談』と共通の話題に触れた所もあるが，著者には『史談』を凌駕するような説明をすることは到底不可能なので，なるべく異なる視点，異なる話題を選ぶよう心がけた積もりである．

なお，次の文献も本書を読む上に参考になると思う．

[S–O] W. Scharlau – H. Opolka, Von Fermat bis Minkowski, Springer-Verlag, 1980; W. シャーラウ・H. オポルカ，『フェルマーの系譜』（志賀弘典訳），日本評論社，1994．

[Struik] D. J. Struik, A Source Book in Mathematics, 1200–1800, Harvard Univ. Press, 1969.

目　　次

1. 複素数前史 …………………………………………………… 1
　1.1　複素数の誕生 ……………………………………………… 1
　1.2　2次方程式から3次方程式へ ……………………………… 4
　1.3　3次方程式の解法とその謎 ………………………………… 6
　1.4　オイラーの関係式 ………………………………………… 10
　1.5　オイラーの『無限解析入門』(1748) …………………… 15
　1.6　代数学の基本定理 ………………………………………… 20

2. 複素関数論 …………………………………………………… 25
　2.1　複素解析関数（正則関数）の概念 ………………………… 25
　2.2　正則関数の例 ……………………………………………… 28
　2.3　複素関数としての指数関数，三角関数 …………………… 35
　2.4　複素平面上の線積分 ……………………………………… 39
　2.5　コーシーの積分定理（ストークスの定理） ……………… 42
　2.6　コーシーの積分公式 ……………………………………… 47
　2.7　ローラン展開，留数定理 ………………………………… 51

3. 解析的延長，ガンマ関数とゼータ関数 …………………… 58
　3.1　解析的延長の原理 ………………………………………… 58
　3.2　例：対数関数，ベキ関数など ……………………………… 60
　3.3　ガンマ関数 ………………………………………………… 66
　3.4　ゼータ関数とベルヌーイ数 ……………………………… 72
　3.5　リーマンの1859年論文 …………………………………… 77
　3.6　ゼータ関数の関数等式 …………………………………… 81
　3.7　第2，第3の証明，素数定理とリーマン予想 …………… 92

付　記 ··· 98
　3A　ベルヌーイ多項式 ·································· 98
　3B　フルヴィッツのゼータ関数 ························· 99
　3C　ディリクレ級数の収束 ···························· 101

4. 代数的整数論への道 ·································· 107
　4.1　ガウスの整数 ······································ 107
　4.2　素数の素元分解 ··································· 112
　4.3　$\mathbf{Z}[i]$のゼータ関数 ······················ 118
　4.4　代数体の整数論 ··································· 121
　4.5　デデキントのイデアル論 ··························· 128
　4.6　イデアル類群と単数群 ····························· 134
　4.7　デデキントのゼータ関数 ··························· 139
　付　記 ·· 144
　4A　ディリクレ指標 ··································· 144
　4B　ガウス和と拡張されたベルヌーイ多項式 ············ 151
　4C　ディリクレのL関数 ····························· 157

問 題 解 答 ·· 171
　第1章の問題解答 ······································ 171
　第2章の問題解答 ······································ 181
　第3章の問題解答 ······································ 186
　第4章の問題解答 ······································ 196

人 名 表 ··· 221

索　　引 ··· 222

1.

複 素 数 前 史

1.1 複素数の誕生

　複素数の概念が歴史上いつ生まれたものかはっきりわからないが，それはかなり古く，疑いもなく2次方程式の解法にかかわるできごとであったに相違ない．2次式 $y = x^2 - 2$ と $y = x^2 + 2$ のグラフを描くと，図1.1のようになる．

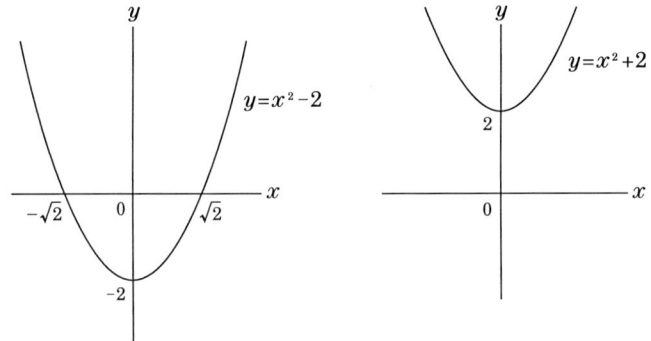

図 1.1

第1式のグラフは x 軸と2点 $(\sqrt{2}, 0)$, $(-\sqrt{2}, 0)$ で交わる．これは方程式

$$x^2 - 2 = 0$$

が2つの実根 $x = \pm\sqrt{2}$ をもつことを意味する．しかし第2式 $y = x^2 + 2$ のグラフは x 軸に向かって近づいてはくるが，交わらない．すなわち，方程式

$$x^2 + 2 = 0$$

は実根をもたない．

しかし，ここであきらめてしまえば，この本でこれから述べようとする数学の大発展は起こりえなかった．私たちにとって幸いなことに，先人たちの中には想像力豊かな人がいて，次のように考えたに違いない．第2の方程式の場合にも，第1式の場合から類推すれば，そこに目に見えない根 $\pm\sqrt{-2}$ が存在すると考えられないだろうか？ この根を表す数を仮に"空想的な数"（虚数，imaginary number）と呼んで，それを今までの実数と同じように取り扱ってみてはどうであろうか？と．

$\sqrt{-2}$ を数として扱うならば，$3+\sqrt{-2}$, $5-\frac{1}{2}\sqrt{-2}$ のようなものも自然に数の仲間に入ってくる．$\sqrt{-2}=\sqrt{2}\sqrt{-1}$ と考えられるから，現代流に $\sqrt{-1}=i$（imaginary の i）と書くことにすれば，これらの数は

$$3+\sqrt{2}i, \quad 5-\frac{\sqrt{2}}{2}i$$

と表される．一般に $a+bi$ ($a,b \in \mathbf{R}$) と表されるものを**複素数** (complex number) と呼ぶことにしよう．($\mathbf{R}$ は実数全体の集合を表す記号で，"$a,b \in \mathbf{R}$" は a,b が $\mathbf{R}$ に属す，すなわち実数であることを表す．)

複素数をいままでの実数と同じように扱うことにすれば，次のように（結合律や分配律を使って）計算ができる．

(1.1)
$$(a+bi)+(c+di) = (a+c)+(b+d)i,$$
$$(a+bi)(c+di) = ac+(ad+bc)i+bd \cdot i^2,$$

ここで i は -1 の平方根であったから，$i^2=-1$．したがって，第2式は

(1.2)
$$(a+bi)(c+di) = (ac-bd)+(ad+bc)i$$

となる．これが複素数の演算法則である．このように定義された加法と乗法に対して通常の交換律，結合律などが成立することは容易に検証できる．複素数全体の集合を $\mathbf{C}$ と書き，$\mathbf{C}$ の元，すなわち複素数を $\alpha, \beta, \ldots$ などで表すことにしよう．特に複素数 $a+0i$ は実数 a と同じものと考えることができる．

$\alpha=a+bi$ に対して，$\bar{\alpha}=a-bi$ をその**共役** (conjugate) という．(1.2) によって計算すれば，

$$\alpha\bar{\alpha} = a^2+b^2 \geq 0$$

1.1 複素数の誕生

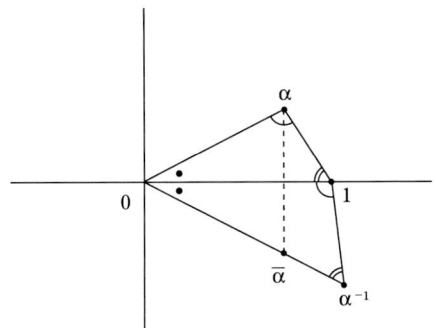

図 1.2

である．$\alpha\bar\alpha$ を $|\alpha|^2$ とも書き，α の**ノルム**（$|\alpha|=\sqrt{\alpha\bar\alpha}\geq 0$ を α の**絶対値**）という．$\alpha\neq 0$，すなわち $(a,b)\neq(0,0)$ ならば，$|\alpha|^2>0$ であるから，α の"逆数"

(1.3) $$\alpha^{-1}=\frac{\bar\alpha}{|\alpha|^2}=\frac{a}{a^2+b^2}-\frac{b}{a^2+b^2}i$$

が存在する（図 1.2）．したがって，$\alpha\neq 0$ による除法が可能である．このように複素数全体の集合 **C** においても，（実数全体 **R** においてと同様に）加減乗除の4則演算が可能なのである．（このような演算が可能で，しかも実数と同じ演算法則が成り立つ集合を，現代数学では"体"と呼んでいる．**R**, **C** をそれぞれ実数体，複素数体という．**R** は **C** の部分体である．）

以上をまとめれば，"空想的な数"といっても，複素数は実数とまったく同じ機能をもつ数なのである！ ——しかし私たちがこのような認識に到達するまでには，実に何世紀もの年月がかかったのであった．

[問題1] $2+i$ のベキ，$(2+i)^2, (2+i)^3, (2+i)^4$ を計算せよ．

[問題2] $\alpha,\beta\in\mathbf{C}$ に対し，
$$\overline{\alpha+\beta}=\bar\alpha+\bar\beta,\quad \overline{\alpha\beta}=\bar\alpha\bar\beta$$
が成り立つことを証明せよ．

1.2 2次方程式から3次方程式へ

本書の読者にとって，2次方程式の解法は周知であろうが，ここで一応復習しておくことにしよう．

（実数係数の）2次方程式

(1.4) $$ax^2 + bx + c = 0, \quad a, b, c \in \mathbf{R}, \ a \neq 0$$

が与えられたとする．形を簡単化するために，$x' = x + \dfrac{b}{2a}$ とおけば，

$$ax^2 + bx + c = a\left(x'^2 - \frac{b^2 - 4ac}{4a^2}\right)$$

となるから，

$$x'^2 = \frac{b^2 - 4ac}{4a^2}$$

を解けば，すなわち，平方根

$$x' = \pm \frac{\sqrt{b^2 - 4ac}}{2a}$$

を求めればよいことになる．よって

(1.5) $$x = x' + \frac{-b}{2a} = \frac{-b \pm \sqrt{b^2 - 4ac}}{2a}$$

が (1.4) の解である．ここで "判別式" $D = b^2 - 4ac \geq 0$ ならば，根（解）は実数であるが，$D < 0$ ならば，根は虚数になる（この場合それは互いに共役な複素数である）．

このように2次方程式は4則演算と開平によって解くことができる．解が実根の場合には，代数的に解けるばかりでなく，さらにその根を幾何学的に定規とコンパスによって作図することも可能である．実際その作図法は，すでに（紀元前300年ごろに書かれた）ユークリッドの『原論』の中に述べられている乗法と開平の作図法（第 VI 巻，命題 12, 13）から容易に導かれる（図 1.3）．

3次方程式の解法は，はるかにおくれて 16 世紀イタリア・ルネッサンス後期 1545 年に刊行された G. カルダーノ (1501–1576) の『偉大な算法』(Ars Magna) [C1] に発表された．その方法は，はじめボローニャ大学のデル・フェ

1.2 2次方程式から3次方程式へ

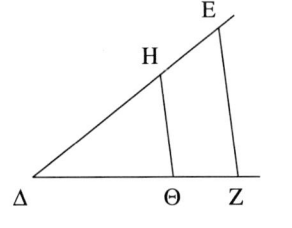
ΔH : HE = ΔΘ : ΘZ
(ΔH=1とすれば, ΘZ=HE・ΔΘ)

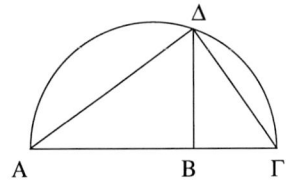
AB : ΔB = ΔB : BΓ
(BΓ=1とすれば, ΔB=$\sqrt{AB}$)

図 1.3 乗法, 開平の作図

ルロによって得られた (1515年ごろ) ものを, ヴェネツィア大学の N. フォンターナ (通称タルターリア) が, デル・フェルロの没後 1535 年にその弟子の 1 人からの挑戦を受けた際に, 独自により一般的な形で再発見した (そしてその試合に勝った) ものであるといわれている. 当時, このような解法は極秘とされており, ときどき行われる試合によってその優劣が争われたのである. カルダーノはこの 3 次方程式解法の概略を (タルターリアによれば, 絶対に公表しないことを誓って) 彼から聞き, それをその著書の中に (誓いを破って, しかしタルターリアによる解法として) 発表したのであった. ミラーノの医師兼数学者のカルダーノは多芸な人で, 占術師でもあり, 賭博好きで, 種々逸話の多い人物であったらしい[1]. ——なお『偉大な算法』の中には, カルダーノの弟子 (秘書) L. フェルラーリによる 4 次方程式の解法も記載されている.

方程式論のその後の発展について (歴史を先回りして) いえば, 4 次方程式に続いて, さらに 5 次方程式の代数的な (すなわち 4 則演算と根号だけによる) 解法が多くの数学者によって求められたが成功せず, 19 世紀初頭に至って, ノルウェーの数学者 N. H. アーベル (1802–1829) によって, それが不可能であることが証明された. さらに E. ガロア (1811–1832) により, ガロア群 (根の置換群) の概念が導入されて, 代数的解法が可能なための必要十分条件がガロア群の可解性にあることが示された. しかしこれはカルダーノから 300 年も後の話であり, しかも数学史上あまりに有名な事件で, 多くの解説書に書かれて

---

[1] Ore [C2], Ch.3, The Battle of the Scholars 参照.

G. カルダーノ   　　　　　　N. タルターリア

おり,読者もすでによくご存知のことと思うので,この本ではこれ以上その説明に立ち入らないことにしたい(たとえば,『史談』参照)[2].

1.3　3次方程式の解法とその謎

さて3次方程式の話に戻り,一般の3次方程式

$$ax^3 + bx^2 + cx + d = 0, \quad a \neq 0$$

を考える.2次方程式の場合に述べたのと同じ方法を使えば,これは $a=1, b=0$ の場合に帰着される.したがって,はじめから簡略化された形

(1.6) $$x^3 + px + q = 0, \quad p,q \in \mathbf{R}$$

であるとしよう.タルターリアの解法とは次のような(かなり技巧的な)ものである.

---

[2] 特に E. ガロアについては,彌永昌吉,『ガロアの時代 ガロアの数学』,第1部・時代篇,1999,第2部・数学篇,2002,シュプリンガー・フェアラーク東京 に詳しい.

$x = u+v$ とおき，上式に代入すれば，(2項定理 $(u+v)^3 = u^3+3u^2v+3uv^2+v^3$ により)

$$u^3+v^3+(3uv+p)(u+v)+q=0$$

となる．よって

(1.7) $$\begin{cases} u^3+v^3 = -q \\ uv = -\dfrac{p}{3} \end{cases}$$

をみたす u,v が求められればよいことになる．u^3, v^3 は2次方程式

$$t^2 + qt - \frac{p^3}{27} = 0$$

の根であるから，上記の根の公式により

$$t = \frac{-q \pm \sqrt{D}}{2}, \quad D = q^2 + \frac{4p^3}{27}.$$

したがって，もし p, q が実数で，$D \geq 0$ ならば，この2根も実数で，その3乗根

$$u_1 = \sqrt[3]{\frac{-q+\sqrt{D}}{2}}, \quad v_1 = \sqrt[3]{\frac{-q-\sqrt{D}}{2}}$$

を実数の範囲で求めることができ（条件 $u_1 v_1 = -p/3$ も自然にみたされ），(1.6) の実根 $x_1 = u_1 + v_1$ が得られる．すなわち，

(1.8) $$x_1 = \sqrt[3]{\frac{-q+\sqrt{D}}{2}} + \sqrt[3]{\frac{-q-\sqrt{D}}{2}}.$$

これが通常"カルダーノの公式"と呼ばれるものである．(当時は実数係数の3次方程式の実根を求めることが解法の主目標だった.)

> [問題3] 実数係数の3次方程式は少なくとも1つの実根をもつことを（方程式を解かずに）証明せよ（中間値の定理の応用）．また実根の個数は（重複度をいれて）1か3であることも示せ．

しかし，$D < 0$ の場合も含めて考えるならば，t は一般に複素数になり，その3乗根 u のとり方は，複素数の範囲で3通りある（そのそれぞれに応じて v は $uv = -p/3$ により一意的に決まる）．後に説明するように（問題11），1 の3乗根，すなわち $x^3 = 1$ の（複素数）解は

$$1, \quad \omega = \frac{-1+\sqrt{-3}}{2}, \quad \omega^2 = \frac{-1-\sqrt{-3}}{2}$$

によって与えられる．したがって，1組の解 (u_1, v_1) を（$u_1 v_1 = -p/3$ となるように）とれば，他に2組の解 $(\omega u_1, \omega^2 v_1), (\omega^2 u_1, \omega v_1)$ が存在し，(1.6) の解 x として (1.8) の他に

(1.8′)
$$x_2 = \omega \sqrt[3]{\frac{-q+\sqrt{D}}{2}} + \omega^2 \sqrt[3]{\frac{-q-\sqrt{D}}{2}},$$
$$x_3 = \omega^2 \sqrt[3]{\frac{-q+\sqrt{D}}{2}} + \omega \sqrt[3]{\frac{-q-\sqrt{D}}{2}}$$

の2つが得られる．($D > 0$ のとき，x_1 を (1.8) で与えられる実根とすれば，x_2, x_3 は互いに共役な複素数になる．）

[問題4] 上の記号で，
$$x^3 + px + q = (x-x_1)(x-x_2)(x-x_3)$$
が成立することを確かめよ．

注意 問題4の等式は x, u_1, v_1 に関する恒等式として成立する．$y = -u_1$, $z = -v_1$ とおいて書き直せば，

$$x^3 + y^3 + z^3 - 3xyz = (x+y+z)(x+\omega y+\omega^2 z)(x+\omega^2 y+\omega z)$$

となる．また特に $p = 0, q = -1$ の場合には，$u_1 = 1, v_1 = 0$ となるから，

$$x^3 - 1 = (x-1)(x-\omega)(x-\omega^2)$$

を得る．

[問題5] 等式
$$(x_1-x_2)(x_1-x_3)(x_2-x_3) = 3\sqrt{-3}(u_1{}^3 - v_1{}^3) = 3\sqrt{-3}\sqrt{D}$$
を証明せよ．この式は3次方程式 (1.6) の "判別式" が
$$((x_1-x_2)(x_1-x_3)(x_2-x_3))^2 = -27D = -(4p^3 + 27q^2)$$
であることを示している．したがって，3次方程式 (1.6) が "等根" をもつためには，$D = 0$ が必要かつ十分な条件である．

当時，方程式は原則として正係数のものだけを取り扱い，式ではなく言葉で述べられており，その解法も数値例によって示されるのが通例であった．これはひとつにはユークリッド以来の伝統として，常に幾何学的解釈を念頭においていたためであろう．今日のように代数学において文字を係数とする一般の方程式が扱われるようになったのは，約40年後フランスの数学者 F. ヴィエート (1540–1603) に始まるといわれている．

さて，カルダーノが取り扱った例のひとつに

$$x^3 = 15x+4$$

がある．（上の記号で，$p=-15$, $q=-4$．この3次式は有理数体において $x^3-15x-4=(x-4)(x^2+4x+1)$ と分解してしまうから，あまりよい例とはいえないが，便宜上採用する．）これにカルダーノの公式 (1.8) を適用すれば，

$$D = q^2+\frac{4}{27}p^3 = -484 < 0$$

であるから，

$$x_1 = \sqrt[3]{2+11i} + \sqrt[3]{2-11i}$$

となる．複素数の計算（問題6）により $2\pm 11i = (2\pm i)^3$ であるから，$u_1=2+i$, $v_1=2-i$ とすることができ，確かに

$$x_1 = u_1+v_1 = 4$$

が1つの根である．他の2つの根は (1.8′) により，$x_2, x_3 = -2\mp\sqrt{3}$ である．

[問題6] 上記 x_2, x_3 を与える式を確かめよ．

[問題7] 一般に $p,q \in \mathbf{R}$, $D<0$ のとき，上の解法における u_1, v_1 として共役複素数をとることができ，それに対し $u_1 v_1 = -p/3$ がみたされ，1つの実根 $x_1 = u_1+v_1$ が得られる．またそのとき (1.8′) によって与えられる x_2, x_3 も実根になる．これらのことを証明せよ．（したがって，方程式 (1.6) が3つの実根をもつためには $D<0$ が必要十分である．）

上の例のように，3つの根が実数であるにもかかわらず，根の公式を使うと

必ず虚数が介入してくることは，当時の人（少なくともカルダーノ）には非常に不可解な現象であった．現在，ガロア理論を知っているものにとっては，（一般の3次方程式のガロア群が3文字の対称群になること，3次の巡回拡大とベキ根拡大の関係などから）容易に理解できることである．カルダーノはこのように虚数を取り入れなくてはならないことに「"心の痛み"(incruciationibus) を抑えながら計算する」と書いている[3]．しかし，この3次方程式解法をひとつの契機として，代数学において複素数が不可欠であることが認識されはじめたのであった．

余談になるが，『偉大な算法』(1545) が出版されたのは，コペルニクスの地動説が発表された2年後，「それでも地球は動く！」と叫んだ G. ガリレイ (1564–1642) がまだ生まれる前のことである．人類の自然認識の歴史上，その重要さにおいて双璧ともいうべき "虚数" と "地動説" が，その後それぞれどんな運命をたどったかを比較してみることは，科学史上（むしろ人間の精神史上）非常に興味ある話題になるのではなかろうか．(現在でもアメリカには地動説を認めない教会が存在している！ 一方，日本には文部科学省教育審議会で2次方程式など実生活に必要ないから教えなくてもよいと主張した "学識経験者" がいたと聞く.)

1.4 オイラーの関係式

以上，方程式論における複素数の本質的な役割について述べた．しかし，（次の章で詳しく説明するように）複素数の真価は "複素関数" を考えるとき発揮されるのである．『解析概論』（第5章）には，「それ（複素関数論）によって，初等関数の本性が初めて明らかになり，微分積分学に魂が入った」と書かれている．

17世紀の後半，I. ニュートン (1642–1727) や G. W. ライプニッツ (1646–1716) によって創立された微分積分学は，元来，実関数の解析学であった．しかし，18世紀に入り L. オイラー (1707–1783) の時代になると，まだ本格的とはいえないが，補助的に複素関数も考えられるようになった．指数関数と三角

---

[3] [C1] Ars Magna, Ch.17, Rule 2, Demonstration. （しかしこれは単なるかけ言葉だという説もある.）

1.4 オイラーの関係式

L. オイラー

関数を結ぶ"オイラーの関係式"

(1.9) $$e^{ix} = \cos x + i \sin x$$

や,"ド・モアブルの公式"(1730)

(1.10) $$(\cos x + i \sin x)^n = \cos nx + i \sin nx$$

などが有名である(ただし,ここで x は実変数).

もし現在,私たちがオイラーの等式 (1.9) を証明するとすれば,これらの関数のベキ級数展開(テイラー展開)を使うのが最も自然な方法であろう.まず指数関数 e^x はベキ級数

(1.11) $$e^x = 1 + x + \frac{1}{2}x^2 + \cdots + \frac{1}{n!}x^n + \cdots$$

に展開される.ここで形式的に x に虚数 ix を代入すれば

$$e^{ix} = 1 + ix - \frac{1}{2}x^2 + \cdots + \frac{i^n}{n!}x^n + \cdots$$

となる.この一般項において

n が偶数 $2m$ のとき, $i^n = (-1)^m$,

n が奇数 $2m+1$ のとき, $i^n = (-1)^m i$

であるから，三角関数のベキ級数展開

(1.12) $\quad \sin x = x - \dfrac{1}{6}x^3 + \cdots + (-1)^m \dfrac{1}{(2m+1)!} x^{2m+1} + \cdots,$

(1.13) $\quad \cos x = 1 - \dfrac{1}{2}x^2 + \cdots + (-1)^m \dfrac{1}{(2m)!} x^{2m} + \cdots$

と比較してみれば，ただちに関係式 (1.9) が得られる．

　三角関数のベキ級数展開 (1.12),(1.13) などはすでにニュートンに知られていたから (1665 年の論文)，オイラーも当然上のような証明を頭に描いたに相違ない．しかしオイラーの『無限解析入門』(1748) [E2] においては，そのような知識は一切仮定せず，まずこれらのベキ級数展開を求めることから始めている．これは教科書としての教育的意識によるものであろう．実際, J. L. ラグランジュ (1736–1813) らによる剰余項つきテイラー展開の厳密な形式は，当時まだ得られていなかった．(しかしオイラーは少し後の著書『微分法』(1755) [E3] においては，テイラー展開を導入し利用している．もちろん，収束の問題は度外視されているが．)——複素関数としてのベキ級数やその収束の概念が確立されるのは, 19 世紀になってからのことである (§2.2).

　ここで今後の議論にしばしば登場する"テイラー展開"なるものの由来について少し説明しておく必要があると思う (ブルバキ,『数学史』参照)．今日，私たちは微分積分学の教科書で，まず極限の概念を学び，続いて微分 (導関数)，高次導関数，その計算法や応用 (極値の計算など) に進み，さらに平均値の定理，その拡張としてテイラー展開，そしてその剰余項が 0 に収束する場合としてテイラー級数，というような順序でテイラー級数に到達する．そしてその例として，上述の三角関数 $\sin x$, $\cos x$, 指数関数 e^x のテイラー展開 ((1.11),(1.12),(1.13)) などを学ぶ．テイラー級数 (ベキ級数) は，収束する範囲内では項別に微分したり積分したりできる．

$$\dfrac{d \sin x}{dx} = \cos x,$$

$$\sin x = \int_0^x \cos t\, dt, \quad \arctan x = \int_0^x \frac{1}{1+t^2} dt$$

などはそのよい実例を与える．

　しかし，現実の歴史はこれとはまったく異なり，むしろ逆の方向に進んだということができる．微分法は曲線の接線を求める問題として17世紀初頭から何人かの数学者によって研究されていたが，ニュートン，ライプニッツによって（独立に）1660年代から1670年代にかけて，"微分法"として統一的に取り扱われるようになった．しかしそのとき"導関数"の正確な定義が与えられたわけではなかった．ニュートンにおいては力学と結びついた"速度"ないし"流率"（fluxion）として，ライプニッツでは"微分"（differential）の比（微分商 $\dfrac{dy}{dx}$）として，いずれも"無限小"というあいまいな言葉にもとづいて定義されたのであった．（そのため高次の導関数の導入に困難が生じた．）極限や微分の概念が最初に（不完全ではあるが）明確に定義されたのは，J. L. R. ダランベール（1717–1783）の『百科全書』中の解説（1754）においてであり，その厳密な構成は19世紀になって初めて B. ボルツァーノ（1781–1848），A. L. コーシー（1789–1857）らによって達成されたのである．（それが私たちが習う ε–δ 法式である．）

　一方，17世紀には取り扱われる関数は限られていたので，それらはいつでも無限級数（ベキ級数）：

$$f(x) = a_0 + a_1(x-a) + a_2(x-a)^2 + \cdots + a_n(x-a)^n + \cdots$$

の形に展開できるという，一種の作業原理のようなものが認められていた．しかしそれが（高次導関数を使って）"テイラー展開"から得られること（すなわち，$a_n = \dfrac{f^{(n)}(a)}{n!}$ となること）は初期には知られておらず，意外なことにニュートンによる三角関数のベキ級数展開や一般2項定理

$$(1+x)^\alpha = 1 + \alpha x + \frac{\alpha(\alpha-1)}{2!}x^2 + \cdots + \frac{\alpha(\alpha-1)\cdots(\alpha-n+1)}{n!}x^n + \cdots$$

$$(|x| < 1,\ \alpha \text{ は有理数}),$$

ライプニッツの有名な公式

$$\frac{\pi}{4} = 1 - \frac{1}{3} + \frac{1}{5} - \frac{1}{7} + \cdots$$

(§3.6 参照) などの発見は, いずれも特殊な計算によるもので, 決してテイラー展開から直接得られたものではなかった. 今日 "テイラー展開 (級数)" とよばれるものが史上に現れたのは, 1715 年に出版された B. テイラー (1685–1731) の著書[4]で, その中に

「変数 z が $z+v$ に一様に流れる (変わる) とき, (関数) x は
$$x + \dot{x}\frac{v}{1\cdot\dot{z}} + \ddot{x}\frac{v^2}{1\cdot 2\,\dot{z}^2} + \dddot{x}\frac{v^3}{1\cdot 2\cdot 3\,\dot{z}^3} + \text{etc.}$$
になる. ……」(Prop.VII, Th.III, Col.II)

という記述があり, これを現代流に翻訳するとテイラー級数になるのである. しかしこの式はグレゴリー–ニュートンの補間式から (クラインの言葉を借りれば, "異常に大胆な", 当時の流儀で) 極限をとって得られるものであり, それを (現代の意味で) "テイラー級数" であるというのはやや牽強付会といわざるをえない. 一方, ニュートン, ライプニッツと並んで微積分学の創始者 (になったであろう) といわれるスコットランドの数学者 J. グレゴリー (1638–1675) は, テイラーの本が出版される半世紀近くも前に (その手紙や草稿の中で) 多くの初等関数のテイラー展開を得ており, その一般式も知っていたのではないかといわれている[5]. またライプニッツとヨハン・ベルヌーイ (1667–1748) の間にもテイラー級数 (に相当する式) についての文通があり, 後者はその式を 1694 年の論文に発表している. (その 20 年後に, テイラーが上記の著書でこの論文を無視していることに対し, ベルヌーイは抗議したといわれている.)

テイラーはニュートンの直弟子で, 1715 年当時, 英国王立協会の秘書を務めており, その会長はまさに全能のアイザック・ニュートン卿であった. よく知られているように, 英国のニュートン学派と大陸のライプニッツ学派の間には熾烈な競争意識があり, また当時は論文の発表流通に困難があったことなどが, このようにやや異常な事態を招いた原因となったのであろう.

そもそも「すべての関数は無限級数に展開できる」という信念がその証明に先行して広まったことが, このような混乱を招いた根底にあったのである. これを「平行線の公理」を理論の基礎として導入したユークリッドの冷静な態度

---

[4] B. Taylor, Methodus incrementorum, 1715; [Struik] Source Book, pp. 328–333.
[5] M. Dehn and E. D. Hellinger, Certain mathematical achievement of James Gregory, Amer. Math. Mon. 50 (1943), 149–163 参照.

と対比して考えてみる必要があるであろう．——しかし（ニュートンたちからラグランジュにまで及んだ）この信念は，次の章で説明するように，19世紀に複素関数論の成立によって，奇しくも現実化されることとなった．そして実際ワイエルシュトラスは，それを関数論の「公理」的建設の基礎に採用したのであった．

注意 実関数の範囲では，関数 $f(x)$ が何回でも微分可能で，そのテイラー級数
$$\sum_{n=0}^{\infty} \frac{f^{(n)}(a)}{n!}(x-a)^n$$
が収束しても，それは必ずしも $= f(x)$ ではない．たとえば，
$$f(x) = e^{-1/x^2} \ (x \neq 0 \text{ のとき}), \ f(0) = 0$$
として定義される実関数 $f(x)$ は $(x = 0$ においても$)$ 何回でも微分可能で，$f^{(n)}(0) = 0$. したがって，0 におけるテイラー級数は恒等的に $= 0$ となり，$\neq f(x)$ である．

[問題 8] 上の注意に述べたことを確かめよ．

1.5 オイラーの『無限解析入門』(1748)

前置きが長くなってしまったが，それではオイラーはいったいどうやってこれらの関数 e^x, $\sin x$ などのベキ級数展開を求めたのであろうか？『無限解析入門』(第 7 章，指数量と対数の級数表示，……) から，その部分 (§§114–116, 122) を抜粋してみよう．以下，高瀬正仁訳『オイラーの無限解析』(海鳴社) を参考させていただいたことを記し，訳者に感謝の意を表する．

「まず，$a^0 = 1$. もし a が 1 より大きい数であれば，a のベキ指数が増大するにつれて，a のベキの値もまた増大していく．このことから明らかなように，もしベキ指数が無限小だけ 0 を超えるならば，ベキの値もまた無限小だけ 1 を超える．そこで ω は無限に小さい数，すなわちどれほどでも小さくてしかも 0 とは異なる数としよう．それに対し，
$$a^\omega = 1 + \psi$$

とおけば，ψ も無限小の数である．ψ と ω の比は a と記した量に依存するが，さしあたり $\psi = k\omega$ とおくことにする．すると

$$a^\omega = 1 + k\omega$$

となる．（中略）

ここで任意の値 n に対して，

$$a^{nw} = (1+k\omega)^n$$

であるから（n を正整数とすれば），

$$a^{nw} = 1 + \frac{n}{1}k\omega + \frac{n(n-1)}{1\cdot 2}k^2\omega^2 + \frac{n(n-1)(n-2)}{1\cdot 2\cdot 3}k^3\omega^3 + \cdots$$

そこで z はある有限数を表すものとし，$n = z/\omega$ と定めると，ω は無限小の数であるから，n は無限大（の整数）になる．ω に $\omega = z/n$ を代入すれば，

$$a^z = \left(1 + \frac{kz}{n}\right)^n = 1 + \frac{1}{1}kz + \frac{1(n-1)}{1\cdot 2n}k^2z^2 + \frac{1(n-1)(n-2)}{1\cdot 2n\cdot 3n}k^3z^3 +$$

$$+ \frac{1(n-1)(n-2)(n-3)}{1\cdot 2n\cdot 3n\cdot 4n}k^4z^4 + \cdots$$

この等式は，n に無限大数を代入しても正しい．そのとき，

$$\frac{n-1}{n} = 1$$

となる．実際，n に代入する数が大きければ大きいほど，分数 $\frac{n-1}{n}$ の値はそれだけ 1 に接近していくのは明白である．同様の理由により，

$$\frac{n-2}{n} = 1, \quad \frac{n-3}{n} = 1.$$

以下も同様である．これらの値を上式に代入すれば，

$$a^z = 1 + \frac{kz}{1} + \frac{k^2z^2}{1\cdot 2} + \frac{k^3z^3}{1\cdot 2\cdot 3} + \frac{k^4z^4}{1\cdot 2\cdot 3\cdot 4} + \cdots$$

となる．（原文では n は i と記されている．これは infinity の i である．しかし虚数の i とまぎらわしいので，ここでは n と書きあらためることにした．）

この等式は，数 a と k の間の関係をはっきり示している．実際，$z = 1$ とおけば，

$$a = 1 + \frac{k}{1} + \frac{k^2}{1\cdot 2} + \frac{k^3}{1\cdot 2\cdot 3} + \frac{k^4}{1\cdot 2\cdot 3\cdot 4} + \cdots$$

となる．(中略)

ここでさらに，$k=1$ とすれば，

$$a = 1 + \frac{1}{1} + \frac{1}{1\cdot 2} + \frac{1}{1\cdot 2\cdot 3} + \frac{1}{1\cdot 2\cdot 3\cdot 4} + \cdots$$

となる．諸項を十進分数に変換して実際に加えると，a として

$$2.71828\ 18284\ 59045\ 23536\ 028$$

という値が得られる．この数値の最後の数字もまた正しい．

この底にもとづいて対数を制作するとき，それらの対数は**自然対数**または**双曲線対数**という名で呼ぶ習わしになっている．(中略) 表記を簡単にするために，この数 $2.71828\ 18284\ 59\cdots$ をつねに文字

$$e$$

を用いて表すことにしよう．(中略) したがって

$$e^z = 1 + \frac{z}{1} + \frac{z^2}{1\cdot 2} + \frac{z^3}{1\cdot 2\cdot 3} + \frac{z^4}{1\cdot 2\cdot 3\cdot 4} + \cdots$$

となる．」(引用終わり)

これに続いてオイラーは，対数関数のベキ級数展開や自然対数の実際の数値計算などもしているが，それは省略し，ここで以上の論法を一応整理してみよう．ちなみに自然対数の底を e で表すのは，虚数単位 i とともに，オイラーによって導入された記号である (e は Euler の頭文字？)．また $\pi, \sin x, \cos x$ などの記号もオイラーの本によって普及したといわれている．なお，オイラーは階乗の記号 $n!$ は使わずに，この本ではいつも $1\cdot 2\cdot\cdots\cdot n$ のように，目に見える形に書いている．

正数 a に対する k の定義は，現代流にいえば，

$$k = \lim_{x\to 0} \frac{a^x - 1}{x},$$

すなわち $\left(\dfrac{da^x}{dx}\right)_{x=0}$ である．したがって，$a^x = 1 + kx$ という式は，a^x をその"1次の近似" $1+kx$ でおきかえて考えることを意味する．この近似式から

$$a^x = \lim_{n \to \infty} \left(1 + \frac{kx}{n}\right)^n$$
$$= 1 + kx + \frac{k^2 x^2}{2!} + \frac{k^3 x^3}{3!} + \cdots$$

を導いたのである．ここで暗黙の中に，無限級数の極限を項別に計算できること（2つの極限が交換可能なこと）を使っている．しかし，微分も（極限の記号さえ）使わずに，2項定理だけからあっさりと指数関数 a^x の正確なベキ級数展開を導き出してしまうところは，(ライプニッツ流の極限論法を推し進めたものであるが)，さすが鮮やかな名人芸というべきではなかろうか．

[問題 9] 上に述べたオイラーの証明を現代的に再構成することを試みよ．

[問題 10] 上と同様の論法により，$a^x = 1 + y$ とおくとき，上と同じ k によって
$$x = \log_a(1+y) = \lim_{n \to \infty} \frac{n}{k}((1+y)^{\frac{1}{n}} - 1)$$
$$= \frac{1}{k}\left(y - \frac{y^2}{2} + \frac{y^3}{3} - \cdots\right) \quad (|y| < 1)$$
となることを証明せよ．

最初に述べたオイラーの等式 (1.9) の証明も，上と同様の考え方から導くことができる ([E2] 第8章，円から生じる超越量，§§132–138)．まず，周知の（高校で習う）三角関数の加法定理：
$$\cos(x+y) = \cos x \cos y - \sin x \sin y,$$
$$\sin(x+y) = \sin x \cos y + \cos x \sin y$$
が，複素数の乗法を使って，

(1.14) $\quad \cos(x+y) + i\sin(x+y) = (\cos x + i\sin x)(\cos y + i\sin y)$

と書き表されることに着目する．これから特に

(1.15) $\quad \cos nx + i\sin nx = (\cos x + i\sin x)^n$

（ド・モアブルの公式）が得られる．これらの式はすでに $\cos x + i\sin x$ が和を積に移すという指数関数の特性をもつことを示唆している．

1.5 オイラーの『無限解析入門』

そこでまた $\cos x, \sin x$ の ($x = 0$ における) 1 次の近似が，それぞれ $1, x$ であることを使って，指数関数のときとまったく同様に，

$$\begin{aligned}
\cos x + i \sin x &= \lim_{n\to\infty} \left(\cos\frac{x}{n} + i\sin\frac{x}{n}\right)^n = \lim_{n\to\infty}\left(1 + i\frac{x}{n}\right)^n \\
&= \lim_{n\to\infty}\left(1 + ix - \frac{n-1}{n}\frac{x^2}{2} - i\frac{(n-1)(n-2)}{n^2}\frac{x^3}{3!} + \cdots\right) \\
&= \sum_{m=0}^{\infty}(-1)^m\frac{x^{2m}}{(2m)!} + i\sum_{m=0}^{\infty}(-1)^m\frac{x^{2m+1}}{(2m+1)!}
\end{aligned}$$

が得られる．この最後の式は，§1.4 のはじめに見たように，(形式的に) e^{ix} のベキ級数展開に等しいから，オイラーの関係式

(1.16) $$e^{ix} = \cos x + i \sin x$$

を得る．それと同時に，上の等式の実数部分と虚数部分を比較すれば，$\cos x$, $\sin x$ のベキ級数展開も得られるのである．

『無限解析入門』ではさらに，関係式

$$\sin x = \frac{1}{2i}(e^{ix} - e^{-ix})$$

を使って，$\sin x$ の無限積展開：

(1.17) $$\sin x = x\prod_{n=1}^{\infty}\left(1 - \frac{x^2}{n^2\pi^2}\right)$$

が証明されている ([E2] 第 9 章, §158)．

(これに関しては小林昭七 [E4] に詳細な紹介がある[6]．または『概論』§64 参照．なお，一般に無限積の収束などについては『概論』§51, 定理 45 を参照せよ．(1.17) の無限積はそこに述べられている意味で"絶対収束"する．)

なお，上式 (1.17) において $x = \pi/2$ とおけば，"ウォリスの公式" (1654)

(1.18) $$\frac{\pi}{2} = \frac{2}{1}\frac{2}{3}\frac{4}{3}\frac{4}{5}\cdots$$
$$\text{(現代的に書けば，} = \prod_{n=1}^{\infty}\left(1 - \frac{1}{4n^2}\right)^{-1}\text{)}$$

が得られることに注意しておく ([E2] 第 11 章, §§184–185)．J. ウォリス (1616–

---

[6] 小林 [E4], pp. 216–220.

1703) はデカルト,フェルマー,パスカル,ホイヘンスらとともに,17世紀,微分積分学の創成期におけるニュートン,ライプニッツの直接の先駆者の1人である.

1.6 代数学の基本定理

§§1.2, 1.3 でみたように,複素数の範囲で考えれば,2次方程式は2つの根,3次方程式は3つの根をもつ.より一般に,(複素数係数の) n 次方程式は(複素数の範囲で) n 個の根をもつであろうと考えられる.いいかえれば,n 次の多項式は

$$(1.19) \quad a_0 x^n + a_1 x^{n-1} + \cdots + a_n = a_0(x-\alpha_1)\cdots(x-\alpha_n)$$

$$(a_0, a_1, \ldots, a_n \in \mathbf{C},\ a_0 \neq 0,\ \alpha_1, \ldots, \alpha_n \in \mathbf{C})$$

のように n 個の1次因数の積に(一意的に)分解されるであろうと考えられる.これが実際そうなることを主張するのが**代数学の基本定理**である.

このことは18世紀オイラーのころにはすでに"事実"として予知されていた.ダランベールら何人かがその証明を試み,オイラー自身も「奇数次の実係数方程式は少なくとも1つの,全体で奇数個の,実根をもつ」ことなどを証明している.しかし,当時の主要な関心事はむしろ方程式の実際的解法や根の近似計算にあったのであろう.この"存在定理"の理論的重要性を認識し,初めて完全な証明を与えたのは,よく知られているように,C. F. ガウス (1777–1855) である.[7] (この本では §2.6 に関数論による証明を与える.(1.19) における分解の一意性は帰納法によって簡単に証明される.)

ガウスは18歳のときから3年間ゲッティンゲン大学に学んだが,その学位論文としてこの定理を1799年(庇護を受けていた領主フェルディナント公の希望によって,ヘルムシュタット大学に)提出した.半世紀後,1849年にはゲッティンゲン市において,ガウスの学位50周年記念の祝典が行われた.そのとき (72歳の) ガウスはこの定理の4つ目の証明を発表したといわれている.

ガウスは複素数の重要性を最初に明確に認識した数学者と考えられている.今日では常識的なことであるが,実数が直線上の点として表されるのと同様に,

---

[7] 全集 [G1] III, 1–30.

1.6 代数学の基本定理

C. F. ガウス

複素数 $a+bi$ は平面上の座標 (a,b) の点として実現でき,それによって複素数の演算の幾何学的意味も明確になることは,ガウスによって初めて明示されたのであった.このように複素数を表示する平面を,現在では,"複素平面"または"ガウス平面"と呼んでいる.後に述べるように,ガウスは単に方程式論に複素数を活用したばかりでなく,複素関数論,特に楕円関数,さらに複素整数論など現代数学の広い分野における複素数の基本的な役割を確立したのである.

しかし現実にはガウスは,1830年ごろまで(無用な哲学的論争に巻きこまれるのを避けるために),複素数を表面に出すことにきわめて慎重であった.上記の代数学の基本定理に関する学位論文も「(実数係数の)1変数多項式 $f(x)$ が1次または2次の(実数係数の)因数に分解されることの新しい(!)証明」という形で発表されている.("新しい"というのは,以前にダランベール,オイラー,ラグランジュらの証明があるからで,それらが不完全であることも指摘されている.)

[問題11] 方程式 $x^n - 1 = 0$ の根("1の n 乗根")は,ガウス平面上では単位

円周の n 等分点

(1.20) $\qquad e^{2\pi ik/n} = \cos\dfrac{2\pi k}{n} + i\sin\dfrac{2\pi k}{n} \quad (k=0,1,\ldots,n-1)$

によって与えられることを示せ. $\zeta = e^{2\pi i/n}$ とおけば,これらは $1, \zeta, \zeta^2, \ldots, \zeta^{n-1}$ と表される.(それは位数 n の巡回群になる.)(図 1.4)

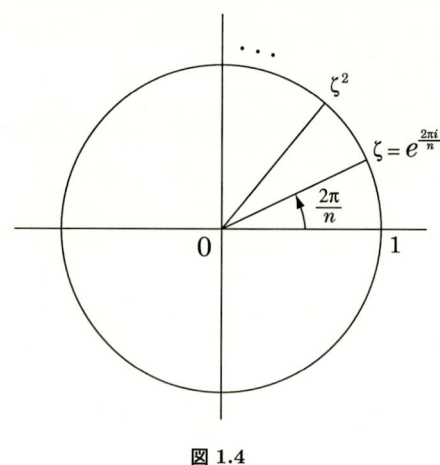

図 1.4

[問題 12] 5 次方程式 $x^5 - 1 = 0$ は 4 則演算と開平だけによって解けることを(実際にこの方程式を解くことによって)示せ.したがって定規とコンパスによって円周を 5 等分すること,いいかえれば内接正五角形を作図することができる(『原論』IV, 命題 10, 11).――ガウスが 19 歳のとき,同様の意味で正 17 角形も作図可能であることを発見したのは有名な話である(『史談』).

注意 一般に $p = 2^{2^r} + 1$ が素数のとき,正 p 角形は作図可能であることが証明できる(§4.4, 例 1 参照).

$$3 = 2+1, \quad 5 = 2^2+1, \quad 17 = 2^4+1, \quad \ldots$$

この形の素数を"フェルマー素数"と呼んでいる.しかし,フェルマーの予想に反して,これが実際素数になるのは $r = 0, 1, 2, 3, 4$ の 5 つの場合しか知られていない. $r = 5$ のとき,

$$2^{2^5} + 1 = 4294967297 = 641 \cdot 6700417$$

と分解されることはオイラーによって指摘された.

[問題 13] 与えられた実数 $a, |a| \leq 1$ に対し，方程式 $4x^3 - 3x - a = 0$ を（タルターリアの方法で）解け．これは"角の3等分"の方程式である．
$$a = \cos\theta = \frac{1}{2}(e^{i\theta} + e^{-i\theta})$$
とおけば，§1.3 の記号で，$u_1 = \frac{1}{2}e^{i\theta/3}$, $v_1 = \frac{1}{2}e^{-i\theta/3}$ とすることができ，$x_1 = \cos\frac{\theta}{3}$ となる．したがって，θ が与えられたとき，この方程式が解ければ，$\frac{\theta}{3}$ が得られたことになる．（しかし一般の θ に対し，この方程式は既約になり，その根は問題 12 の意味で作図不可能であることが証明されている．）

[問題 14] 恒等的に 0 ではない n 次の多項式 $f(x)$ は $(n+1)$ 個以上の相異なる根をもたないことを証明せよ．（これは初等的に証明できる．$f(x)$ が $(n+1)$ 個の相異なる根をもてば，剰余定理により，$f(x) = (x-\alpha_1)f_1(x)$ と分解され，$(n-1)$ 次式 $f_1(x)$ は n 個の相異なる根をもつことになる．よって n に関する帰納法で矛盾が導かれる．）

[問題 15] 複素数係数の多項式 $f(x) = a_0 x^n + a_1 x^{n-1} + \cdots + a_n$ に対して，その"共役"を
$$\bar{f}(x) = \bar{a}_0 x^n + \bar{a}_1 x^{n-1} + \cdots + \bar{a}_n$$
と定義する．2 つの多項式 $f(x), g(x)$ に対して，$h(x) = f(x)g(x)$ とすれば，$\bar{h}(x) = \bar{f}(x)\bar{g}(x)$ であることを示せ．また $f(x)\bar{f}(x)$ は実数係数の多項式になることを示せ．（したがって，代数学の基本定理を証明するためには，ガウスが学位論文で与えた形の定理を証明すれば十分なのである．）

文　献

G. カルダーノに関するもの：

[C1]　G. Cardano, Artis magnae, sive de regulis algebraicis （通称 Ars Magna, アルス・マグナまたはアルス・マーニャ），1545;（英訳）The Great Art, or The Rules of Algebra by Girolamo Cardano, tr. and ed. by T. Richard Witmer with a Foreword by Oystein Ore, The M.I.T. Press, 1974.

[C2]　O. Ore, Cardano, The gambling scholar, Princeton Univ. Press, 1953; オア，『カルダノの生涯』（安藤洋美訳），東京図書，1978.
（なお，清瀬卓・沢井茂夫訳，『カルダーノ自伝』，海鳴社，参照）

L. オイラーに関するもの：

[E1]　（全集）Leonhardi Euler Opera Omnia, Ser. I, 27 vols, Teubner, Leibzig-Zürich, 1911–1956.

[E2]　L. Euler, Introductio in analysin infinitorum, vol.1, Lausanne, 1748; Opera omnia (I), vol.14; レオンハルト・オイラー，『オイラーの無限解析』（高瀬正仁訳），海鳴社，2001.

[E3]　L. Euler, Institutiones calsuli differentials, St. Petersburg, 1755.

[E4]　小林昭七，『なっとくするフェルマー・オイラー』，講談社，2003.

C. F. ガウスに関するもの：

　ガウスの経歴については，『史談』参照．特に，ガウスやアーベルによる楕円関数発見の経過については，数学的内容も含め詳しく語られている．

[G1]　（全集）C. F. Gauss, Werke, Bd. I–XII, Göttingen, 1863–1929; Reprint, Georg Olms Verlag, 1973.

[G2]　C. F. Gauss, Disquisitiones arithmeticae, 1801; Werke I, 1–478;『ガウス整数論』（高瀬正仁訳），朝倉書店，1995.

[G3]　C. F. Gauss, Theoria residuorum biquadraticorum, commentatio prima et secunda, 1825, 1831; Werke II, 65–92, 93–148.

2.

複 素 関 数 論

2.1 複素解析関数（正則関数）の概念

19 世紀には A. L. コーシー (1789–1857)，P. G. L. ディリクレ (1805–1859)，K. ワイエルシュトラス (1815–1897)，G. F. B. リーマン (1826–1866)，J. W. R. デデキント (1831–1916) らにより微分積分学の基礎が固められ，17 世紀以来の懸案だった無限級数の収束条件なども明確になった．それと同時に複素解析関数の理論がコーシーによって初めて考案された．しかしコーシーは，当初それを単に定積分の計算手段として利用していたにすぎなかった．その重要性を真正面から認識し解明していったのは，リーマンやワイエルシュトラスである．

リーマン [R5]（学位論文，1851)によれば，複素平面の 1 つの領域（連結開集合）D において定義された**複素解析関数**

$$w = f(z) \quad (z \in D)$$

とは次のようなものである．（リーマンはそれを単に"複素関数"と呼んでいる．）この本では，正式に"複素解析的"(complex analytic) というよりも，（やや日常的な）形容詞"正則"(regular または holomorphic) を使って，**正則関数**と呼ぶことにする．

(i) D の各点（複素数）z に対し，1 つの複素数 w が対応する．（それを $w = f(z)$ と書く．）

(ii) 関数 $f(z)$ は微分可能である．すなわち，すべての $z \in D$ に対して，

$$\lim_{\Delta z \to 0} \frac{f(z+\Delta z)-f(z)}{\Delta z}$$

G. F. B. リーマン

は確定した極限値をもつ．（それを $\dfrac{df(z)}{dz}$, $f'(z)$ などと書く．）このようにして得られる新しい関数 $f'(z)$ を $f(z)$ の**導関数**という．

この定義は一見したところ，実関数の微分可能性のそれとまったく同一である．しかし大切なことは，(ii) の極限値において，Δz は複素数（複素変数）であるということである．したがって，Δz の0への近づき方には2次元の自由度があり，それにもかかわらず一定の極限値が存在するということは，実関数の（1次元の自由度しかない）場合に比べて非常に強い条件になっているのである．

条件 (i), (ii) の意味を明確にするために，z, w を

$$z = x+iy, \quad w = u+iv$$

とおく．条件 (i) は，u, v が（$x+iy \in D$ であるような）$(x, y) \in \mathbf{R}^2$ の実関数として定義されていることを意味する．それを

$$u = u(x, y), \quad v = v(x, y)$$

と書くことにしよう．さらに条件 (ii) において，

$$\Delta z = \Delta x + i\Delta y, \quad f'(z) = u_1(x,y) + iv_1(x,y)$$

(*) $$(f(z+\Delta z) - f(z)) - f'(z)\Delta z = R$$

とおく．R は $z, \Delta z$ の関数，すなわち $x, y, \Delta x, \Delta y$ の（複素）関数で，(ii) は（z を固定したとき）

(**) $$|\Delta z| \to 0 \quad \text{ならば}, \quad \frac{|R|}{|\Delta z|} \to 0$$

であることを意味する．このようなとき，「R は $|\Delta z|$ に比べて高次の無限小である」といい，記号的に

$$R = o(|\Delta z|)$$

と書く（ランダウの記号）．そうすれば，(ii) の条件，すなわち (*), (**) を簡単に

(2.1) $$f(z+\Delta z) - f(z) = f'(z)\Delta z + o(|\Delta z|)$$

と書くことができる．この式の両辺を実数部と虚数部に分けて書けば，

$$u(x+\Delta x, y+\Delta y) - u(x,y) = u_1(x,y)\Delta x - v_1(x,y)\Delta y + o(|\Delta z|),$$
$$v(x+\Delta x, y+\Delta y) - v(x,y) = v_1(x,y)\Delta x + u_1(x,y)\Delta y + o(|\Delta z|)$$

となる．これは u, v が 2 変数 x, y の実関数として偏微分可能で

$$u_x = u_1, \quad u_y = -v_1,$$
$$v_x = v_1, \quad v_y = u_1$$

であることを意味する．ここで u_x, u_y, v_x, v_y はそれぞれ偏導関数

$$\frac{\partial u}{\partial x}, \frac{\partial u}{\partial y}, \frac{\partial v}{\partial x}, \frac{\partial v}{\partial y}$$

を表す．上式によれば，これら 4 つの偏導関数の間には

(2.2) $$u_x = v_y, \quad u_y = -v_x$$

という関係式が成り立つ．これがコーシー–リーマンの関係式と呼ばれるものである．

関数 u, v が 2 回偏微分可能ならば，(2.2) から

$$\Delta u = u_{xx} + u_{yy} = 0, \quad \Delta v = v_{xx} + v_{yy} = 0$$

が従う（上式で Δ は $\mathbf{R}^2$ におけるラプラシアンを表す）．すなわち，u, v は 2 変数 x, y の "調和関数" になる．

[問題 1] $f(z), g(z)$ を領域 D で正則な関数とすれば，$h(z) = f(z)^n g(z)$ $(n \in \mathbf{Z})$ も D で正則で，

$$h'(z) = f(x)^{n-1}(nf'(z)g(z) + f(z)g'(z))$$

であることを証明せよ．ただし，$f(x)$ は恒等的には 0 でないとし，$f(z)^0 = 1$ とおく．また $n < 0$ のときには D から $f(x) = 0$ である点を除くものとする．

[問題 2] $f(z), g(z)$ をそれぞれ領域 D, D' で正則な関数で，$g(D') \subset D$ とすれば，合成関数 $h(z) = f(g(z))$ も D' で正則で，

$$h'(z) = f'(g(z))g'(z)$$

であることを証明せよ．(証明はいずれも実関数のときと同じである．)

2.2 正則関数の例

まず複素係数の多項式

$$f(z) = a_0 + a_1 z + \cdots + a_n z^n \quad (a_0, a_1, \ldots, a_n \in \mathbf{C})$$

が正則（すなわち，上記の意味で微分可能）であることは，実変数のときと同様に，2 項展開から

$$\begin{aligned} (z+\Delta z)^k - z^k &= kz^{k-1}\Delta z + \frac{k(k-1)}{2!}z^{k-2}\Delta z^2 + \cdots + \Delta z^k \\ &= kz^{k-1}\Delta z + o(|\Delta z|), \end{aligned}$$

したがって $\dfrac{dz^k}{dz} = kz^{k-1}$ となることからわかる．よって多項式 $f(z)$ は複素平面 $\mathbf{C}$ でいたるところ正則な関数である．このような関数を**整関数**という．

また 2 つの多項式の商，すなわち分数式で表される関数も，分母が 0 になる

点を除いて正則である（前節，問題 1，$n = -1$ の場合）．

次に無限次の多項式ともいえる**ベキ級数**で表される関数

(2.3) $$f(z) = a_0 + a_1 z + \cdots + a_n z^n + \cdots$$

について考えよう．これに関しては次のアーベルの定理（1826）が基本的である．（ベキ級数の収束に関するアーベルの定理はいくつかあるが，これはその中で最も基本的なものである．『概論』§52 参照．）

> **アーベルの定理** ベキ級数 (2.3) が，1 点 $z = z_0 (\neq 0)$ において収束すれば $|z| < |z_0|$ であるような z に対して，広義の一様に絶対収束する．

ここで念のために，無限級数の収束，絶対収束などの意味について簡単に説明しておこう．

まず，（複素数の）無限級数 $\sum_{n=0}^{\infty} a_n$ が（形式的に）与えられたとする．これに対して，部分和 $\sum_{n=0}^{N} a_n$ の極限値

$$\lim_{N \to \infty} \sum_{n=0}^{N} a_n = \lim_{N \to \infty} (a_0 + a_1 + \cdots + a_N)$$

が存在して，A に等しいとき，この（無限）級数は A に**収束**するといい，

(2.4) $$\sum_{n=0}^{\infty} a_n = a_0 + a_1 + \cdots + a_n + \cdots = A$$

と書く．極限値が存在しないとき，級数は発散するという．また

$$\lim_{N \to \infty} \sum_{n=0}^{N} |a_n| = \lim_{N \to \infty} (|a_1| + |a_2| + \cdots + |a_N|)$$

が収束するとき，すなわち絶対値の級数が収束するとき，この級数は A に**絶対収束**するという[1]．明らかに部分和

---

[1] 絶対収束の概念を初めて明確にしたのはディリクレであるといわれている（『史談』§22）．絶対収束する無限級数の和は，有限和の場合と同じように，項の順序を入れかえたり，括弧をつけ直したりしても不変である（『概論』§4.3）．

$$\sum_{n=0}^{N} |a_n| = |a_1| + |a_2| + \cdots + |a_N| \quad (N = 0, 1, \ldots)$$

は単調増大な数列であるから，それが収束するためには，"有界"であること，すなわち，ある $K > 0$ があって，すべての N に対して

$$\sum_{n=0}^{N} |a_n| \leq K$$

となることが必要十分である．(『概論』§4, 定理 6. これは"実数の連続性"のひとつの表現とみることもできる．)

一般に (2.4) の極限が存在するためには，"コーシーの判定条件"：「十分大きい $N, N' (N \leq N')$ に対し，部分和

$$S_{N,N'} = \sum_{n=N}^{N'} a_n$$

がいくらでも小さくなること」，正確にいえば，任意の $\varepsilon > 0$ に対し，ある N_0 があって，

$$N, N' \geq N_0 \text{ のとき}, \quad |S_{N,N'}| < \varepsilon$$

となることが必要十分であることが証明される（『概論』§6）．明らかに，三角不等式によって，

$$|S_{N,N'}| \leq \sum_{n=N}^{N'} |a_n|$$

であるから，級数 $\sum_{n=0}^{\infty} a_n$ は絶対収束すれば収束することがわかる．

また，2つの無限級数 $\sum_{n=0}^{\infty} a_n$ と $\sum_{n=0}^{\infty} b_n$ が与えられたとき，n に関係しないある定数 $K > 0$ があって，すべての n に対して

$$|a_n| \leq K|b_n|$$

が成立すれば，明らかに級数 $\sum_{n=0}^{\infty} b_n$ が絶対収束するとき，級数 $\sum_{n=0}^{\infty} a_n$ も絶対収束する（級数比較法）．

このように術語の定義を明確にしておけば,「アーベルの定理」の証明自体は簡単である．——まず，無限級数 $\sum_{n=0}^{\infty} a_n z_0{}^n$ が収束するとすれば，(コーシーの判定条件で，特に $N = N' = n$ として) $|a_n z_0{}^n|$ は十分大きい n に対していくらでも小さくなる．よって，ある正数 K があって

$$|a_n z_0{}^n| \leq K \quad (n = 0, 1, 2, \ldots)$$

が成立する．したがって $|z| < |z_0|$ のとき，

$$|a_n z^n| \leq K \left(\frac{|z|}{|z_0|}\right)^n.$$

よって絶対値級数 $\sum_{n=0}^{\infty} |a_n z^n|$ を，収束する無限等比級数 $\sum_{n=0}^{\infty} \left(\frac{|z|}{|z_0|}\right)^n$ と比較して，ベキ級数 $\sum_{n=0}^{\infty} a_n z^n$ が絶対収束することがわかる．

ここで任意の $0 < \rho < |z_0|$ に対し，閉じた円

$$\bar{C}_\rho = \{z \mid |z| \leq \rho\}$$

を考えれば，(周までこめて) 円 $\bar{C}_\rho$ の上でこの絶対値級数は"一様に"収束することがわかる．実際，$\frac{\rho}{|z_0|} < 1$ であるから，$z \in \bar{C}_\rho$ のとき，上と同様に

$$\sum_{n=N}^{\infty} |a_n z^n| \leq K \sum_{n=N}^{\infty} \left(\frac{\rho}{|z_0|}\right)^n \leq K \left(\frac{\rho}{|z_0|}\right)^N \left(1 - \frac{\rho}{|z_0|}\right)^{-1}.$$

この右辺の式は，$N \to \infty$ のとき，(z に関係なく) 0 に収束する．□

開いた円 $\{z \mid |z| < |z_0|\}$ に含まれる任意の (有界) 閉集合の上で，級数 $\sum_{n=0}^{\infty} |a_n z^n|$ は，やはり一様に収束する．(なぜならば，そのような閉集合は必ずある $\bar{C}_\rho$ $(0 < \rho < |z_0|)$ に含まれているから．) このことを，「円 $\{z \mid |z| < |z_0|\}$ でこの絶対値級数は"広義の一様に"収束する」と表現するのである．

アーベルの定理により与えられたベキ級数

$$\sum_{n=0}^{\infty} a_n z^n = a_0 + a_1 z + \cdots + a_n z^n + \cdots$$

に対し，ある実数 $0 \leq r \leq \infty$ が定まり，このベキ級数は $|z| < r$ のとき絶対収

束, $|z| > r$ のとき発散することがわかる. (上記の級数が収束するような z の絶対値 $|z|$ の "上限" を r とすればよい.) この r をベキ級数 $\sum_{n=0}^{\infty} a_n z^n$ の**収束半径**, (開いた) 円 $C_r = \{z | |z| < r\}$ を**収束円**という. 収束円 C_r の周上の点では, このベキ級数は収束することも発散することもありうる. (それを決定することは一般に困難である.)

収束半径を与える公式として

$$r = \varlimsup_{n\to\infty} (|a_n|^{-\frac{1}{n}}) \quad (\text{コーシー–アダマールの公式})$$

などが知られている (『概論』§52, 定理 48).

注意 $\lim_{n\to\infty} \dfrac{a_{n+1}}{a_n} = l$ が存在すれば, 収束半径は $r = l^{-1}$ である. ($l = 0$ のとき $r = \infty$, $l = \infty$ のとき $r = 0$.) 実際, このとき, $|z| < l^{-1}$ ならば,

$$\lim_{n\to\infty} \left| \frac{a_{n+1}z^{n+1}}{a_n z^n} \right| = l|z| < 1$$

であるから, ある $0 < c < 1$ があって, 十分大きい $n \geq n_0$ に対し,

$$\left| \frac{a_{n+1}z^{n+1}}{a_n z^n} \right| < c.$$

よって,

$$|a_n z^n| < |a_{n_0} z^{n_0}| c^{n-n_0}$$

となり, $\sum_{n=1}^{\infty} |a_n z^n|$ は収束する. 一方, $|z| > l^{-1}$ ならば,

$$\lim_{n\to\infty} \left| \frac{a_{n+1}z^{n+1}}{a_n z^n} \right| = l|z| > 1$$

であるから, ある $c > 1$ があって, 十分大きい $n \geq n_0$ に対し,

$$\left| \frac{a_{n+1}z^{n+1}}{a_n z^n} \right| > c.$$

よって,

$$|a_n z^n| > |a_{n_0} z^{n_0}| c^{n-n_0}$$

となり, $\sum_{n=1}^{\infty} |a_n z^n|$ は発散する. したがって, $r = l^{-1}$ である.

さて, 収束円 C_r の内部の点 z に対し

(2.5) $$f(z) = \sum_{n=0}^{\infty} a_n z^n$$

とおけば，1つの複素関数 $f(z)$ が定義される．そのとき

定理1 ベキ級数 (2.5) によって定義された関数 $f(z)$ は収束円 C_r において正則で，

(2.6) $$f'(z) = \sum_{n=0}^{\infty} n a_n z^{n-1}$$

が成立する．この右辺のベキ級数の収束半径も r に等しい．

証明 (『概論』§52) $z_0 \in C_r$, さらに $0 < \rho < |z_0|$ を任意にとって固定する．まず，$n \to \infty$ のとき，

$$n \left(\frac{\rho}{|z_0|} \right)^{n-1} \to 0$$

であるから，(n に無関係な) 正定数 K があって，

$$n |a_n| \rho^{n-1} \leq K |a_n z_0^n| \quad (n = 0, 1, \ldots)$$

が成立する．仮定により，級数 $\sum_{n=0}^{\infty} a_n z_0^n$ は絶対収束するから，$\sum_{n=1}^{\infty} n |a_n| \rho^{n-1}$ も収束する．よって (2.6) の右辺のベキ級数の収束半径を r' とすれば，$r' \geq \rho$ で，$\rho < r$ は任意であったから，$r' \geq r$ である．一方，$|a_n z_0^n| \leq |z_0| |n a_n z_0^{n-1}|$ から，$r' \leq r$ は明白である．よって $r' = r$．(これはコーシー–アダマールの公式からも容易に得られる．)

そこで $z, z + \Delta z \in \bar{C}_\rho$ であるとし，

$$\frac{f(z + \Delta z) - f(z)}{\Delta z} = \sum_{n=1}^{\infty} a_n \frac{(z + \Delta z)^n - z^n}{\Delta z}$$

(∗) $$= \sum_{n=1}^{\infty} a_n \sum_{k=0}^{n-1} (z + \Delta z)^k z^{n-1-k}$$

を考察する．この最後の項に対して

$$\left| \sum_{k=0}^{n-1} (z + \Delta z)^k z^{n-1-k} \right| \leq \sum_{k=0}^{n-1} |(z + \Delta z)^k z^{n-1-k}| \leq n \rho^{n-1}$$

であるから，(*) の無限級数は（上の条件をみたす）$z, \Delta z$ に関して一様に絶対収束する．したがって，それは（z を固定したとき）Δz の関数として 0 の近傍で連続である（『概論』§47, 定理 40(A)）．よって項別に極限 $\Delta z \to 0$ をとる（すなわち，$\sum_{n=1}^{\infty}$ と $\lim_{\Delta z \to 0}$ を交換する）ことができ，

$$f'(z) = \lim_{\Delta z \to 0} \frac{f(z+\Delta z) - f(z)}{\Delta z} = \sum_{n=1}^{\infty} n a_n z^{n-1}$$

を得る．すなわち，関数 $f(z)$ は C_r において正則で，その導関数 $f'(z)$ はベキ級数 (2.5) を項別微分して得られる．□

この定理により $f(z)$ は C_r において何回でも微分可能で，k 次導関数 $f^{(k)}(z)$ は同じ収束円 C_r をもつベキ級数

$$f^{(k)}(z) = \sum_{n=k}^{\infty} n(n-1)\cdots(n-k+1) a_n z^{n-k}$$

で与えられる．特に $f^{(n)}(0) = n! a_n$，すなわち

$$a_n = \frac{f^{(n)}(0)}{n!}$$

である．それゆえ，関数 $f(z)$ のベキ級数表示は一意的であって，それは $f(z)$ の"テイラー展開"

(2.7) $$f(z) = \sum_{n=0}^{\infty} \frac{f^{(n)}(0)}{n!} z^n$$

に他ならない！（§1.4 参照）

[問題 3]　(2.5) の $f(z)$ は原始関数をもつ（それは (2.5) の級数を項別積分して得られる）ことを示せ．

[問題 4]　ベキ級数 $f(z) = \sum_{n=1}^{\infty} \frac{z^n}{n^2}$ の収束半径は 1 で，

$$zf''(z) + f'(z) = \frac{1}{1-z} \quad (|z| < 1)$$

が成立することを示せ．

2.3 複素関数としての指数関数，三角関数

複素関数として指数関数，三角関数を定義する方法はいろいろあるが，やはりベキ級数から出発するのが（理論的には）いちばん簡明であろう．

§1.4 におけるのと同じベキ級数

$$\sum_{n=0}^{\infty} \frac{1}{n!} z^n, \quad \sum_{m=0}^{\infty} (-1)^m \frac{1}{(2m)!} z^{2m},$$

$$\sum_{m=0}^{\infty} (-1)^m \frac{1}{(2m+1)!} z^{2m+1} \quad (z \in \mathbf{C})$$

を考える．これらはいずれも（たとえばコーシー–アダマールの公式，あるいはその下の注意からわかるように）収束半径 ∞ である．よって，これらのベキ級数によって定義される複素関数をそれぞれ $f(z), g(z), h(z)$ とすれば，これらはすべて整関数（複素平面全体で正則な関数）で，明らかに（オイラーの）関係式 $f(iz) = g(z) + ih(z)$ をみたす．

まず，

$$(2.8) \qquad f(z) = \sum_{n=0}^{\infty} \frac{1}{n!} z^n$$

について考えよう．この級数が全平面で広義の絶対収束をすることから，次のように（多項式の場合と同様の）計算をすることが可能である（『概論』§43）．すなわち，任意の $z_1, z_2 \in \mathbf{C}$ に対して

$$\begin{aligned}
f(z_1)f(z_2) &= \left(\sum_{n=0}^{\infty} \frac{1}{n!} z_1^n \right) \left(\sum_{n=0}^{\infty} \frac{1}{n!} z_2^n \right) \\
&= \sum_{n=0}^{\infty} \left(\sum_{n_1, n_2 \geq 0, n_1+n_2=n} \frac{1}{n_1!} \frac{1}{n_2!} z_1^{n_1} z_2^{n_2} \right) \\
&= \sum_{n=0}^{\infty} \frac{1}{n!} \left(\sum_{k=0}^{n} \frac{n!}{k!(n-k)!} z_1^k z_2^{n-k} \right).
\end{aligned}$$

2項定理により最後の式の ( ) 内は $(z_1+z_2)^n$ に等しい．したがって最後の式は $= f(z_1+z_2)$ となり，関係式

(2.9) $$f(z_1)f(z_2) = f(z_1+z_2)$$

が成立することがわかる．

このように $f(z)$ は，<u>和を積に移す関数</u> であるから，"指数関数" と考えるのは自然であろう．さらに

$$f(1) = e = \sum_{n=0}^{\infty} \frac{1}{n!} \; (>0)$$

とおけば，$f(z) = e^z$（または $\exp z$）と書くのが自然である（§1.4 参照）．したがって (2.9) は，$e^{z_1}e^{z_2} = e^{z_1+z_2}$ となる．

定義式 (2.8) と定理 1 から，あるいは (2.9) を使って直接計算することにより，$f(z) = e^z$ が

(2.9a) $$f'(z) = f(z), \quad f(0) = 1$$

をみたすこともわかる．また，(2.9) から，e^z が零点をもたない，すなわち $e^z \neq 0$ であることがわかる．実際，任意の $z \in \mathbf{C}$ に対し，$e^z e^{-z} = e^0 = 1$ であるから，$e^z \neq 0$ である．

実関数として指数関数 e^x を（直接）定義するのは，上記よりもかなり手間がかかる．しかし，もしそれを既知とすれば，そのテイラー展開は級数 (2.6) と一致するから，上に定義した $f(z) = e^z$ は実関数 e^x の複素解析関数への 1 つの（実は唯一の）拡張になっていることがわかる（§3.1 解析的延長の原理）．実関数としての $f(x) = e^x$ は，(2.9a) により，$f'(x) = f(x) > 0$ で，単調増大な関数である．また，容易にわかるように，

$$\lim_{x \to \infty} e^x = \infty, \quad \lim_{x \to -\infty} e^x = 0$$

である．すなわち，f によって定義される写像 $\mathbf{C} \to \mathbf{C}$ により，実直線 $\mathbf{R} = (-\infty, \infty)$ は半直線 $(0, \infty)$ に 1 対 1 に写像され，$x_1 < x_2 \Rightarrow e^{x_1} < e^{x_2}$ である．

同様に，もし実関数としての三角関数 $\cos x, \sin x$ を既知とすれば，

$$\frac{d\cos x}{dx} = -\sin x, \quad \frac{d\sin x}{dx} = \cos x,$$

$$\cos 0 = 1, \quad \sin 0 = 0$$

であるから，それらのテイラー展開はそれぞれ

(2.10a) $$g(z) = \sum_{m=0}^{\infty} (-1)^m \frac{1}{(2m)!} z^{2m},$$

(2.10b) $$h(z) = \sum_{m=0}^{\infty} (-1)^m \frac{1}{(2m+1)!} z^{2m+1}$$

に一致する．したがって，$g(z), h(z)$ が $\cos x, \sin x$ の複素解析関数への自然な拡張になっていることがわかる．

しかし，もし実関数としての三角関数を知らない（！）とすれば，次のようにしてそこに到達することもできる．(2.10a,b) のベキ級数を項別微分すればただちにわかるように（便宜上，複素変数 z を実変数 t でおきかえて），

(2.11) $$g'(t) = -h(t), \quad h'(t) = g(t).$$

また (2.10a,b) の定数項をみればわかるように，

(2.12) $$g(0) = 1, \quad h(0) = 0$$

である．（実関数として g, h は，この連立微分方程式 (2.11) と初期条件 (2.12) とによって一意的に決まってしまう．）

関数 g, h の性質をみるために，$\varphi(t) = g(t)^2 + h(t)^2$ とおく．(2.11), (2.12) から

$$\varphi'(t) = 2g(t)(-h(t)) + 2h(t)g(t) = 0,$$
$$\varphi(0) = 1$$

であるから，

$$\varphi(t) = g(t)^2 + h(t)^2 = 1 \text{ (定数)}$$

である．いいかえれば，平面上で座標 $(g(t), h(t))$ をもつ点は**単位円**（原点を中心とする半径 1 の円）の周上にある．

さて，単位円周上の点 $E = (1,0)$ から点 $P_0 = (g(t_0), h(t_0))$ までの円弧の長さ l を公式

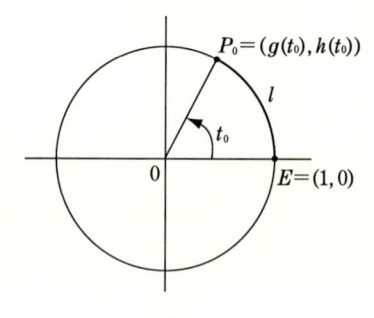

図 2.1

$$l = \int_0^{t_0} (g'(t)^2 + h'(t)^2)^{\frac{1}{2}} dt$$

によって計算してみよう（図 2.1）．(2.11) から

$$g'(t)^2 + h'(t)^2 = (-h(t))^2 + g(t)^2 = 1$$

であるから

$$l = \int_0^{t_0} dt = t_0.$$

これは点 P_0 の"偏角"を対応する弧長で測ったものが，ちょうど t_0 ラジアンになることを示している．したがって，（実変数 t に対する）通常の三角関数の定義により

$$g(t) = \cos t, \quad h(t) = \sin t$$

であることがわかる．(これは上記微分方程式の解の一意性からもわかる.)

このようにして，複素解析関数として指数関数，三角関数の定義が確定すれば，§1.4 に述べた"オイラーの関係式"のベキ級数による証明も正当化される．またそれを使えば，複素数 $z = x+iy$ に対して，

$$e^z = e^{x+iy} = e^x e^{iy} = e^x(\cos y + i \sin y)$$

であるから，

$$|e^z| = e^x, \quad (e^z \text{ の偏角}) = y \pmod{2\pi}$$

である．この式から複素関数 e^z は周期 $2\pi i$ をもつ（一重）周期関数であること

がわかる.——このように複素数の世界では,（代数的な）指数関数 e^z と（幾何学的な）三角関数 $\sin z, \cos z$ とは不可分に結びついているのである.

2.4 複素平面上の線積分

次節からは複素関数論で最も基本的な,コーシーの積分定理とその応用について述べる.そのために,まず複素平面上の曲線とその上の線積分について説明しなければならない.

実数の閉区間 $[a,b]$ から複素平面 $\mathbf{C}$ への連続写像

$$\varphi: \quad [a,b] \to \mathbf{C}$$

が与えられれば,その像

$$\gamma = \{\varphi(t)|\ a \leq t \leq b\}$$

は,$\mathbf{C}$ の中のひとつの"方向づけられた(連続)曲線"と考えられる.そして

$$z = \varphi(t) \quad (a \leq t \leq b)$$

はこの曲線のひとつの"パラメーター表示"である.

集合として与えられた曲線は,何通りものパラメーター表示をもち得る.たとえば,（時計の針の動きと反対に向きづけられた）単位円の上半周はパラメーター表示として

$$\begin{aligned}z &= e^{it} = \cos t + i\sin t \quad (0 \leq t \leq \pi),\\ z &= -x + i\sqrt{1-x^2} \quad (-1 \leq x \leq 1)\end{aligned}$$

などをもつ (図 2.2).

一般に,2つのパラメーター表示

$$z = \varphi(t) \ (a \leq t \leq b), \quad z = \psi(t') \ (a' \leq t' \leq b')$$

が与えられたとしよう.もし,パラメーター t, t' の間の1対1の変換によって,一方から他方に移りうるならば,これらの表示は「同じ曲線を表す」ものと考える.正確にいえば,閉区間 $[a,b]$ 上で定義された,単調増大な（実数値）

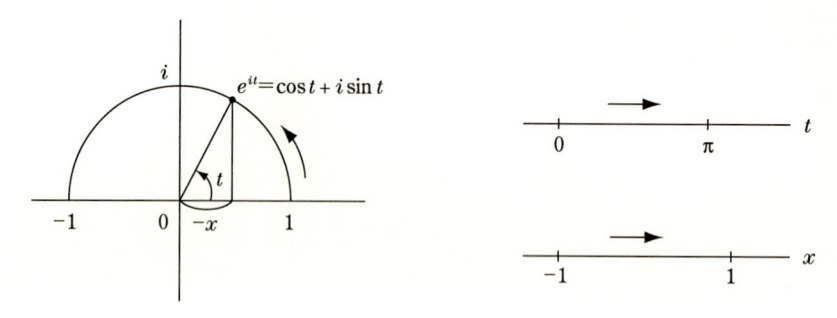

図 2.2

連続関数 σ があって

$$\sigma(a) = a', \quad \sigma(b) = b', \quad \psi \circ \sigma = \varphi$$

となるとき，φ と ψ は同じ曲線を表すパラメーター表示であると考えるのである．(上の半円周の例では $\sigma(t) = -\cos t$ とおけばよい．) この関係は明らかにひとつの同値関係になる．厳密にいうならば，これに関する同値類をひとつの"方向づけられた（連続）曲線"というのである．

以上は一般の"連続曲線"の場合であるが，ここで関数 φ（ψ, σ など）を連続的微分可能な（つまり微分可能で導関数も連続な）ものに限定した場合を"滑らかな曲線"という．(上の半円周はその一例である．) さらに滑らかな曲線をいくつか（有限個）つなぎ合わせてできる曲線を，"区分的に滑らかな曲線"という．

（方向づけられた）滑らかな曲線

(2.13) $\qquad \gamma: \quad z = \varphi(t) = \varphi_1(t) + i\varphi_2(t) \quad (a \leq t \leq b)$

に対して，その長さは積分

(2.14) $\qquad L = \int_a^b \sqrt{\varphi_1'(t)^2 + \varphi_2'(t)^2}\, dt$

によって定義される．この積分が上に述べた意味で，パラメーター表示の同値類だけによって定まることは（置換積分公式により）容易にわかる（問題 5）．この積分記号の中は

$$\left|\frac{dz}{dt}\right| = |\varphi'(t)|$$

に等しいから，$|dz| = |\varphi'(t)|dt$ のように書くこともある．

さて，曲線 γ（を含むある領域）の上で定義された連続関数 $f(z)$ が与えられたとき，$f(z)$ の γ 上の**線積分**

$$I = \int_\gamma f(z)dz$$

は，（置換積分公式から類推されるように）パラメーター表示 (2.11) を使って

(2.15) $$\int_\gamma f(z)dz = \int_a^b f(\varphi(t))\varphi'(t)dt$$

によって定義される．（積分記号の中の関数は仮定によって連続，したがって積分可能である．）この定義もまたパラメーター表示の同値類だけによって決まることは（置換積分公式によって）容易に確かめることができる（問題 5）．

$|f(z)|$ の γ 上での最大値を M，曲線 γ の長さを L とすれば，定義式 (2.15) からただちに，絶対値の評価式

(2.16) $$\left|\int_\gamma f(z)dz\right| \leq \int_\gamma |f(z)||dz| \leq ML$$

が得られる．

以上，曲線 γ は滑らかと仮定したが，曲線の長さ，その上の線積分などは曲線に関して加法的であるから，"区分的に滑らかな"曲線の場合にも，その滑らかな部分の長さや線積分の和として全体のそれを定義することができる．以下，簡単のため，単に"曲線"といえば，いつでも（方向づけられた）区分的に滑らかな曲線を意味するものとする．

（より一般に，連続曲線 γ に対しても，パラメーターの関数 $\varphi(t)$ が"有界変動"ならば，その長さ，その上の線積分などが定義できる．これについては『概論』§§40, 41 参照．）

[問題 5] 定義式 (2.14), (2.15) が曲線 γ のパラメーター表示の同値類だけによって定まることを証明せよ．

[例] 簡単な例として，線積分

$$I = \int_\gamma (z-a)^n \, dz$$

を計算してみよう．ただし，γ は a を中心とする半径 $\rho > 0$ の"正の向きの"円周：

$$\gamma: \quad z = a+\rho e^{i\theta} \quad (0 \le \theta \le 2\pi),$$

また n は任意の整数である.

定義により

$$I = \int_0^{2\pi} (\rho e^{i\theta})^n \rho i e^{i\theta}\, d\theta$$

$$= \rho^{n+1} i \int_0^{2\pi} e^{i(n+1)\theta}\, d\theta.$$

よって, $n \ne -1$ ならば,

$$I = \frac{\rho^{n+1}}{n+1}\left[e^{i(n+1)\theta}\right]_0^{2\pi} = 0.$$

$n = -1$ ならば,

$$I = 2\pi i$$

である.

[問題 6] $C_r(a)$ を中心 a, 半径 r の円の内部, γ をその円周とする. $\varphi(z)$ を γ 上で連続な関数とし, $\zeta \in C_r(a)$ に対し,

$$f(\zeta) = \int_\gamma \frac{\varphi(z)}{z-\zeta} dz$$

とおけば, $f(\zeta)$ は $C_r(a)$ において正則な関数で,

$$f'(\zeta) = \int_\gamma \frac{\varphi(z)}{(z-\zeta)^2} dz$$

となることを証明せよ.

2.5 コーシーの積分定理 (ストークスの定理)

複素平面の 1 つの領域 D で正則な関数 $w = f(z)$ と D に含まれる (区分的に滑らかな) 曲線

$$\gamma: \quad z = \varphi(t) \quad (a \le t \le b)$$

が与えられたとする.

曲線 γ の始点と終点が一致するとき, すなわち $\varphi(a) = \varphi(b)$ であるとき, γ

を**閉曲線**という．さらに写像 φ が $a < t < b$ において"単射"であるとき，すなわち

$$a < t < t' < b \Rightarrow \varphi(t) \neq \varphi(t')$$

であるとき，γ を**単一閉曲線**という．(前節の例の円周 γ は典型的な単一閉曲線である．)

「単一閉曲線 γ は平面を 2 つの領域に分割する」ことが知られている（ジョルダンの曲線定理）．正確にいえば，差集合 $\mathbf{C} - \gamma$ は 2 つの連結成分をもち，その 1 つは有界領域，他は非有界領域になる．有界な方を γ の"内部"，他方を"外部"という．(これは平面の"単連結性"によるもので，純粋な位相数学的定理としておそらく史上最初のものであろう．) 単一閉曲線の場合には，特に断らない限り，曲線は"正の向きに"（すなわちその内部を左側に見て一周するような向きに）方向づけられているものとする．

定理 2（コーシー） γ を（区分的に滑らかな）単一閉曲線，D を γ およびその内部を含む領域，$f(z)$ を D において正則な関数とすれば，

(2.17) $$\int_\gamma f(z) dz = 0$$

である．

この定理の直接証明については，関数論の教科書（たとえば『概論』§57）を参照．ここではこの定理が，([R5] にあるように，いくらか強い仮定のもとに）ストークスの定理から導かれることを注意するにとどめておく．

ストークス（あるいはグリーン）の定理は通常（3 次元）空間の中の有界な曲面とその境界の閉曲線について述べられる．しかし，ここで必要なのは最も簡単な平面上の閉曲線の場合で，それは次の形に表される．

（平面上の）ストークスの定理 γ, D を定理 2 のとおりとし，

$$u = u(x, y), \quad v = v(x, y)$$

を D 上定義された滑らかな（実）関数とすれば，

$$(2.18) \quad \int_\gamma (u(x,y)dx + v(x,y)dy) = \int_A (-u_y(x,y)+v_x(x,y))dxdy.$$

ただし，A は閉曲線 γ の内部を表す．また γ は "正の向きに"（すなわち A を左側に見て一周するように）方向づけられているものとする．（左辺の線積分は §2.4 で述べたのと同様にして定義される．）

さて，定理 2 において $f(z)$ を連続的微分可能と仮定し，
$$f(z) = u(x,y)+iv(x,y)$$
とすれば，
$$\begin{aligned} f(z)dz &= (u+iv)(dx+idy) \\ &= (udx-vdy)+i(vdx+udy) \end{aligned}$$
であるから，この実数部，虚数部をそれぞれ
$$\begin{aligned} \omega_1 &= u(x,y)dx - v(x,y)dy, \\ \omega_2 &= v(x,y)dx + u(x,y)dy \end{aligned}$$
とおけば，
$$\int_\gamma f(z)dz = \int_\gamma \omega_1 + i\int_\gamma \omega_2.$$
ストークスの定理により
$$\begin{aligned} \int_\gamma \omega_1 &= -\int_A (u_y(x,y)+v_x(x,y))dxdy, \\ \int_\gamma \omega_2 &= \int_A (u_x(x,y)-v_y(x,y))dxdy \end{aligned}$$
であるが，正則関数に関するコーシー–リーマンの関係式によって，右辺の積分はいずれも $=0$ になる．よってコーシーの定理（$f(z)$ が滑らかな場合）が得られた．

注意 コーシーの定理は，少し形を変えて次のように述べることもできる．まず，領域 D の中の 2 つの曲線 γ, γ' は，次の条件をみたす連続写像 Φ
$$\Phi : [a,b] \times [0,1] \to D$$

2.5 コーシーの積分定理（ストークスの定理）

$\gamma : \varphi_0(t) = \Phi(t,0)$
$\gamma' : \varphi_1(t) = \Phi(t,1)$

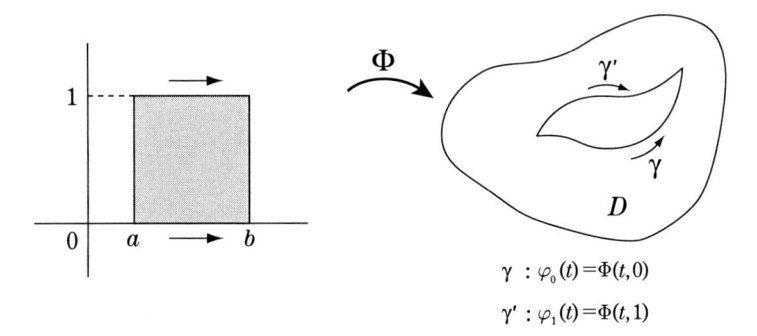

図 2.3

が存在するとき，(D の中で)"ホモトピック (homotopic) である"という（図 2.3）:

$$\Phi(a,u) = \Phi(a,0), \quad \Phi(b,u) = \Phi(b,0) \quad (\forall u \in [0,1] \text{ のとき})$$

であって，$\varphi_0(t) = \Phi(t,0)$, $\varphi_1(t) = \Phi(t,1)$ $(t \in [a,b])$ はそれぞれ γ, γ' のパラメーター表示を与える（条件終）．特に，D に含まれる 2 曲線で端点の一致するもの（上の記号で，$\varphi_0(a) = \varphi_1(a), \varphi_0(b) = \varphi_1(b)$ となるもの）が，いつでも互いにホモトピックになるとき，領域 D は**単連結**であるという．この条件は，D に含まれる任意の閉曲線が（D の中で）連続的に 1 点に収縮できることと同値である．

定理 2′ D を単連結な領域，γ を D に含まれる任意の閉曲線，$f(z)$ を D で正則な関数とすれば，

$$\int_\gamma f(z)dz = 0$$

である．

定理 2″ γ, γ' を領域 D の中の互いにホモトピックな曲線，$f(z)$ を D で正則な関数とすれば，

$$\int_\gamma f(z)dz = \int_{\gamma'} f(z)dz$$

である．

証明は上と同様に（少し拡張された形の）ストークスの定理から得られる．（そのためには $f(z)$ が滑らかであることを仮定せねばならないが，次節で示すように，定理 2 から定理 4 が導かれ，その結果 $f(z)$ は何回でも微分可能にな

る．したがって実際は，これらの定理においてこの仮定は不要なのである．）また定理 $2''$ から次の系も得られる．

> **系** 単連結な領域 D に含まれる曲線 γ の始点，終点をそれぞれ z_0, z_1 とすれば，正則関数 $f(z)$ の線積分 $\int_\gamma f(z)dz$ は端点 z_0, z_1 だけによって定まる．(よってこれを $\int_{z_0}^{z_1} f(z)dz$ と書くことができる．)

この系により，$z_0 \in D$ を1つ固定し，任意の $z \in D$ に対し
$$F(z) = \int_{z_0}^{z} f(z)dz$$
とおけば，実変数のときと同様にして，$F(z)$ が D において微分可能で $F'(z)=f(z)$ となること，すなわち $f(z)$ の原始関数になることが証明される．(上式の右辺は正確には $\int_{z_0}^{z} f(t)dt$ のように書くべきであるが，便宜上，上のように書くことが多い．)

D において定義された正則関数の列 $\{f_n\}$ が広義の一様に $f(z)$ に収束するとすれば，上記のように，$F_n(z) = \int_{z_0}^{z} f_n(z)dz$ も D における正則関数で，(容易にわかるように) $F(z) = \int_{z_0}^{z} f(z)dz$ に広義の一様に収束する．このことからも，ベキ級数で定義された関数の原始関数は，そのベキ級数を（収束円の内部で）項別に積分するによって得られること（問題 3) がわかる．

付記 $\omega = u(x,y)dx + v(x,y)dy$ のような式を，一般に "1 次の微分形式" (differential form) という．E. カルタン（1869–1951）によって導入された微分形式の外積，外微分の計算法によれば，

$$\begin{aligned}d\omega &= du \wedge dx + dv \wedge dy \\ &= (u_x dx + u_y dy) \wedge dx + (v_x dx + v_y dy) \wedge dy,\end{aligned}$$

ここで $dx \wedge dx = dy \wedge dy = 0$, $dx \wedge dy = -dy \wedge dx$ であることから，

$$d\omega = (-u_y + v_x) dx \wedge dy.$$

平面の "向き" を (x,y) が正の向きの座標系であるように定めたとき，$dx \wedge dy$

は"面積要素" $dxdy$ を与える．一方，正の向きの閉曲線 γ をその内部 A の（方向づけられた）境界と考え ∂A と書く．したがって，上のストークスの公式は

$$(2.19) \quad \int_{\partial A} \omega = \int_A d\omega$$

と書き表される．また，（上の系におけるように）D が単連結で，$d\omega = 0$ のとき，ω の原始関数 ψ が存在して，$d\psi = \omega$ となる．これは"ド・ラームのコホモロジー"の記号を使えば，$H^1(D, \mathbf{R}) = 0$ と表される．

このようにみれば，コーシーの定理は 20 世紀前半に大発展をした多様体のコホモロジー理論のひとつの源泉とみなすことができよう．

2.6 コーシーの積分公式

表題の公式について述べる前に，準備として定理 2 を次のように一般化しておくと便利である．

γ_1, γ_2 を 2 つの（正の向きの）単一閉曲線で，γ_2 は γ_1 の内部に含まれているものとし，γ_1 の内部と γ_2 の外部の共通部分である環状領域を A とする．

定理 2a γ_1, γ_2, A を上記のとおりとし，$f(z)$ を γ_1, γ_2, A を含むある領域 D において正則な関数とすれば，

$$(2.17a) \quad \int_{\gamma_1} f(z)dz = \int_{\gamma_2} f(z)dz.$$

実際，γ_1, γ_2 の始点をそれぞれ P_1, P_2 とし，P_1 を始点，P_2 を終点とする曲線で，その端点以外の部分が A に含まれるようなもの（それは確かに存在する）を γ_3 とする．これらから曲線 $\gamma = \gamma_1 + \gamma_3 - \gamma_2 - \gamma_3$ をつくれば，γ は，1 つの閉曲線で，($-\gamma_3$ の部分に）微小な変形をすれば単一閉曲線になる（図 2.4）．よって定理 1 を適用することができて，

$$\int_\gamma f(z)dz = 0.$$

明らかに，$\int_\gamma = \int_{\gamma_1} - \int_{\gamma_2}$ であるから，定理の式が得られる．□

図 2.4

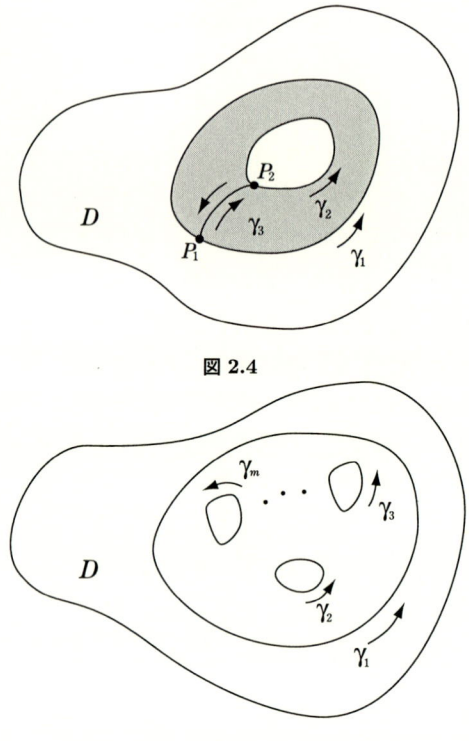

図 2.5

この定理は γ_1 の内部に 2 個以上の互いに交わらない（したがって，互いに他の外部にあるような）単一閉曲線 $\gamma_2, \ldots, \gamma_m$ があるときにも，まったく同様に

(2.17b) $$\int_{\gamma_1} = \int_{\gamma_2} + \cdots + \int_{\gamma_m}$$

という形に拡張される（図 2.5）．

> **定理 3**（コーシーの積分公式）　$\gamma, D, f(z)$ を定理 2 におけるときと同様とする．a を γ の内部の 1 点とすれば，
>
> (2.20) $$\frac{1}{2\pi i} \int_\gamma \frac{f(z)}{z-a}\, dz = f(a).$$

この定理は「正則関数 $f(z)$ の γ の内部での値が曲線 γ 上での値だけによって決まってしまう」という，正則関数の著しい性質を示すものである．

2.6 コーシーの積分公式

証明は簡単であるから，要点を述べておこう．まず，定理 2a により，γ を，γ の内部に含まれるような任意の円 $C_\rho(a)$（中心 a，半径 ρ）の正方向の周 $\gamma' = \gamma_\rho(a)$ でおきかえてよい．そのとき

$$\int_{\gamma'} \frac{f(z)}{z-a} dz = \int_{\gamma'} \frac{f(a)}{z-a} dz + \int_{\gamma'} \frac{f(z)-f(a)}{z-a} dz$$

であるが，右辺の第 1 積分は §2.3 の例（$m = -1$ の場合）により，$2\pi i f(a)$ に等しい．よって第 2 の積分が 0 であることをいえばよい．

$$\left| \int_{\gamma'} \frac{f(z)-f(a)}{z-a} dz \right| \leq \int_{\gamma'} \frac{|f(z)-f(a)|}{|z-a|} |dz|$$

であるが，$f(z)$ が $z = a$ で連続であることから，任意の $\varepsilon > 0$ に対し，ρ を十分小さくとれば，γ' 上において

$$|f(z) - f(a)| < \varepsilon,$$

また γ' 上において

$$|z-a| = \rho, \quad |dz| = \rho d\theta$$

であるから，第 2 の積分の絶対値は $\leq \int_0^{2\pi} |f(z)-f(a)| d\theta < 2\pi\varepsilon$ である．この積分の値は ε に無関係のはずであるから，$= 0$ でなければならない．□

注意 1 定理 3 の上の証明においては，$f(z)$ が $D - \{a\}$ で正則，a で連続なことだけを使った．この仮定から結果として，$f(z)$ は a においても正則になる（問題 6）．したがって，$f(z)$ が $D - \{a\}$ で正則であるとき，たとえ $f(a)$ が定義されていなくても，もし $\lim_{z \to a} f(z)$ が存在するならば，その値を $f(a)$ とおくことにより，（a を含めて）D 全体で正則な関数が得られる（リーマン）．このような a を $f(z)$ の**除去可能な特異点**という．

定理 4 $f(z)$ を領域 D で正則な関数，$C_\rho(a)$ を（周までこめて）領域 D に含まれる任意の円とする．そのとき，$f(z)$ はこの円の内部で $z-a$ のベキ級数に展開される．

実際，ζ を $C_\rho(a)$ の内部の任意の点とし，積分公式を ζ と円周 $\gamma' = \gamma_\rho(a)$ に適用すれば，

$$f(\zeta) = \frac{1}{2\pi i} \int_{\gamma'} \frac{f(z)}{z-\zeta} dz = \frac{1}{2\pi i} \int_{\gamma'} \frac{f(z)}{(z-a)-(\zeta-a)} dz$$

$$= \frac{1}{2\pi i} \int_{\gamma'} \frac{f(z)}{z-a} \left(1 - \frac{\zeta-a}{z-a}\right)^{-1} dz.$$

最後の積分記号の中を $\dfrac{\zeta-a}{z-a}$ の（無限）等比級数に展開する：

$$\frac{f(z)}{z-a}\left(1 - \frac{\zeta-a}{z-a}\right)^{-1} = \sum_{n=0}^{\infty} \frac{f(z)}{z-a}\left(\frac{\zeta-a}{z-a}\right)^n.$$

この級数が $(z \in \gamma' \Rightarrow |\zeta-a| < |z-a| = \rho$ ゆえ）γ' の上で一様に絶対収束することから，和と積分の順序を入れかえることができ（『概論』§47, 定理40(B)），$f(\zeta)$ の（絶対収束する）ベキ級数展開

(2.21)
$$f(\zeta) = \sum_{n=0}^{\infty} a'_n (\zeta-a)^n,$$
$$a'_n = \frac{1}{2\pi i} \int_{\gamma'} \frac{f(z)}{(z-a)^{n+1}} dz$$

が得られる．□

§2.2 に述べたベキ級数の性質から，この級数の収束半径は $\geq \rho$, また

$$a'_n = \frac{f^{(n)}(a)}{n!}$$

であるから，積分公式 (2.18) の拡張として

(2.22) $$f^{(n)}(a) = \frac{n!}{2\pi i} \int_{\gamma'} \frac{f(z)}{(z-a)^{n+1}} dz \quad (n=0,1,\ldots)$$

という関係式も得られる．（この式は (2.20) の両辺を，変数 a に関して n 回微分しても得られる．）ここで γ' を定理 2, 3 におけるときと同じ γ でおきかえることもできる．

定理1と定理4から，複素関数の正則性は「その定義領域内の任意の点（の近傍）において，ベキ級数（テイラー級数）に展開される」という性質と同値であることがわかる．したがって（定理1により）正則関数は何回でも微分可能である．——そのひとつの応用として，（定理2″, 系の逆）"モレラの定理"：「積分可能な連続関数は微分可能（正則）である」が得られる．実際, $f(z)$ が原始関数 $F(z)$ をもてば, $F(z)$ は微分可能, すなわち正則, したがって2回微分可能であるから, $f(z) = F'(z)$ も微分可能である．

注意2 コーシーの積分公式からただちに,いわゆる"最大値の原理"が導かれる.すなわち,正則関数 $f(z)$ に対し,「$|f(z)|$ がその正則領域 D の内点 a において最大値をとるならば,$f(z)$ は定数である」.

実際,$\gamma' = \gamma_\rho(a)$ に対する積分公式から

$$|f(a)| \leq \frac{1}{2\pi} \int_{\gamma'} \frac{|f(z)|}{|z-a|}|dz| = \frac{1}{2\pi} \int_0^{2\pi} |f(a+\rho e^{i\theta})|\, d\theta.$$

よって,もし $|f(a)|$ が最大値ならば,$|f(z)|$ は円周 γ' 上で定数 $(=|f(a)|)$ でなければならない.これから $|f(z)|$ が,したがって $f(z)$ 自身が a の近傍で定数であることが(コーシー–リーマンの関係式を使って)容易に導かれる.D は連結であるから,$f(z)$ は D 全体で定数になる.□

ここでよい機会なので,この最大値の原理から,§1.6 で述べた「代数学の基本定理」が証明されることも注意しておこう.$f(z)$ を定数でない多項式とするとき,方程式 $f(z) = 0$ が必ず(複素数の)根をもつこと,すなわち複素関数 $f(z)$ は必ず零点をもつことをいえば十分である.

$$f(z) = a_n z^n + a_{n-1} z^{n-1} + \cdots + a_0, \quad a_n \neq 0, \quad n > 0$$

とする.もし $f(z)$ が零点をもたないとすれば,$f(z)^{-1}$ は整関数である.任意の z_0 をとり,$K = |f(z_0)|(>0)$ とする.

$$f(z)^{-1} = z^{-n}(a_n + a_{n-1} z^{-1} + \cdots + a_0 z^{-n})^{-1}$$

で,$|z| \to \infty$ のとき $z^{-1} \to 0$ であるから,$f(z)^{-1} \to 0$ である.よって,ある $A > 0$ があって,$|z| > A$ のとき,$|f(z)^{-1}| < K^{-1}$.したがって,連続関数 $|f(z)^{-1}|$ はその最大値を有界閉集合 $\{z \mid |z| \leq A\}$ の中でとる.これは上記の最大値の原理に反する.——この証明からわかるように,より一般に,「複素平面で有界な整関数は定数である」(リューヴィルの定理).

2.7 ローラン展開,留数定理

$f(z)$ を領域 D で恒等的に 0 ではない正則関数,α を D の 1 点とする.$f(\alpha) = 0$ のとき,α を $f(z)$ の零点という.そのとき,$f(z)$ の α におけるベキ級数展開

$$f(z) = \sum_{n=0}^{\infty} a_n(z-\alpha)^n$$

の定数項 a_0 は $=0$ であるから, $a_0 = \cdots = a_{m-1} = 0,\ a_m \neq 0$ であるような $m > 0$ が定まる. この m を $f(z)$ の α における零点の**位数** (order) という. このとき, $f(z) = (z-\alpha)^m f_1(z)$ とおけば, $f_1(z)$ は α において正則, したがって連続であるから, α の十分小さい近傍 $|z-\alpha| < \delta$ において, $f_1(\alpha) = a_m$ にいくらでも近く, したがって $f_1(z) \neq 0$ である. よって, 除外近傍 $0 < |z-\alpha| < \delta$ において, $f(z)$ も $\neq 0$ である. したがって,「(恒等的に 0 でない) 解析関数の零点は孤立している」ことがわかる.

さて, 上の条件を一般化して, 以下 $f(z)$ は D から離散的な (集積点をもたない) 点集合を除いた領域 D' において正則な関数であるとする. これらの除外点を (仮に) $f(z)$ の**特異点**という. α_1 を 1 つの特異点とし, $D' \cup \{\alpha_1\}$ に含まれる (閉じた) 円 $C_{\rho_1}(\alpha_1)$ を描き, ζ をその内部の 1 点, $\neq \alpha_1$ とする. さらに互いに交わらない (正の向きの) 円周 $\gamma = \gamma_\rho(\zeta),\ \gamma_1' = \gamma_{\rho_1'}(\alpha_1)$ を $\gamma_1 = \gamma_{\rho_1}(\alpha_1)$ の内部に描けば, 定理 3, 定理 2a により

$$f(\zeta) = \frac{1}{2\pi i} \int_\gamma \frac{f(z)}{z-\zeta} dz = I_1 - I_2,$$
$$I_1 = \frac{1}{2\pi i} \int_{\gamma_1} \frac{f(z)}{z-\zeta} dz, \quad I_2 = \frac{1}{2\pi i} \int_{\gamma_1'} \frac{f(z)}{z-\zeta} dz$$

である (図 2.6). $z \in \gamma_1$ のとき, $|\zeta-\alpha_1| < |z-\alpha_1|$ だから, (前節, 定理 4 の証明でみたように) I_1 は γ_1 の内部で絶対収束する $\zeta-\alpha_1$ のベキ級数に展開される:

$$I_1 = \sum_{n=0}^{\infty} a_n(\zeta-\alpha_1)^n,$$
$$a_n = \frac{1}{2\pi i} \int_{\gamma_1} \frac{f(z)}{(z-\alpha_1)^{n+1}} dz.$$

一方, $z \in \gamma_1'$ のとき, $|\zeta-\alpha_1| > |z-\alpha_1|$ であるから

$$\frac{1}{z-\zeta} = \frac{1}{(z-\alpha_1)-(\zeta-\alpha_1)} = -\frac{1}{\zeta-\alpha_1} \sum_{n=0}^{\infty} \left(\frac{z-\alpha_1}{\zeta-\alpha_1}\right)^n.$$

したがって, 同様の論法により, I_2 は γ_1' の外部で絶対収束する $\zeta-\alpha_1$ の (負

2.7 ローラン展開，留数定理

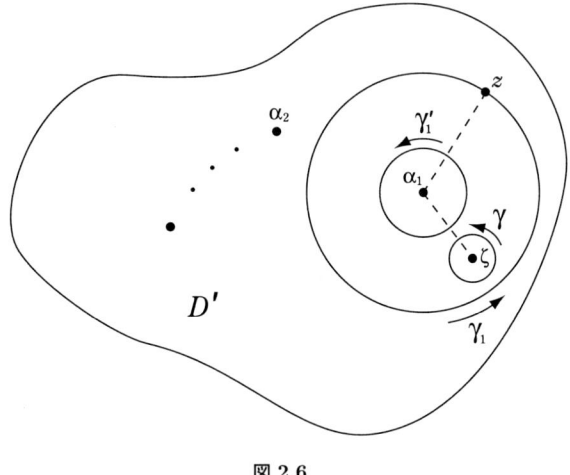

図 2.6

ベキの）ベキ級数に展開される．

$$I_2 = -\sum_{n=1}^{\infty} a_{-n}(\zeta-\alpha_1)^{-n},$$
$$a_{-n} = \frac{1}{2\pi i}\int_{\gamma_1'} f(z)(z-\alpha_1)^{n-1}\,dz.$$

ρ_1' はいくらでも小さくとれるから，結論として，$f(z)$ は α_1 の除外近傍 $0 < |z-\alpha_1| < \rho_1$ で（広義の一様に）絶対収束する $z-\alpha_1$ の（負ベキも含む）ベキ級数

(2.23)
$$f(z) = \sum_{n=-\infty}^{\infty} a_n(z-\alpha_1)^n,$$
$$a_n = \frac{1}{2\pi i}\int_{\gamma_1} \frac{f(z)}{(z-\alpha_1)^{n+1}}\,dz$$

に展開される．これを $f(z)$ の α_1 における**ローラン** (Laurent) **展開**という．特にその負ベキの部分を"主要部"という．（ここで γ_1 を，D' に含まれ，その内部が α_1 を含み $D'\cup\{\alpha_1\}$ に含まれるような，任意の単一閉曲線でおきかえてよい．)

主要部が $=0$ ならば，α_1 は除去可能な特異点で $f(\alpha_1)=a_0$ とおくことにより，はじめから $f(z)$ の正則領域に含めることができる．主要部が（0 でない）有限和であるとき，すなわち，ある $m>0$ があって，

(2.23′) $$f(z) = \sum_{n=-m}^{\infty} a_n(z-\alpha_1)^n, \quad a_{-m} \neq 0$$

であるとき，α_1 を $f(z)$ の m 位の極 (pole) という．これ以外の場合，すなわち主要部が無限級数になるとき，α_1 を**真性特異点**という（ワイエルシュトラス）．

真性特異点をもたない関数，すなわち領域 D においていくつかの極以外では正則な関数を**有理型関数** (meromorphic function) という．

一般に，$f(z)$ のローラン展開 (2.23) における $(z-\alpha_1)^{-1}$ の係数 a_{-1} を，$f(z)$ の α_1 における**留数** (residue) という．以下，それを $\mathrm{Res}_{z=\alpha_1} f(z)$ と書くことにする．(2.23) により

(2.24) $$\mathrm{Res}_{z=\alpha_1} f(z) = \frac{1}{2\pi i} \int_{\gamma_1} f(z) dz$$

である．

> **定理 5**（コーシー，1825） $f(z)$ を領域 D においていくつかの孤立特異点を除き正則な解析関数，γ をその内部とともに D に含まれ，これらの特異点を通らない単一閉曲線，$\alpha_1, \ldots, \alpha_s$ を γ の内部に含まれる特異点とする．そのとき
>
> (2.25) $$\int_\gamma f(z) dz = 2\pi i \sum_{k=1}^{s} \mathrm{Res}_{z=\alpha_k} f(z).$$

実際，α_k を中心とする（正の向きの）円周 γ_k を，互いに交わらないように γ の内部に描けば，(2.25) は (2.17b) と (2.24) からただちに得られる．――逆に，この議論の出発点であったコーシーの積分公式 (2.20) も

$$\mathrm{Res}_{z=a} \frac{f(z)}{z-a} = f(a)$$

であるから，この留数定理の特別な場合とみることができる．

> **[問題 7]** $f(z)$ を単根 α_k ($1 \leq k \leq n$) のみをもつ n 次多項式とすれば，
> $$\frac{1}{f(z)} = \sum_{k=1}^{n} f'(\alpha_k)^{-1} \frac{1}{z-\alpha_k}$$

2.7 ローラン展開，留数定理

と"部分分数"に展開される．これを使って，原点を中心，半径 ρ の（正の向きの）円周 γ とすれば，

(*) $$\int_\gamma \frac{1}{f(z)} dz = 2\pi i \sum_{|\alpha_k|<\rho} f'(\alpha_k)^{-1}$$

であることを示せ．ただし，この円周は $f(z)$ の根を含まないものとする．一例として，$f(z) = z^n + 1$ $(n \geq 2)$，γ を中心 0，半径 $\neq 1$ の円周とすれば，

$$\int_\gamma \frac{1}{z^n+1} dz = 0$$

であることを示せ．

コーシーは 1825 年の論文において，（γ が長方形の場合の）留数定理を証明し，それを多くの定積分の計算に応用した．しかし解析関数の理論が整備され，ここで述べたような形の積分定理が得られたのは，はるかに後の（30 年以上後の）ことで，それは本質的にリーマンやワイエルシュトラスに負うところが大きい．

しかし，『史談』にも述べられているように，ガウスはすでに 1811 年ごろにこのような複素積分の性質を実質的に知っていたことがうかがわれる（シューマッハーへの手紙）．

『史談』におけるコーシーはいわば脇役（ときには悪役）であるが，彼の業績の紹介の後に次のような指摘がある：

「……留数にしても，テーロル展開にしてもある関数に関していうのであるが，そもそもその関数なるものは何を意味するか，それが（コーシーにおいては）曖昧であったのである．ただ漠然として従来取り扱われた有理関数，指数関数，対数関数などの組み合わせが考察されたのであった．そのような立場において，代数関数またはさらに一般なる陰伏関数のベキ級数への展開がどこまで収れんするかを知ろうというのであるから，暗中模索である．1832 年の論文において，収れんの限界は関数が無限大になる所としてよりも，むしろそれが分岐する所として探り当てられたのであった．……（幸運なことはこの論文において）円周に沿っての積分が応用せられたことである．ここに至ってコーシーにおける二つの思想系統（虚数積分による定積分の計算とテイラー展開の収束円の決定）が合流する機運が生じたのであるが，それからさらに 20 年を経て

1851年に至って，今日の解析関数が monogène なる名称の下に関数論の対象として確認せられたのである．1821年の『教程』(Cours d'anlyse……) で複素変数が論ぜられてから30年の歳月を経てコーシーの関数論に目鼻がついたのである．……」

そしてその1851年には25歳のリーマンの学位論文 [R5]「一複素変数の関数の一般論の基礎」がゲッティンゲン大学に提出された．(ガウスはこの論文を非常に好意的に評価した．しかし，その後リーマンがガウスを訪ねたとき，自分も同じ対象を扱った論文を準備してきたこと，そしてその論文の対象はそれだけではないことを告げたという．) リーマンはこの論文で，§2.1で述べた複素解析関数の定義から出発して，その（"写像定理"に至る）一般論を与え，それに続く1857年のアーベル関数に関する論文 [R6] ではアーベル，ヤコビ以来関数論の中心課題であった代数関数の（幾何学的）理論を展開した．そのとき基本的な役割を演じたのが，（今日の述語での）1次元複素多様体，いわゆる"リーマン面"の概念であった．

一方，ワイエルシュトラス (1815–1897) は複素解析関数を，局所的に収束するベキ級数で表される関数としてとらえた（定理1, 定理4参照）．ワイエルシュトラスは26歳のときから15年間ギムナジュームの教師を務めていたが，その間の1841～2年ごろ，上記のローラン展開や（次の章で説明する）解析接続のアイディアをもったという．1856年に E. E. クンマー (1810–1893) の招きによってベルリン大学に移り，複素解析関数，特に楕円関数，さらにアーベル関数などについて講義し，多くの講義録を残した．彼の教えを受けた人の中には，H. A. シュワルツをはじめ，カントール，コワレスカヤ，のちにヒルベルトも数えられる．ワイエルシュトラスはその批判的精神で，解析学の基礎固めにも大いに貢献した．いたるところ接線の引けない連続曲線の例や，リーマン [R5] にあるディリクレの境界値問題に対する解の存在証明の欠点を指摘した (1869) ことなどは有名である．

文　献

G. リーマンに関するもの：

[R1]　(全集 I) Bernhard Riemann's Gesammelte mathematische Werke und wissenschaftlicher Nachlass, hrsg. von H. Weber (unter Mitw. von R. Dedekind) 2te. Auflage, Teubner, Leipzig, 1892; Nachträge hrsg. von M. Noether und W. Wirtinger, 1902; Reprint, Dover, New York, 1953, 1978.

[R2]　(全集 II) Bernhard Riemann, Gesammelte mathematische Werke, wissenschaftlicher Nachlass und Nachträge. Collected Papers. Nach der Ausgabe von H. Weber und R. Dedekind neu herausgegeben von R. Narasimhan, Springer–Verlag/Teubner, Berlin etc./Leipzig, 1990.

[R3]　『リーマン論文集』(足立・杉浦・長岡編訳)，数学史叢書，朝倉書店, 2004.

[R4]　D. Laugwitz, Bernhard Riemann 1826–1866, Birkhäuser Verlag, 1996; D. ラウグヴィッツ, 『リーマン―人と業績』(山本敦之訳), シュプリンガー・フェアラーク東京, 1998.

[R5]　B. Riemann, Grundlagen für eine allgemeine Theorie der Funktionen einer Veränderlichen complexen Grösse, Inauguraldissertation, Göttingen 1851; (全集 I), 第 I 論文, [R1], 88–142: 『一複素変数の関数の一般論の基礎』(学位論文)(笠原乾吉訳), [R3], 1–43.

[R6]　B. Riemann, Theorie der Abel'schen Funktionen, Borchardt's J. für r. u. angew. Math., 54 (1857); (全集 I), 第 VI 論文, [R1], 88–142; 『アーベル関数の理論』(高瀬正仁訳), [R3], 71–123.

3. 解析的延長, ガンマ関数とゼータ関数

3.1 解析的延長の原理

$f(z)$ を領域 D で正則な関数とする. ワイエルシュトラスにならって, $f(z)$ と D の組 $(f(z), D)$ を 1 つの "関数要素" ということにしよう. (ワイエルシュトラスのいう関数要素は, ベキ級数とその収束円の内部の組の場合である.)

2 つの関数要素 $(f_1(z), D_1)$, $(f_2(z), D_2)$ が与えられたとする. $D_1 \cap D_2 \neq \emptyset$ とし, E をその 1 つの連結成分とする (図 3.1). もし E において $f_1(z)$ と $f_2(z)$ が一致する, すなわち

$$f_1(z) = f_2(z) \quad (\forall z \in E)$$

ならば, D_1 と D_2 を E で "はり合わせて" できる新しい領域 $D = D_1 \cup_E D_2$ において,

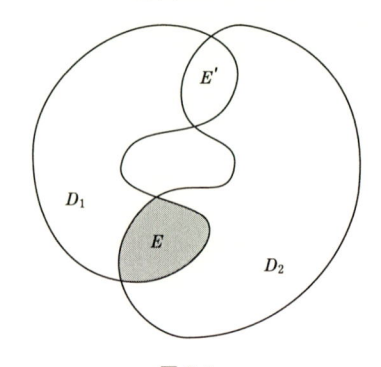

$$f(z) = \begin{cases} f_1(z) & (z \in D_1 \text{のとき}) \\ f_2(z) & (z \in D_2 \text{のとき}) \end{cases}$$

図 3.1

と定義することにより，拡大された関数要素 $(f(z), D)$ をつくることができる．これは明白であるが，大切なことは次に述べる原理によって，D における解析関数 $f(z)$ は関数要素 $(f_1(z), D_1)$ によって（あるいは $(f_2(z), D_2)$ によって）一意的に決まってしまうことである．このようにして解析関数の定義域を拡大することを，一般に**解析的延長**（analytic continuation）という．

解析的延長の原理 領域 D_1, D_2 で定義された2つの解析関数 $f_1(z), f_2(z)$ が領域 $E \subset D_1 \cap D_2$ で一致するための（十分）条件は，E に含まれるある有界な無限閉集合 M があって，すべての $z \in M$ に対して
$$f_1(z) = f_2(z)$$
が成立することである．

実際，もしこの条件が成立すれば，$g(z) = f_1(z) - f_2(z)$ とおくとき，すべての $z \in M$ は $g(z)$ の零点である．したがって，§2.7 に注意したように，$g(z)$ が E において恒等的に 0 でないならば，z は M の孤立点でなければならない．しかし，孤立点ばかりからなる有界閉集合は有限集合であるから，これは仮定に反する．よって E 全体において $g(z) = 0$ すなわち $f_1(z) = f_2(z)$ である．（上記の $f(z)$ の一意性はこの原理からわかる.）□

さてここで問題なのは，$D_1 \cap D_2$ に E 以外の連結成分 E' がある場合である（図 3.1）．そのとき，E' においても f_1 と f_2 が一致するならば，E におけるときと同様に，そこでも D_1 と D_2 をはり合わせて $D' = D_1 \cup_{E,E'} D_2$ をつくることができる．しかし一般に，E' においては f_1 と f_2 は一致しない．このとき，2通りの考え方が可能である．1つは，（そのときにも E' において D_1 と D_2 をはり合わせて）拡大された関数 $f(z)$ は，E' 上では "2価関数" になる，と考えるのである．もう1つの考え方は，E' においては D_1 と D_2 をはり合わせず，D は E' において E' を二重に覆う被覆面である，と考えるのである．そうすれば，$f(z)$ は "領域" D 上いたるところ1価正則となり，正則関数としての本性を保存することができる．同時に $f(z)$ の多価性も，より幾何学的にとらえることができる．われわれはこの後者の考え方に従うことにする．

解析的延長は，与えられた正則関数 $f_1(z)$ の定義域をできる限り拡大したい

という願望にもとづく操作である．これをさらに推し進めれば，"リーマン面"の概念に到達する．それについては後に詳しく説明したいと思う．

3.2 例：対数関数，ベキ関数など

解析的延長の最初の例として，対数関数 $\log(1+z)$ を考えよう．そのためまず，$f(z) = (1+z)^{-1}$ とおく．$f(z)$ は明らかに -1 を除いた全平面で正則な関数で，-1 に（1位の）極をもつ．大雑把にいえば，$\log(1+z)$ は $f(z)$ の原始関数，すなわち積分

$$\int_0^z \frac{dz}{1+z}$$

として定義される関数である．

しかし，$f(z)$ が極をもつために，この積分は積分路のとり方に依存する．その様子をみるために，次のような2つの領域を考えよう．（複素平面の）実数軸を -1 で左右に分断し，（-1 も含む）左の半直線を l，右の半直線を l' とする．すなわち

$$l = (-\infty, -1], \quad l' = [-1, \infty).$$

さらにその余集合を

(3.1) $$D_1 = \mathbf{C} - l, \quad D_2 = \mathbf{C} - l'$$

とおく．これらは明らかに単連結な領域である．よってまず，D_1 における $f(z)$ の原始関数を

(3.2) $$F_1(z) = \int_0^z \frac{dz}{1+z} \quad (z \in D_1)$$

によって定義する（ここで積分路は D_1 に含まれる曲線に限る）．$F_1(z)$ を $\log(1+z)$ の**主値**という．これは $z = x > -1$ のとき，実関数として通常の $\log(1+x)$ に一致する．

領域 D_2 においても同様に原始関数 $F_2(z)$ を定義するのであるが，今度は積分曲線の始点 $z = 0$ が D_2 の境界 l' 上の点であるから，$F_2(z)$ を定義するための積分路 γ は，その始点 0 の近くで（0 自身は除いて）領域 D_2 の右上の部分

3.2 例：対数関数，ベキ関数など

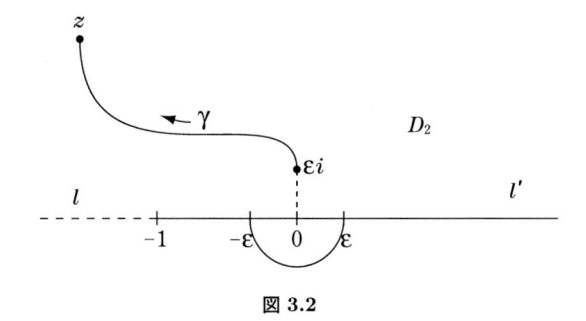

図 3.2

に属する，という制限をつけることにする．そうすれば，やはり原始関数 $F_2(z)$ が (3.2) と同様の式で一意的に定義される（図3.2）．

（あるいは，その式を少し modify して

$$F_2(z) = \lim_{\varepsilon \to +0} \int_{\varepsilon i}^{z} \frac{dz}{1+z} \quad (z \in D_2,\ \varepsilon > 0)$$

と定義してもよい．別法として，0 を下から半径 ε の半円弧に沿って迂回するように半直線 l' を修正し，$\varepsilon \to 0$ の極限を考えることにしても同じことである．）

この場合，$D_1 \cap D_2$ は2つの連結成分，"上半平面" $E = \{z = x+iy|\ y > 0\}$ と "下半平面" $E' = \{z = x+iy|\ y < 0\}$ に分けられる．上半平面 E においては，定義から明らかに

$$F_1(z) = F_2(z)$$

であるから，前節で述べたように，D_1, D_2 を E ではり合わせて $D = D_1 \cup_E D_2$ とする．$z \in E'$ に対しては，D_1, D_2 において，これらの関数を定義する積分路を1つずつ選んで γ_1, γ_2 とすれば，$-\gamma_1 + \gamma_2$ は $z \in D_1$ を始点，$z \in D_2$ を終点とする D 上の曲線で，$\mathbf{C}$ 上で考えれば -1 を正の向きに一周する閉曲線になる（図3.3）．よって，留数定理により

$$-F_1(z) + F_2(z) = \int_{-\gamma_1+\gamma_2} \frac{dz}{1+z} = 2\pi i,$$

すなわち

$$F_2(z) = F_1(z) + 2\pi i$$

である．したがって，E' では D_1, D_2 をはり合わすことはできない．

図 3.3

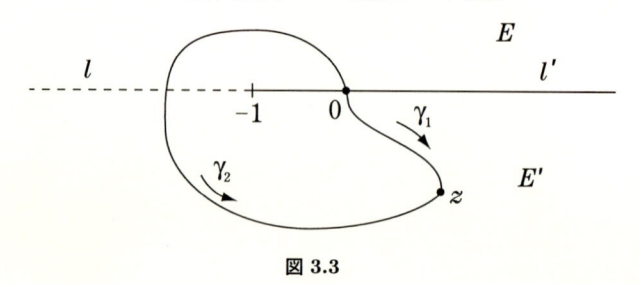

解析的延長を続行するために，上の考察にもとづき，次のような無限個の関数要素を用意する：

(3.3) $\quad \mathcal{F}_m = (F_1 + 2m\pi i, D_1), \quad \mathcal{F}'_m = (F_2 + 2m\pi i, D_2) \quad (m \in \mathbf{Z}).$

$\mathcal{F}_m$ と $\mathcal{F}'_m$ は，上半平面 E に沿ってはり合わせる．また $\mathcal{F}_{m+1}$ と $\mathcal{F}'_m$ は下半平面 E' に沿ってはり合わすことができる．こうして得られる（無限螺旋階段のような）"領域"を $\mathcal{D}$ とすれば，$\mathcal{D}$ は $\mathbf{C} - \{-1\}$ を無限回覆う被覆面である．$\mathcal{D}$ 上に $\mathcal{F}_1$ の解析的延長として得られる関数を，複素関数としての**対数関数** $\log(1+z)$ と定義する．これは $\mathcal{D}$ 上 1 価の，したがって $\mathbf{C} - \{-1\}$ 上では無限多価の，解析関数である．(多価関数になるときにはふつう正則とはいわない．) この場合，-1 を対数関数 $\log(1+z)$ の（または被覆面 $\mathcal{D}$ の）"分岐点"という．

（上述のように関数要素 $\mathcal{F}_m, \mathcal{F}'_m\ (m \in \mathbf{Z})$ をはり合わすとき，境界 $(-\infty, -1)$ は $\mathcal{F}_m$ と $\mathcal{F}_{m+1}$ のつなぎ目になっているが，これをどちらかの領域に含ませて考える必要があるときには，$\mathcal{F}_m$ の方に含ませることに定める．これに反して $(-1, \infty)$ は，$\mathcal{F}'_m$ と $\mathcal{F}'_{m-1}$ のつなぎ目として，$\mathcal{F}'_m$ に含まれるものと考える．）

$\log(1+z)$ の主値 $F_1(z)$ は D_1 において，条件

$$F'_1(z) = (1+z)^{-1}, \quad F_1(0) = 0$$

によって特徴づけられる正則関数である．その（開いた）単位円 $C_1(0)$ におけるベキ級数展開は，$(1+z)^{-1}$ の展開

$$(1+z)^{-1} = 1 - z + z^2 - \cdots$$

から項別積分して得られるベキ級数：

$$(3.4) \qquad \log(1+z) = z - \frac{1}{2}z^2 + \frac{1}{3}z^3 - \cdots$$

によって与えられる.

対数関数 $w = \log(1+z)$ が指数関数 $z = e^w - 1$ の逆関数になることは，次のようにしてわかる．まず実関数の $u = \log(1+x)$ と $x = e^u - 1$ が互いに逆関数になることは周知であろうが，念のため証明する（§1.5, 問題 10 の解答にも別証がある）．これらの関数はともに単調増大，かつ滑らかな関数で，それぞれ $(-1, \infty)$ から $(-\infty, \infty)$ へ，およびその逆方向への，1 対 1 写像を与える．

$$\frac{du}{dx} = (\log(1+x))' = \frac{1}{1+x}, \quad \frac{dx}{du} = (e^u - 1)' = e^u$$

であるから，合成関数 $\log(1 + (e^u - 1)) = \log(e^u)$ を考えれば，

$$(\log(e^u))' = \frac{e^u}{e^u} = 1, \quad \log(e^0) = 0.$$

したがって，微分方程式 $f'(u) = 1$, $f(0) = 0$ の解の一意性から，

$$\log(e^u) = u \quad (-\infty < u < \infty)$$

を得る．この式から

$$e^{\log(1+x)} - 1 = x \quad (-1 < x < \infty)$$

も得られる．（実関数については証明終）

これらの等式から，解析的延長の原理により，すべての $z \in D_1 = \mathbf{C} - (-\infty, -1]$ に対して

$$e^{\log(1+z)} - 1 = z.$$

また log の主値をとれば，

$$\log(e^w) = w$$

がすべての $w \in \mathbf{C}$, $|\operatorname{Im} w| < \pi$ に対して成立することがいえる．この w の帯状領域は，周期関数 e^w のひとつの "基本領域" で，上の対応：

$$w \to z = e^w - 1, \quad z \to w = \log(1+z)$$

によって，z の領域 D_1 と 1 対 1 に対応する．特にその 1 つの境界 $\{w \in \mathbf{C} |$

$\operatorname{Im} w = \pi\}$ は，D_1 の境界（から端点 -1 を除いた部分）$(-\infty, -1)$ と対応している．（$z = -1$ は $\log(1+z)$ の分岐点である．）

このように対数関数の多価性は指数関数の周期性の反映なのである．

[問題 1]　図 3.4 のように，$\mathbf{C}$ から垂直な 2 つの半直線

$$l_+ = i[1, \infty), \quad l_- = (-i)[1, \infty)$$

を除いた（単連結）領域を D_1' とする．D_1' で定義された関数

(∗)　　　　　　　　$\displaystyle \arctan z = \int_0^z \frac{dt}{1+t^2}$

（積分は D_1' の中の線積分）は（1 価の）正則関数になる．（この関数は，$\log(1+z)$ のときと同じように，境界 $(\pm i)(1, \infty)$ を越えて，$\pm i$ を分岐点とする，無限多価関数に解析的延長することができる．D_1' 上 (∗) で定義された $\arctan z$ は，その "主値" である．）

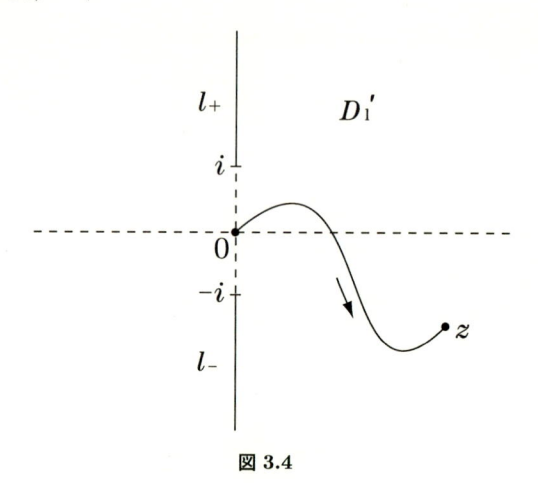

図 3.4

この関数について，次のことを証明せよ．

1) $\arctan z$ の $z = 0$ におけるテイラー展開は

(∗∗)　　　　　　　$\displaystyle \arctan z = z - \frac{z^3}{3} + \frac{z^5}{5} - \cdots \quad (|z| < 1)$

である．

2) $\tan z = \dfrac{\sin z}{\cos z}$ と定義すれば，$\tan z$ は $\dfrac{\pi}{2} + n\pi \ (n \in \mathbf{Z})$ に 1 位の極をもつ $\mathbf{C}$ 上の有理型関数で，$\tan z \neq \pm i$，かつ π を周期とする周期関数になる．

3) $w = \arctan z$ と $z = \tan w$ は互いに逆関数になる．すなわち，

$$\arctan(\tan w) = w \quad \left(|\operatorname{Re} w| < \frac{\pi}{2}\right),$$
$$\tan(\arctan z) = z \quad (z \in D_1').$$

この対応により，z の領域 D_1' と w の領域 $|\operatorname{Re} w| < \dfrac{\pi}{2}$ は，1 対 1 に対応する．(D_1' の境界から端点 $\pm i$ を除いた部分 $(\pm i)(1, \infty)$ は，$\left\{\operatorname{Re} w = \dfrac{\pi}{2}\right\}$ から 1 点 $w = \dfrac{\pi}{2}$ を除いた部分に対応する．)

第 2 の例として，一般のベキ関数

$$f_\alpha(z) = (1+z)^\alpha \quad (\alpha \in \mathbf{C})$$

を考えよう．α が整数のとき，この関数はふつうの多項式，または分数式であって，次のような性質をもつ．

(3.5) $$f_{\alpha+\beta} = f_\alpha \cdot f_\beta, \quad f_1(z) = 1+z,$$

(3.6) $$f_\alpha'(z) = \alpha(1+z)^{-1} f_\alpha(z), \quad f_\alpha(0) = 1.$$

そこで，やや天下り的であるが，

$$g_\alpha(z) = e^{\alpha \log(1+z)} \quad (z \in D_1, \ \log は主値)$$

とおけば，$g_\alpha(z)$ に対して上の条件 (3.5), (3.6) がみたされることは，容易に確かめられる．これは D_1 において性質 (3.6) によって一意的に特徴づけられる関数である．よって一般に，

(3.7) $$(1+z)^\alpha = e^{\alpha \log(1+z)}$$

と定義し，特に $\log(1+z)$ の主値をとるとき，これを関数 $(1+z)^\alpha$ の"主値"と定義する．たとえば，$z = x > -1$ のとき，$(1+x)^{1/2}$ の主値は（根号の規約により）$\sqrt{1+x} \ (> 0)$ である．($\log(1+z)$, $(1+z)^\alpha$ などの $z = x < -1$ に対応する主値を定義する必要があるときには，$t \in \mathbf{C}$ が実軸の上側から x に近づくときの主値の極限と定義する．たとえば，$(1+x)^{1/2} \ (x < -1)$ の主値は $i\sqrt{|1+x|}$ である．)

一方，ベキ級数

$$h_\alpha(z) = \sum_{n=0}^{\infty} \frac{\alpha(\alpha-1)\cdots(\alpha-n+1)}{n!} z^n$$

の収束半径は，α が ≥ 0 の整数であるときを除けば，1 であることが容易にわかる．よって，$C_1(0)$ を単位円の内部とすれば，関数要素 $(h_\alpha, C_1(0))$ が定義される．h_α も $C_1(0)$ において条件 (3.6) をみたすことは容易に確かめられるから，$h_\alpha = g_\alpha|C_1(0)$ である．すなわち，

(3.8) $\quad (1+z)^\alpha = \sum_{n=0}^{\infty} \dfrac{\alpha(\alpha-1)\cdots(\alpha-n+1)}{n!} z^n \quad (|z|<1).$

この"一般 2 項定理"は（α が分数のとき）ニュートンの発見で，形式的には 17 世紀以来知られていたが，ガウスによって初めて（厳密に）証明された．単位円の周上でこの等式がいつ成立するかは，アーベルによって最初に決定された．

関数要素 (g_α, D_1) は，対数関数 $\log(1+z)$ の多価性により，"一般には"上に構成した被覆面 $\mathcal{D}$ の上の解析関数 $(1+z)^\alpha$ に解析的延長される．変数 z が $\mathbf{C}-\{-1\}$ の中で -1 を正の向きに一周するとき(すなわち，螺旋階段 $\mathcal{D}$ を 1 階昇るとき)，$(1+z)^\alpha$ は $e^{2\pi i\alpha}$ 倍される．

特に α が有理数（既約分数）$= \dfrac{m}{n}$ $(n \geq 1)$ のとき，$e^{2\pi i\alpha}$ は 1 の原始 n 乗根になる．よって，前の記号で関数要素 $\mathcal{F}_k, \mathcal{F}'_k$ に対応する $(1+z)^\alpha$ の値と，$\mathcal{F}_{k'}, \mathcal{F}'_{k'}$ に対応するそれは，$k-k'$ が n で割り切れるとき（またそのときに限り）一致する．したがって，$(1+z)^{m/n}$ は $\mathbf{C}-\{-1\}$ 上で n 価の，正確にいえば $\mathbf{C}-\{-1\}$ を n 重に覆う被覆面 $\mathcal{D}^{(n)}$ 上で 1 価の，解析関数になる．$n=1$，$\alpha = m$（整数）ならば，$(1+z)^m$ はもちろん $\mathbf{C}-\{-1\}$ 上の正則関数 $(m \geq 0$ ならば，整関数）である．

α が分数 $\dfrac{m}{n}$ のとき，$f(z) = (1+z)^{m/n}$ は"代数関数"である．この場合には $f(z)$ の定義域をさらに拡張してひとつの閉リーマン面にすることができる．これについては後に（本書下巻に）詳述する予定である．

3.3 ガンマ関数

この節から解析的延長の例として，整数論において重要な役を果たすガンマ

関数 $\Gamma(s)$, ゼータ関数 $\zeta(s)$ などについて説明する.

最初に準備として, 解析関数に関する基本的な補題をいくつか用意しておく.

補題 1 領域 D で定義された正則関数の列 $\{f_n(z)(n=1,2,\ldots)\}$ が D において広義の一様収束をするならば, その極限

$$f(z) = \lim_{n\to\infty} f_n(z)$$

も D において正則な関数である.

(『概論』§58, 定理57参照) 証明法はいろいろあるが, ここではコーシーの積分公式を使う方法を述べる. まず仮定から, $f(z)$ は (広義一様収束する連続関数列の極限であるから) 連続関数になる. γ を, D に (内部もこめて) 含まれる中心 a の (正の向きの) 円周とし, ζ を円内部の任意の点とすれば, コーシーの積分公式により

$$\frac{1}{2\pi i}\int_\gamma \frac{f_n(z)}{z-\zeta}dz = f_n(\zeta).$$

$\{f_n(z)\}$ はこの円周上で一様に収束するから, 積分記号の中で極限に移行して,

$$\frac{1}{2\pi i}\int_\gamma \frac{f(z)}{z-\zeta}dz = \frac{1}{2\pi i}\int_\gamma \lim_{n\to\infty}\frac{f_n(z)}{z-\zeta}dz$$
$$= \lim_{n\to\infty}\frac{1}{2\pi i}\int_\gamma \frac{f_n(z)}{z-\zeta}dz = \lim_{n\to\infty} f_n(\zeta) = f(\zeta)$$

を得る. (ここで $\int_\gamma$ と $\lim_{n\to\infty}$ を交換してよいことは容易に証明される. 『概論』§47.) すなわち, $f(z)$ に対してもコーシーの積分公式が成立する. これから, §2.4 の問題 6 により, $f(z)$ は D の任意の点 a の近傍で, したがって D 全体で正則な関数になることがわかる.

さらに公式

$$f^{(k)}(a) = \frac{k!}{2\pi i}\int_\gamma \frac{f(z)}{(z-a)^{k+1}}dz$$

により, D において

$$\lim_{n\to\infty} f_n^{(k)}(z) = f^{(k)}(z)$$

も成立する. これから, 上記 $f_n(z)$ の a におけるベキ級数展開の係数は, 項別

に $f(z)$ のそれに収束することがわかる.

補題2 2 変数の関数 $f(z,t)$ ($z \in D$, $t \in [a,b]$) が, z に関して正則, (z,t) に関して連続とすれば, 積分
$$F(z) = \int_a^b f(z,t)dt$$
も, D において正則な関数である.

証明 M を D に含まれる任意のコンパクト集合 (＝有界閉集合) とすれば, 仮定により, $f(z,t)$ は $M \times [a,b]$ の上で一様連続である (『概論』§11, 定理 14). よって, $\varepsilon - \delta$ 式表現を使えば, 任意の $\varepsilon > 0$ に対して, (M, a, b だけによって定まる) $\delta > 0$ があって,
$$z, z' \in M, \quad |z-z'| < \delta, \quad t, t' \in [a,b], \quad |t-t'| < \delta$$
のとき,
$$|f(z,t) - f(z',t')| < \varepsilon.$$
よって区間 $[a,b]$ の分割:
$$\Delta: a = a_0 < a_1 < \cdots < a_r = b, \quad a_i - a_{i-1} < \delta \quad (i=1,\ldots,r)$$
に対するリーマン和:
$$S_\Delta(z) = \sum_{i=1}^r f(z,t_i)(a_i - a_{i-1}), \quad a_{i-1} \leq t_i \leq a_i$$
を考えれば, それは z の正則関数で,
$$\left| S_\Delta(z) - \int_a^b f(z,t)dt \right| < \varepsilon(b-a).$$
すなわち, 関数列 $\{S_\Delta(z)\}$ は, $|\Delta| = \mathrm{Max}(a_i - a_{i-1}) \to 0$ のとき, M の上で一様に積分
$$F(z) = \int_a^b f(z,t)dt$$
に収束する. よって, 補題 1 により, $F(z)$ は D で正則な関数である. □

さて本題に戻ろう. ガンマ関数は正整数 n に対する階乗 $n! = 1 \cdot 2 \cdots n$ を

連続変数の関数に拡張する試みから生まれた．オイラーはすでに 1730 年ごろにこのような関数として，$n!$ の表示式

$$(3.9) \qquad n! \;=\; \prod_{k=1}^{\infty} \left(\frac{k+1}{k}\right)^n \frac{k}{k+n},$$

$$(3.10) \qquad n! \;=\; \int_0^1 \left(\log\left(\frac{1}{x}\right)\right)^n dx$$

などを与えている．(これらの式の右辺は実数 n の関数に拡張される．)

オイラーの無限積表示 (3.9) は，後のガウスの公式，ワイエルシュトラスの無限積表示の原形である（『概論』§68 参照）．この式は，次のように考えれば容易に証明される．

$$n! = \frac{(n+k)!}{(n+1)\cdots(n+k)} = \frac{k!(k+1)^n}{(n+1)\cdots(n+k)} \cdot \frac{(k+1)\cdots(k+n)}{(k+1)^n}.$$

ここで n を固定し，$k \to \infty$ とするとき，

$$\lim_{k\to\infty} \frac{(k+1)\cdots(k+n)}{(k+1)^n} \;=\; 1$$

であるから，

$$n! \;=\; \lim_{k\to\infty} \frac{k!(k+1)^n}{(n+1)\cdots(n+k)}.$$

これが (3.9) である．オイラーは (3.9) から出発し，定積分

$$\int_0^1 x^m (1-x)^n dx \;=\; \frac{n!}{(m+1)(m+2)\cdots(m+n+1)}$$

(ベータ積分，『概論』§68, (10) の特別な場合) を使って，これを (3.10) の形に変形している．

積分表示 (3.10) に変数変換 $x \to e^{-x}$ を行い，n を $s-1$ と書き直せば，

$$\int_0^\infty x^{s-1} e^{-x} dx$$

となる（ただし，x^{s-1} は主値 $e^{(s-1)\log x}$ を表す）．以下，この積分が，実際 $s \in \mathbf{C}$, $\mathrm{Re}\, s > 0$ のとき収束し，s の正則関数を表すことを証明しよう．

まず

$$f(s, x) \;=\; x^{s-1} e^{-x}$$

とおけば，f は $x>0$, $s\in\mathbf{C}$ に対して定義され，s に関して正則，(s,x) に関して連続な関数である．よって，補題2により，任意の $0<\varepsilon<K$ に対し，

$$F(s;\,\varepsilon,K) = \int_\varepsilon^K x^{s-1}e^{-x}dx$$

は s に関して正則な関数である．

次に，正数 $0<\sigma_0<\sigma_1$ を任意に選ぶ．σ_1 に対して十分大きい $K\,(>1)$ をとれば，$x\geq K$, $\operatorname{Re} s\leq\sigma_1$ のとき，

$$|x^{s-1}e^{-x}| = x^{\sigma-1}e^{-x} \leq x^{\sigma_1-1}e^{-x} < e^{-\frac{x}{2}}$$

が成立する．よって

$$\int_K^\infty |x^{s-1}e^{-x}|dx < \int_K^\infty e^{-\frac{x}{2}}dx = 2e^{-\frac{K}{2}} \to 0 \quad (K\to\infty).$$

一方，$0<\varepsilon<1$ とすれば，

$$0 < x \leq \varepsilon, \quad \operatorname{Re} s \geq \sigma_0$$

のとき，$|x^{s-1}e^{-x}| < x^{\sigma_0-1}$ であるから，

$$\int_0^\varepsilon |x^{s-1}e^{-x}|dx < \int_0^\varepsilon x^{\sigma_0-1}dx = \frac{\varepsilon^{\sigma_0}}{\sigma_0} \to 0 \quad (\varepsilon\to 0).$$

よって，$F(s;\,\varepsilon,K)\,(\operatorname{Re} s>0)$ は，$\varepsilon\to 0$, $K\to\infty$ のとき，任意の帯状閉領域 $\sigma_0\leq\operatorname{Re} s\leq\sigma_1$ において一様に，収束する．その極限を

(3.11) $$\Gamma(s) = \int_0^\infty x^{s-1}e^{-x}dx \quad (\operatorname{Re} s>0)$$

と書き，**ガンマ関数**という[1]．（この記号および名称はルジャンドルによる．ガウスやリーマンは，記号 $\Pi(s)=\Gamma(s+1)$ を用いている．オイラーは単に $[s]$ と書いていた．）補題1により，これは領域 $\operatorname{Re} s>0$ で定義された正則関数である．

定義から（部分積分によって）容易にわかるように

(3.12) $$\Gamma(s) = (s-1)\Gamma(s-1), \quad \Gamma(1) = 1.$$

よって特に正整数 n に対して，$\Gamma(n)=(n-1)!$ である．

---

[1] ガンマ関数については，『概論』§68 のほか，E. Artin, Einfürung in die Theorie der Gamma-funktion, Hamburg, 1931; E. アルティン，『ガンマ関数入門』（上野健爾訳・解説），日本評論社，2002 を参照．

(3.12) を使って，ガンマ関数を複素平面全体の有理型関数に解析的延長することができる．まず，半平面 $\mathrm{Re}\, s > -1$ で定義される関数 $\frac{1}{s}\Gamma(s+1)$ を考えれば，1位の極 $s=0$（留数1）以外は正則な有理型関数で，(3.12) により半平面 $\mathrm{Re}\, s > 0$ においては $\Gamma(s)$ と一致する．よって，関数要素

$$\left(\frac{1}{s}\Gamma(s+1),\ \{s\in\mathbf{C}|\ \mathrm{Re}\, s > -1,\ s\neq 0\}\right)$$

は関数要素 $(\Gamma(s),\ \{s\in\mathbf{C}|\ \mathrm{Re}\, s > 0\})$ の延長になる．一般に関数要素

$$\left(\frac{\Gamma(s+n)}{s(s+1)\cdots(s+n-1)},\ \{s\in\mathbf{C}|\ \mathrm{Re}\, s > -n,\quad s\neq 0,-1,\ldots,-(n-1)\}\right)$$

$$(n=1,2,\ldots)$$

を考えれば，これらはすべて $\Gamma(s)$ の解析的延長になっている．その定義域は，$n\to\infty$ のとき，$s=0,-1,-2,\ldots$ を除き全平面を覆うから，このようにして拡大された関数 $\Gamma(s)$ は，$s=0,-1,-2,\ldots$ における1位の極以外は全平面で正則な有理型な関数になる．($s=-n$ における留数は $(-1)^n(n!)^{-1}$．)

[問題2] ガンマ関数の定義式 (3.11) から，（上記オイラーの変形を逆方向にたどって）表示式

(3.13) $$\Gamma(s) = \lim_{n\to\infty}\frac{n!n^s}{s(s+1)\cdots(s+n)}$$

を導け．(この式は"ガウスの公式"とよばれている．『概論』§68.)

[問題3] (3.13) は

(3.13′) $$\Gamma(s)^{-1} = s\lim_{n\to\infty} n^{-s}(1+s)\left(1+\frac{s}{2}\right)\cdots\left(1+\frac{s}{n}\right)$$

と書き直すことができる（この式はすべての $s\in\mathbf{C}$ に対して成立する）．この式と，§1.5 に述べた sin 関数の無限積表示 (1.17) を比較して，関係式

(3.14) $$(\Gamma(s)\Gamma(1-s))^{-1} = \frac{1}{\pi}\sin\pi s$$

を導け．

注意1 (3.14) において $s=\frac{1}{2}$ とおけば，$\Gamma\left(\frac{1}{2}\right)=\sqrt{\pi}$ を得る．$\Gamma\left(\frac{1}{2}\right)$ に (3.13) の表示を適用すれば，(オイラーがすでに注意しているように) ウォリスの公式

(1.18) が得られる．

注意 2 $\sin \pi x$ は，x が整数のところにのみ零点をもつ整関数である．(3.14) により，ガンマ関数 $\Gamma(s)$ は零点をもたない有理型関数であることがわかる．

[問題 4] ガウスの公式 (3.13) およびウォリスの公式を使って，関係式

$$(3.15) \qquad \Gamma\left(\frac{s}{2}\right)\Gamma\left(\frac{s+1}{2}\right) = 2^{1-s}\sqrt{\pi}\,\Gamma(s)$$

を導け．(この式は "ルジャンドルの公式" とよばれている．)

3.4 ゼータ関数とベルヌーイ数

無限級数

$$(3.16) \qquad \sum_{n=1}^{\infty} n^{-s} = 1 + 2^{-s} + 3^{-s} + \cdots \quad (s \in \mathbf{C})$$

によって定義される s の複素関数をリーマンのゼータ関数という．この形の級数（s が整数の場合）の研究を最初に手がけたのはやはりオイラーであるが，リーマンが初めてそれを複素変数 s の関数として考察し，$\zeta(s)$ と書いたのでこの名称がある．

オイラーは有名な公式

$$(3.17) \qquad \zeta(2) = 1 + \frac{1}{2^2} + \frac{1}{3^2} + \cdots = \frac{\pi^2}{6}$$

を 1735 年に（より完全な証明は 1743 年に）得た．さらに一般に，$\zeta(4), \zeta(6), \ldots$ を与える公式も，$\sin x$ の無限積展開（『無限解析入門』(1748)）を使って導いている．

実際，

$$\begin{aligned}
\sin x &= x \cdot \prod_{n=1}^{\infty}\left(1 - \frac{x^2}{n^2\pi^2}\right) \\
&= x - \frac{1}{3!}x^3 + \frac{1}{5!}x^5 + \cdots
\end{aligned}$$

であるから，"根と係数の関係" により

$$(3.18) \qquad \sum_{n=1}^{\infty} \frac{1}{n^2 \pi^2} = \frac{1}{3!},$$

$$(3.19) \qquad \sum_{1 \le n < m} \frac{1}{n^2 m^2 \pi^4} = \frac{1}{5!}, \dots$$

(3.18) から (3.17) を得る．(3.19) の左辺は

$$\frac{1}{2}\left(\left(\sum_{n=1}^{\infty} \frac{1}{n^2 \pi^2}\right)^2 - \sum_{n=1}^{\infty} \frac{1}{n^4 \pi^4}\right)$$

に等しいから

$$\frac{1}{2}(\zeta(2)^2 - \zeta(4)) = \frac{\pi^4}{5!} = \frac{\pi^4}{120}.$$

よって

$$\zeta(4) = \frac{\pi^4}{90}.$$

以下同様にして，$\zeta(6), \dots$ も得られる．

オイラーはさらに "ベルヌーイ数" を使って，一般の公式

$$(3.20) \qquad \zeta(2m) = (-1)^{m-1} \frac{2^{2m-1} B_{2m}}{(2m)!} \pi^{2m} \quad (m = 1, 2, \dots)$$

をも得ている．ただし，**ベルヌーイ数** B_n は漸化式：

$$B_0 = 1, \quad \sum_{k=0}^{n} \binom{n+1}{k} B_k = n+1$$

によって定義される定数である．

$$B_1 = \frac{1}{2},\ B_2 = \frac{1}{6},\ B_3 = 0,\ B_4 = -\frac{1}{30},\ \cdots$$

この本では，§3.6 に (3.20) の 1 つの証明を与える[2]．

[問題 5] 形式的に $f(x) = \sum_{n=0}^{\infty} \frac{B_n}{n!} x^n$ とおけば，上記の漸化式が（形式的）ベキ級数の間の等式

---

[2] ゼータ関数の整数値での値に関するオイラーの仕事について，さらにオイラーがその関数等式を予想したことまで，小林 [E4] の最後の部分, pp. 202–237 に詳しく紹介されている．一読されることをおすすめしたい．

$$\frac{e^x-1}{x}\cdot f(x) \;=\; e^x$$

と同値であることを示せ．

（ベルヌーイ数 B_n を上式のかわりに $\dfrac{e^x-1}{x}f(x)=1$ によって定義する場合もある．しかし，その違いは単に B_1 が $\dfrac{1}{2}$ でなく $-\dfrac{1}{2}$ になることだけである．）

したがって $f(x)$ は（実際，$|x|<2\pi$ で収束するベキ級数で）

(3.21) $$f(x) \;=\; \frac{xe^x}{e^x-1} \;=\; \sum_{n=0}^{\infty}\frac{B_n}{n!}x^n$$

となる．さらに

$$f(-x) = -\frac{xe^{-x}}{e^{-x}-1} = \frac{x}{e^x-1} = f(x)-x$$

であるから，

$$f(x) - \frac{1}{2}x \;=\; 1 + \sum_{n=2}^{\infty}\frac{B_n}{n!}x^n$$

は偶関数（すなわち，変換 $x\to -x$ によって不変な関数）になる．よって一般に（B_1 以外の）奇数ベキの係数 $B_{2m+1}=0\ (m\geq 1)$ である．また (3.20) から特にベルヌーイ数の符号について $(-1)^{m-1}B_{2m}>0\ (m\geq 1)$ であることもわかる．

さて，複素関数としてのゼータ関数について，それを定義する無限級数：

(3.22) $$\zeta(s)=\sum_{n=1}^{\infty}n^{-s}=1+\frac{1}{2^s}+\frac{1}{3^s}+\cdots$$

の収束を調べることから始めよう．$s=\sigma+it$ と書けば，$|n^{-s}|=n^{-\sigma}$ で，図 3.5 から明らかなように，$n\geq 2$，$\sigma>0$ のとき

$$\int_n^{n+1}x^{-\sigma}dx \;<\; \frac{1}{n^\sigma} \;<\; \int_{n-1}^n x^{-\sigma}dx.$$

よって

$$\int_1^{n+1}x^{-\sigma}dx \;<\; \sum_{k=1}^n\frac{1}{k^\sigma} \;<\; 1+\int_1^n x^{-\sigma}dx.$$

$\sigma>1$ ならば，

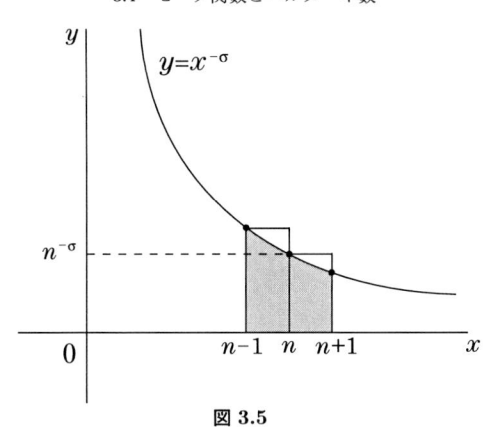

3.4 ゼータ関数とベルヌーイ数

図 3.5

$$\int_1^n x^{-\sigma}dx = \frac{1}{\sigma-1}(1-n^{1-\sigma}) < \frac{1}{\sigma-1}$$

であるから，(3.22) の級数は（領域 $\operatorname{Re} s \geq \sigma_0 > 1$ において一様に）絶対収束する．よって（§3.3 の補題 1 により）$\operatorname{Re} s > 1$ において 1 つの正則関数を定義する．それを**ゼータ関数**といい，$\zeta(s)$ と書くのである．

$s = 1$ のとき，$\int_1^n x^{-1}dx = \log n$ であるから，上式により，

$$(3.23) \qquad \log(n+1) < \sum_{k=1}^n \frac{1}{k} < 1 + \log n.$$

よって（$\log n \to \infty$ であるから）"調和級数":

$$\sum_{k=1}^\infty \frac{1}{k} = 1 + \frac{1}{2} + \frac{1}{3} + \cdots$$

は発散する．（より精密にいえば，$\log n$ と同じ位数で発散する．）後に示すように，拡張されたゼータ関数は $s = 1$ で 1 位の極をもつ．

[問題 6] $\sigma > 1$ のとき，

$$\int_1^\infty \frac{dx}{x^\sigma} < \sum_{n=1}^\infty \frac{1}{n^\sigma} < 1 + \int_1^\infty \frac{dx}{x^\sigma}$$

であることから，$\lim_{\sigma \to 1+0}(\sigma-1)\zeta(\sigma) = 1$ を示せ．（記号 $\lim_{\sigma \to 1+0}$ は，σ が実数直線上を 1 に右側から収束するときの極限値を表す．）

さて，(3.22) において n を 1 つの素数 p のベキに限って加えたものは幾何級

数で，$\mathrm{Re}\, s > 0$ のとき絶対収束し，

$$1 + \frac{1}{p^s} + \frac{1}{p^{2s}} + \cdots = \left(1 - \frac{1}{p^s}\right)^{-1}$$

(これは局所ゼータ関数と呼ばれる). 素数に（たとえば大きさの順に）番号をつけ，$p_1 < p_2 < \cdots$ とし，すべての素数にわたる無限積：

(3.24) $$\prod_{k=1}^{\infty} \left(1 + \frac{1}{p_k^s} + \frac{1}{p_k^{2s}} + \cdots \right) = \prod_{k=1}^{\infty} \left(1 - \frac{1}{p_k^s}\right)^{-1}$$

を考える．

$$u_k = \frac{1}{p_k^s} + \frac{1}{p_k^{2s}} + \cdots = \frac{p_k^{-s}}{1 - p_k^{-s}} = \frac{1}{p_k^s - 1}$$

とおけば，$\mathrm{Re}\, s = \sigma > 1$ のとき，

$$|u_k| = \left|\frac{1}{p_k^s - 1}\right| \leq \frac{1}{p_k^\sigma - 1} \leq \frac{2}{p_k^\sigma}$$

であるから, 無限級数 $\sum_{k=1}^{\infty} u_k$ は絶対収束する．よって（『概論』§51, 定理 45 の意味で）上の無限積 (3.24) も "絶対収束" する．したがって, それを通常の分配法則によって（絶対収束する）無限級数に展開することができ，

$$= 1 + \sum_{m=1}^{\infty} \sum_{r_1, \ldots, r_{m-1}=0}^{\infty} \sum_{r_m=1}^{\infty} p_1^{-r_1 s} \cdots p_m^{-r_m s}$$

となる．初等整数論の基本定理により, 任意の正整数 $n > 1$ は

$$n = p_1^{r_1} \cdots p_m^{r_m} \quad (r_1, \ldots, r_{m-1} \geq 0,\ r_m \geq 1,\ m = 1, 2, \ldots)$$

の形に一意的に分解される．よってこの無限級数は $\sum_{n=1}^{\infty} n^{-s}$ に他ならない．したがってゼータ関数の（絶対収束する）無限積分解

(3.25) $$\zeta(s) = \prod_{k=1}^{\infty} \left(1 - \frac{1}{p_k^s}\right)^{-1}$$

が得られる．この無限積もオイラー（1737）によって得られたものなので, **オイラー積**と呼ばれている．この式から, 特に $\mathrm{Re}\, s > 1$ で $\zeta(s) \neq 0$ であることもわかる．

ゼータ関数のオイラー積分解 (3.25) は素数 p が無限に存在することを端的に

示している.実際,もし素数が有限個しか存在しないならば,上の積は有限積になり,$s=1$ でも収束することになって矛盾である.(素数が無限個存在することは,すでにユークリッドの『原論』(第9巻,命題20)に証明されている.)

より精密に $\sum_{p\leq n} p^{-1}$ が $\log\log n$ の位数で無限大になることをオイラーは記している.実際,オイラー積分解から,$\sigma > 1$ に対し

$$\log \zeta(\sigma) = \sum_{i=1}^{\infty}(-\log(1-p_i^{-\sigma}))$$
$$= \sum_{i=1}^{\infty}\frac{1}{p_i^{\sigma}} + \sum_{i=1}^{\infty}\sum_{n=2}^{\infty}\frac{1}{np_i^{n\sigma}}$$

であるが,$\sigma = 1$ のときにも,右辺の第2項は

$$\leq \sum_{i=1}^{\infty}\frac{1}{2}\frac{1}{p_i^2}\left(1-\frac{1}{p_i}\right)^{-1} \leq \sum_{i=1}^{\infty}\frac{1}{p_i^2} \leq \zeta(2)$$

であるから収束し,左辺は $\log\log n$ の位数で無限大になるからである.このようにオイラー積分解は単に素数が無限に存在するという以上の内容をもっている.それがリーマンによる素数分布研究の出発点となったのである.

3.5　リーマンの1859年論文

1859年の7月,33歳のリーマンは,その年の5月に亡くなったディリクレ (1805–59) の後を受けてゲッティンゲン大学の教授に任命された.(ディリクレは4年前,ガウスの後任としてベルリンから赴任したばかりであったが,その前にゲッティンゲンに講義に来たこともあり,いわばリーマンの mentor であった.) その9月,リーマンは2年前までの同僚デデキントとともにベルリンを訪れ,クンマー,クロネッカー,ワイエルシュトラスらと懇談した.その際クロネッカーが彼の素数分布に関する研究に関心を示したので,ゲッティンゲンに戻るとすぐその概要をまとめてベルリンの学士院月報に送った.以下に引用するのがその論文である.

このわずか8ページの論文「与えられた限界以下の素数の個数について」(上記月報,11/1859)[3] のはじめ2ページ半の中に,ゼータ関数 $\zeta(s)$ の関数等式

---

[3] Ueber die Anzahl der Primzahlen unter einer gegebenen Grösse, [R1] VII.

の証明が2通り述べられている．以下，その部分を杉浦光夫氏の訳（[R3]）にもとづいて紹介する．ただし，$\Pi(s)$ などの記号は現代流に書きあらためた．なおこの論文に関する杉浦氏の訳註，解説からも多くの示唆を得たことを記し感謝の意を表する．

J. W. R. デデキント

　デデキントとの関係についてつけ加えれば，彼はリーマンの5年後輩で，ともにゲッティンゲン大学に学び，ほぼ同年に学位論文，就職論文を提出した．（リーマンは最初言語学・神学科に入学したが，数学専攻に決めてから2年間はベルリン大学で学んだ．彼の論文提出が遅れたのは，ひとつには W. ウェーバーの影響もあって物理学に深い関心を抱き，その研究に時間を費やしたためといわれている．）1854年，両者ともにゲッティンゲン大学の私講師になり，1855〜57年の間にリーマンはアーベル関数論を，デデキントはガロア理論を講義している．『リーマン全集』（H. ウェーバー編）にはデデキントによる詳細な伝記「ベルンハルト・リーマンの生涯」（以下，『リーマン伝』として引用）が収められている[4]．デデキントは年下ではあったが，（その妹への手紙によると）内気で鬱病気味のリーマンの健康のために，旅行など親身に世話をしていた様子が

---

[4] Bernhard Riemann's Lebenslauf, [R1], pp. 539–558; [R3], pp. 347–362.

うかがわれる．リーマンは 1862 年に結婚したが，その直後から病気になり，何回かイタリアに転地療養を繰り返したが，1866 年にマジョーレ湖畔のセレスカで 39 年の生涯を閉じた．一方，デデキントは 1857 年からチューリッヒ工科大学に，次いで故郷のブラウンシュヴァイグ工科大学に移り，その地で（リーマンの半世紀後！）1916 年に亡くなった．

「学士院が，私をその通信会員の一人として指名して下さったことにより，私に与えられました栄誉に対する感謝の念を表すのに最もよいのは，これによって私の得た特権を最も早い機会に用いて，素数の頻度に関する研究を報告することであると考えました．このテーマは，ガウスとディリクレが長年にわたって関心を抱いていたものであり，この報告もまったく価値のないものではないと思います．

すべての素数 p にわたる次の積が，すべての自然数 n にわたる和として

$$\prod \frac{1}{1-1/p^s} = \sum \frac{1}{n^s}$$

と表されるというオイラーの発見を，私はこの研究の出発点として採用した．収束するところで，この 2 つの表示式が表す複素変数 s の関数を，私は $\zeta(s)$ と記す．上記の両辺は，s の実部が 1 より大きいところで収束する．

しかしこれに対して，すべての s に対して成り立つこの関数の表示式を容易に見いだすことができる．等式

$$\int_0^\infty e^{-nx} x^{s-1} dx = \frac{\Gamma(s)}{n^s}$$

を用いると，

$$\Gamma(s)\zeta(s) = \int_0^\infty \frac{x^{s-1} dx}{e^x - 1}$$

が得られる．

そこで次の積分

$$\int \frac{(-x)^{s-1} dx}{e^x - 1}$$

を考える．ここで積分路は，$+\infty$ から出発して $+\infty$ に帰る正の向きの道で，その内部には被積分関数の 0 以外の不連続点は含まれないとする．このとき容易

にわかるように，この積分は

$$(e^{-\pi si} - e^{\pi si}) \int_0^\infty \frac{x^{s-1}dx}{e^x - 1}$$

に等しい．ただし多価関数 $(-x)^{s-1} = e^{(s-1)\log(-x)}$ において，$\log(-x)$ は，x が負のとき実数値をとるものとする．こうして

$$2\sin\pi s\ \Gamma(s)\zeta(s) = i\int_\infty^\infty \frac{(-x)^{s-1}dx}{e^x - 1}$$

が得られる．この積分は，上に述べたような意味のものとする．

この等式によって，関数 $\zeta(s)$ の値が任意の複素数 s に対して定義される．またこれから $\zeta(s)$ は1価関数で，1以外の任意の s の有限値に対し $\zeta(s)$ は有限の値をとる．また $\zeta(s)$ は，s が負の偶数のとき0となる．

s の実部が負のとき，この積分を，与えられた領域を正の向きにまわる道に沿って積分すると考えるかわりに，与えられた領域の外側の領域を囲む道を負の向きにまわる道に沿って積分すると考えてもよい．というのは，変数の絶対値が無限大のとき，積分は無限小になるからである．この外側の領域において x が $\pm 2\pi i$ の整数倍のときに限り，被積分関数は不連続であり，積分の値はこの不連続点のまわりを負の向きにまわる積分の値の和に等しい．不連続点 $n2\pi i$ のまわりの積分の値は，$(-n2\pi i)^{s-1}(-2\pi i)$ であるから，これから

$$2\sin\pi s\ \Gamma(s)\zeta(s) = (2\pi)^s \sum n^{s-1}[(-i)^{s-1} + i^{s-1}]$$

が得られる．これは，$\zeta(s)$ と $\zeta(1-s)$ の間の関係を与える．関数 $\Gamma(s)$ の既知の性質を用いるとき，この関係は，s を $1-s$ におきかえたとき，関数

$$\Gamma\left(\frac{s}{2}\right)\pi^{-\frac{s}{2}}\zeta(s)$$

が不変であると表現することができる．

$\zeta(s)$ のこの性質が誘因となって，私は級数 $\sum 1/n^s$ の一般項に関する積分において $\Gamma(s)$ のかわりに，$\Gamma(\frac{s}{2})$ を導入することを思いついた．これによって，$\zeta(s)$ の非常に便利な表示式が得られるのである．実際

$$\frac{1}{n^s}\Gamma\left(\frac{s}{2}\right)\pi^{-\frac{s}{2}} = \int_0^\infty e^{-n^2\pi x}x^{\frac{s}{2}-1}dx$$

であるから，

$$\sum_{1}^{\infty} e^{-n^2 \pi x} = \psi(x)$$

とおくとき,

$$\Gamma\left(\frac{s}{2}\right) \pi^{-\frac{s}{2}} \zeta(s) = \int_0^{\infty} \psi(x) x^{\frac{s}{2}-1} dx$$

となる.

$$2\psi(x)+1 = x^{-\frac{1}{2}}\left(2\psi\left(\frac{1}{x}\right)+1\right) \quad \text{(ヤコビ, Fund. Nova. p.184)}$$

であるから,上式はまた

$$\begin{aligned}
\Gamma\left(\frac{s}{2}\right) \pi^{-\frac{s}{2}} \zeta(s) &= \int_1^{\infty} \psi(x) x^{\frac{s}{2}-1} dx + \int_0^1 \psi\left(\frac{1}{x}\right) x^{\frac{s-3}{2}} dx \\
&\quad + \frac{1}{2} \int_0^1 (x^{\frac{s-3}{2}} - x^{\frac{s}{2}-1}) dx \\
&= \frac{1}{s(s-1)} + \int_1^{\infty} \psi(x)(x^{\frac{s}{2}-1} + x^{-\frac{1+s}{2}}) dx
\end{aligned}$$

となる.」(引用終)

3.6 ゼータ関数の関数等式

以上読まれたように,リーマンの論文には要点だけが簡潔に書かれているので,(初心者には)細部の検証が必要であろう.

1) まず最初の等式

(3.26) $$\Gamma(s)\zeta(s) = \int_0^{\infty} \frac{x^{s-1}}{e^x - 1} dx \quad (\text{Re } s > 1)$$

を証明しよう.左辺を変形すれば,

$$\begin{aligned}
&= \lim_{N \to \infty} \sum_{n=1}^{N} \int_0^{\infty} e^{-x} x^{s-1} dx \cdot n^{-s} \\
&= \lim_{N \to \infty} \sum_{n=1}^{N} \int_0^{\infty} e^{-nx} x^{s-1} dx \\
&= \lim_{N \to \infty} \int_0^{\infty} \frac{e^{-x} - e^{-(N+1)x}}{1 - e^{-x}} x^{s-1} dx
\end{aligned}$$

$$= \lim_{N \to \infty} \int_0^\infty \frac{1 - e^{-Nx}}{e^x - 1} x^{s-1} \, dx.$$

よって，積分

$$(3.27) \qquad \int_0^\infty \frac{e^{-Nx}}{e^x - 1} x^{s-1} \, dx \quad (N = 0, 1, 2, \ldots)$$

が $\sigma = \mathrm{Re}\, s > 1$ のとき収束し，$N \to \infty$ のとき $\to 0$ であることを示せばよい．

$0 < \varepsilon < K$ とし，(3.27) を 3 つの部分

$$\int_0^\varepsilon, \quad \int_\varepsilon^K, \quad \int_K^\infty$$

に分割して考察する．

まず，$\varepsilon \leq x \leq K$ において

$$\left| \frac{e^{-Nx}}{e^x - 1} x^{s-1} \right| \leq e^{-N\varepsilon} \frac{x^{\sigma-1}}{e^x - 1}$$

であるから

$$\left| \int_\varepsilon^K \right| \leq e^{-N\varepsilon} \int_\varepsilon^K \frac{x^{\sigma-1}}{e^x - 1} \, dx.$$

よって第 2 の積分は，s の整関数で，$N \to \infty$ のとき，任意の帯状閉領域 $\sigma_0 \leq \sigma \leq \sigma_1$ において一様に，0 に収束する．

次に，$\sigma_1 > 1$ に対して K を十分大きく選べば，$x \geq K$, $\sigma \leq \sigma_1$ のとき，

$$\left| \frac{e^{-Nx}}{e^x - 1} x^{s-1} \right| \leq \frac{e^{-(N+1)x}}{1 - e^{-x}} x^{\sigma_1 - 1} \leq e^{-(N+1)x/2}$$

であるから，

$$\left| \int_K^\infty \right| \leq \int_K^\infty e^{-(N+1)x/2} \, dx = \frac{2}{N+1} e^{-(N+1)K/2}.$$

よって第 3 の積分は絶対収束し，K を固定し $N \to \infty$ としたとき，または $N \geq 0$ を固定し $K \to \infty$ としたとき，いずれも（領域 $\mathrm{Re}\, s \leq \sigma_1$ において一様に）0 に収束する．

最後に，$\lim_{x \to 0} \frac{x}{e^x - 1} = 1$ から，$0 < x \leq \varepsilon$ において $\left| \frac{x}{e^x - 1} \right| \leq C$ とすれば，$N > 0$ のとき，$\sigma > 1$ に対し，

$$\left| \int_0^\varepsilon \right| \leq C \int_0^\varepsilon x^{\sigma-2} e^{-Nx} \, dx = C \int_0^{N\varepsilon} \left(\frac{x}{N} \right)^{\sigma-1} e^{-x} \frac{dx}{x}$$

$$\le CN^{1-\sigma}\,\Gamma(\sigma-1).$$

よって第 1 の積分も絶対収束し，ε を固定し $N \to \infty$ としたとき，($1 < \sigma_0 \le \operatorname{Re} s \le \sigma_1$ において一様に) 0 に収束する．また $N \ge 0$ を固定したとき，

$$\left|\int_0^\varepsilon \right| \le C \int_0^\varepsilon x^{\sigma-2}dx = \frac{C\varepsilon^{\sigma-1}}{\sigma-1}$$

であるから，$\varepsilon \to 0$ のとき，(s に関して上の領域で一様に) 0 に収束する．

以上により N を固定したとき，(12) の積分：

$$\int_0^\infty \frac{e^{-Nx}}{e^x-1}\,x^{s-1}dx = \lim_{\varepsilon\to 0, K\to\infty}\int_\varepsilon^K \frac{e^{-Nx}}{e^x-1}\,x^{s-1}dx$$

は $\operatorname{Re} s > 1$ のとき収束して s の正則関数になり，$N \to \infty$ のとき（上記の領域で一様に）$\to 0$ であることがわかった．同時に，$N \ge 0$ に対し，積分

(3.28) $$\int_\varepsilon^\infty \frac{e^{-Nx}}{e^x-1}\,x^{s-1}dx$$

は s の整関数を表すこともわかった．

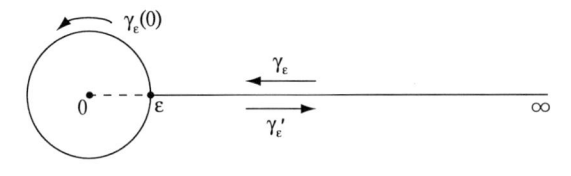

図 3.6

2) 次に，積分で定義される関数

(3.29) $$F(s) = i\int_\infty^\infty \frac{(-x)^{s-1}}{e^x-1}dx$$

を考察する．ここで積分路は（リーマンが述べているようなものの例として）$0 < \varepsilon < 2\pi$ を固定し，図 3.6 のように

$$\gamma_\varepsilon = -[\varepsilon, \infty), \quad \gamma_\varepsilon(0), \quad \gamma'_\varepsilon = [\varepsilon, \infty)$$

を順次矢印の向きにとるものとする．($\gamma_\varepsilon(0)$ は中心 0，半径 ε の円周で，ε を始点として正の向きに一周するものとする．) また $(-x)^{s-1} = e^{(s-1)\log(-x)}$ は主値，すなわち $-x > 0$ のとき，$\log(-x) \in \mathbf{R}$ であるものとする．したがって $\gamma_\varepsilon, \gamma'_\varepsilon$ 上ではそれぞれ

$$(-x)^{s-1} = -e^{-\pi i s} x^{s-1}, \quad -e^{\pi i s} x^{s-1}$$

で，

$$\int_{\gamma_\varepsilon} = e^{-\pi i s} \int_\varepsilon^\infty \frac{x^{s-1}}{e^x - 1} dx,$$

$$\int_{\gamma_\varepsilon'} = -e^{\pi i s} \int_\varepsilon^\infty \frac{x^{s-1}}{e^x - 1} dx$$

となる．1) の最後に述べたように，これらの積分は収束し，s の整関数を表す．よって

(3.30) $\quad F(s) = 2\sin\pi s \int_\varepsilon^\infty \frac{x^{s-1}}{e^x - 1} dx - ie^{-\pi i s} \int_{\gamma_\varepsilon(0)} \frac{x^{s-1}}{e^x - 1} dx$

は（ε のとり方によらない）s の整関数である．

さて，$\gamma_\varepsilon(0)$ の上で $\left|\dfrac{x}{e^x-1}\right| \leq C$ とすれば，$\sigma > 1$ のとき，

$$\left|\int_{\gamma_\varepsilon(0)}\right| \leq C \int_{\gamma_\varepsilon(0)} |x|^{\sigma-1} \left|\frac{dx}{x}\right| \leq C \int_0^{2\pi} \varepsilon^{\sigma-1} d\theta$$
$$= 2\pi C \varepsilon^{\sigma-1} \to 0 \quad (\varepsilon \to 0)$$

であるから，$\mathrm{Re}\, s > 1$ のとき，(3.30) において $\varepsilon \to 0$ とすれば，(3.26) により

(3.31) $\quad F(s) = 2\sin\pi s \int_0^\infty \frac{x^{s-1}}{e^x - 1} dx = 2\sin\pi s \cdot \Gamma(s)\zeta(s)$

が得られる．さらに

$$\frac{\sin \pi s}{\pi} = (\Gamma(s)\Gamma(1-s))^{-1}$$

であるから，これを

(3.31′) $\quad F(s) = 2\pi \Gamma(1-s)^{-1} \zeta(s)$

と書き直すこともできる．等式 (3.31) または (3.31′) により $\zeta(s)$ は全平面 **C** で有理型な関数に解析的延長される．

3) 上の (3.30), (3.31′) により，整数 $n \in \mathbf{Z}$ におけるゼータ関数の値を調べることができる．(3.30) において $s = n$ とおけば，右辺の第 1 項は $=0$ であるから，留数定理により

$$\text{(3.32)} \qquad F(n) = (-1)^{n-1} i \int_{\gamma_\varepsilon(0)} \frac{x^{n-1}}{e^x - 1} dx$$
$$= (-1)^n\, 2\pi\, \text{Res}_{x=0}\, \frac{x^{n-1}}{e^x - 1}.$$

ここで §3.4 の (3.21) により

$$\frac{x^{n-1}}{e^x - 1} = x^{n-2}\left(1 - \frac{1}{2}x + \sum_{m=1}^{\infty} \frac{B_{2m}}{(2m)!} x^{2m}\right)$$

であるから, $n \geq 2$ のとき, $F(n) = 0$ である (このとき, $\Gamma(n) = (n-1)!$, $\zeta(n) > 0$). また

$$\frac{1}{2\pi} F(1) = -1, \quad \frac{1}{2\pi} F(0) = -\frac{1}{2}$$

で, $n < 0$ に対しては

$$\text{(3.33)} \qquad \frac{1}{2\pi} F(n) = \begin{cases} -\dfrac{B_{2m}}{(2m)!} & (n = 1 - 2m < 0) \\ 0 & (n = -2m < 0) \end{cases}$$

である.

よって, (3.31′) により, $\zeta(s)$ の極は $s=1$ における 1 位の極 (留数は 1) のみで, $\zeta(0) = -\dfrac{1}{2}$, また $n < 1$ に対し, $\Gamma(1-n) = (-n)!$ であるから,

$$\text{(3.34)} \qquad \zeta(n) = \begin{cases} -\dfrac{B_{2m}}{2m} & (n = 1 - 2m < 0) \\ 0 & (n = -2m < 0) \end{cases}$$

となることがわかる. $n = -2m\ (m \geq 1)$ は $\zeta(s)$ の "自明な零点" と呼ばれている.

注意 ゼータ関数の "特殊値" $\zeta(1-2m)$ が上式のような有理数で表されることは, 整数論において重要な意味をもっている. 実際, クンマーはベルヌーイ数 B_m の間に成り立つ多くの合同式を発見したが, その結果, ゼータ関数を p 進数体の上にも延長できる, すなわち "p 進 L 関数" が定義されることが, レオポルト–久保田 (1964) によって示された. このように, 負の整数 $n = 1 - 2m$ は, いわば複素数の世界から p 進数体を覗き見る窓のような役目を果たしているのである.

4) 次に $K = (2m+1)\pi\ (m > 0)$ とし, 図 3.7 のように点 K から出発し, 斜

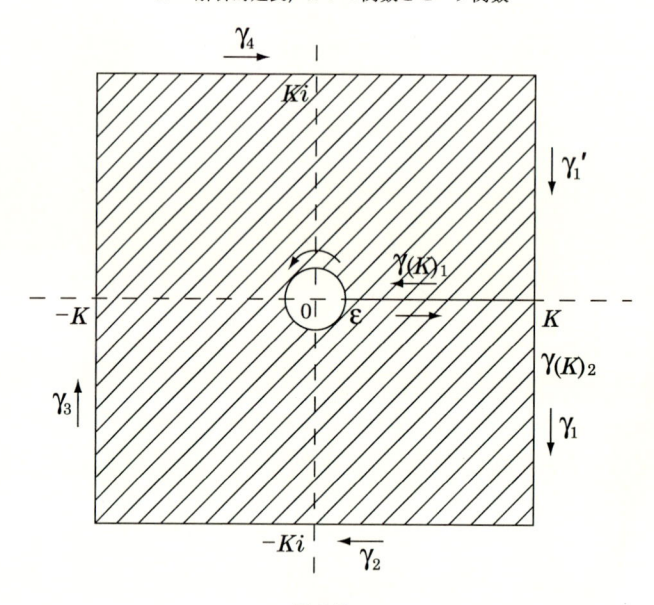

図 3.7

線の領域の周を負の方向に一巡する積分路 $\gamma(K)$ を考える. 最初に K から（左方に行き）K に戻る部分を $\gamma(K)_1$, 再び K から出て（下方に行き）K に戻る部分を $\gamma(K)_2$ とする.

第 1 の部分はすでに **2)** で考察した積分であるから,

$$\int_{\gamma(K)_1} \frac{(-x)^{s-1}}{e^x-1}\,dx = -\int_\varepsilon^K + \int_{\gamma_{\varepsilon(0)}} + \int_\varepsilon^K$$
$$= -2i\,\sin\pi s \int_\varepsilon^K \frac{x^{s-1}}{e^x-1}\,dx - e^{-\pi is}\int_{\gamma_{\varepsilon(0)}} \frac{x^{s-1}}{e^x-1}\,dx$$

となり, $K\to\infty$ のとき, 整関数 $-iF(s)$ に収束する.

第 2 の正方形の部分は図のように, $\gamma_1, \gamma_2, \gamma_3, \gamma_4, \gamma_1'$ と分割して考える.

この正方形の周上で $|e^x-1|$ を下から評価しよう. まず γ_1, γ_1' 上では $\mathrm{Re}\,x = K$ であるから,

$$|e^x-1| \geq |e^x|-1 = e^K-1.$$

γ_2, γ_4 においては $\mathrm{Re}\,x = \xi$ とおけば, $e^x = -e^\xi, |\xi|\leq K$ であるから

$$|e^x-1| = e^\xi+1 \geq e^{-K}+1.$$

γ_3 上では Re $x = -K$ であるから

$$|e^x - 1| \geq 1 - |e^x| = 1 - e^{-K}.$$

以上を総合すれば，$|e^x - 1|^{-1}$ は ($m > 0$ のとき) 上に有界であることがわかる．

次に $\gamma(K)_2$ において $s = \sigma + it$, $x = |x|e^{i\theta}$ ($0 \leq \theta \leq 2\pi$) とおけば，

$$\begin{aligned}|(-x)^{s-1}| &= e^{\mathrm{Re}((s-1)\log(-x))} \\ &= e^{(\sigma-1)\log|x| - t(\theta - \pi)}.\end{aligned}$$

よって Im $s = t$ がある閉区間内にあれば，ある正数 C があって

$$|(-x)^{s-1}| \leq C|x|^{\sigma-1}.$$

ここで $|x| \geq K$ であるから，ある正数 C' があって，Re $s = \sigma < 0$ のとき，

$$\left|\int_{\gamma(K)_2} \frac{(-x)^{s-1}}{e^x - 1} dx\right| \leq C' K^{\sigma-1} \cdot 8K = 8C' K^\sigma.$$

よって，この積分は $K \to \infty$ (すなわち $m \to \infty$) のとき，(Re $s < 0$ において広義の一様に) 0 に収束する．

以上により

$$-iF(s) = \lim_{m \to \infty} \int_{\gamma(K)} \frac{(-x)^{s-1}}{e^x - 1} dx$$

が得られた．閉曲線 $\gamma(K)$ で囲まれた (斜線の) 領域の内部で被積分関数は $\pm 2\pi i k$ ($k = 1, \ldots, m$) において 1 位の極をもち，そこでの留数は

$$(\mp 2\pi i k)^{s-1} = \pm i e^{\mp \pi i s/2} \cdot (2\pi k)^{s-1}$$

である．よって ($\gamma(K)$ が負の向きであることに注意して)

$$\begin{aligned}\int_{\gamma(K)} &= -2\pi i \sum_{k=1}^m \left(\mathrm{Res}_{x=2\pi ik} \frac{(-x)^{s-1}}{e^x - 1} + \mathrm{Res}_{x=-2\pi ik} \frac{(-x)^{s-1}}{e^x - 1} \right) \\ &= (e^{-\pi i s/2} - e^{\pi i s/2})(2\pi)^s \sum_{k=1}^m k^{s-1}.\end{aligned}$$

$m \to \infty$ として，上式から

(3.35) $$F(s) = 2\sin\frac{\pi}{2}s \cdot (2\pi)^s \, \zeta(1-s)$$

が得られる．

(3.35) と (3.31′) からゼータ関数の関数等式

(3.36) $$\zeta(s) = 2(2\pi)^{s-1}\sin\frac{\pi}{2}s\cdot\Gamma(1-s)\zeta(1-s),$$

あるいは

(3.36′) $$\zeta(1-s) = 2(2\pi)^{-s}\cos\frac{\pi}{2}s\cdot\Gamma(s)\zeta(s)$$

が得られる．

§3.3 の (3.14), (3.15) により

$$\sin\frac{\pi}{2}s = \pi\Gamma\left(\frac{s}{2}\right)^{-1}\Gamma\left(1-\frac{s}{2}\right)^{-1},$$

$$\Gamma(1-s) = 2^{-s}\sqrt{\pi}^{-1}\Gamma\left(\frac{1-s}{2}\right)\Gamma\left(1-\frac{s}{2}\right)$$

であるから，(3.36) を

$$\zeta(s) = \pi^{s-\frac{1}{2}}\Gamma\left(\frac{s}{2}\right)^{-1}\Gamma\left(\frac{1-s}{2}\right)\zeta(1-s)$$

と書くこともできる．この式は $\tilde{\zeta}(s) = \pi^{-s/2}\Gamma\left(\frac{s}{2}\right)\zeta(s)$ とおけば，

(3.36″) $$\tilde{\zeta}(s) = \tilde{\zeta}(1-s)$$

であることを意味する．

(3.36′) において $s = 2m$ $(m \geq 1)$ とおけば，

$$\zeta(1-2m) = 2(2\pi)^{-2m}\cos m\pi\cdot\Gamma(2m)\zeta(2m)$$
$$= 2(2\pi)^{-2m}(-1)^m(2m-1)!\zeta(2m),$$

(3.34) により

$$\zeta(1-2m) = -\frac{B_{2m}}{2m}$$

であるから，§3.4 に述べたオイラーの公式 (3.20)

$$\zeta(2m) = (-1)^{m-1}\frac{2^{2m-1}B_{2m}}{(2m)!}\pi^{2m} \quad (m = 1, 2, \ldots)$$

が得られる．(しかしこの方法で $\zeta(2m+1)$ を求めることはできない．)

驚くべきことに，オイラー (1749) は逆にこの $\zeta(2m)$, $\zeta(1-2m)$ の数値 (後者は発散級数の値!) を直接計算して，ゼータ関数の関数等式 (3.36′) を予想したのであった (『正および負ベキの級数の間の美しい関係についての考察』(1768)[5]).

オイラー『無限解析入門』第 10 章，§175 には

$$
\begin{aligned}
1-\frac{1}{3}+\frac{1}{5}-\frac{1}{7}+\cdots &= \frac{\pi}{4}, \\
1-\frac{1}{3^3}+\frac{1}{5^3}-\frac{1}{7^3}+\cdots &= \frac{\pi^3}{32}, \\
1-\frac{1}{3^5}+\frac{1}{5^5}-\frac{1}{7^5}+\cdots &= \frac{5\pi^5}{1536}
\end{aligned}
\tag{3.37}
$$

などの等式も証明されている．

この第 1 式 (3.37) は "ライプニッツの公式" (1673) として知られているものである．(実際は 15 世紀インドの数学者ニラカンサ (Nīlakantha) の著作 (Tantrasangraha) の中に記されている．またライプニッツの 2 年前にグレゴリーも手紙の中で述べている．) 最も普通の証明は，(オイラーの本にあるように) $\arctan x$ のテイラー展開

$$
\begin{aligned}
\arctan x &= \int_0^x \frac{dx}{1+x^2} = \int_0^x (1-x^2+x^4-\cdots)dx \\
&= x - \frac{x^3}{3} + \frac{x^5}{5} - \cdots
\end{aligned}
$$

において，$x=1$ として得られる．(§3.2, 問題 1 参照．$\tan\frac{\pi}{4}=1$ であるから，$\arctan 1 = \frac{\pi}{4}$ である．ただし，1 は上のベキ級数の収束円周上の点であるから，$x=1$ を代入するためには別のアーベルの定理 ("アーベルの連続性定理" と呼ばれるもの，『概論』§52, 定理 50) を使わねばならない．)

[問題 7] $n \in \mathbf{Z}$ に対し

$$
\chi(n) = \begin{cases} 1 & (n=4m+1 \text{ のとき}) \\ -1 & (n=4m+3 \text{ のとき}) \\ 0 & (n \text{ が偶数のとき}) \end{cases}
$$

とおき，

---

[5] Remarques sur un beau rapport entre les séries de puissances tant directes que réciproques (1768), Opera Omnia, Ser.I, vol.15, pp.70–90.

$$
(3.38) \quad L(s,\chi) = \sum_{n=1}^{\infty} \frac{\chi(n)}{n^s} = 1 - \frac{1}{3^s} + \frac{1}{5^s} - \frac{1}{7^s} + \cdots
$$

と定義する．(これは"ディリクレの L 関数"と呼ばれるもののひとつである．) これについてリーマンのゼータ関数のときと同様の方法で関数等式を証明し，特殊値 $L(n,\chi)$ を求めてみよう．次の諸事項 1)〜4) を証明せよ．

$L(s,\chi)$ は $0 < \mathrm{Re}\, s < 1$ の領域で条件収束する（付記 C, 問題 11）から，解析的延長をしなくても関数等式は意味をもつ．実際，A. ヴェイユ[6] によれば，リーマンの論文が書かれる 10 年前，1849 年にシュレミルヒ (Schlömilch) とマルムステン (Malmstén) はその著作の中に $L(s,\chi)$ の関数等式を (routine な) "演習問題" として提出していたという．それらをリーマンが読んでいたかどうかは不明である．『リーマン伝』によれば，その年 4 月復活祭の後，彼はそれまで 2 年間学生として滞在していたベルリン大学からゲッティンゲンに戻ったのであるが，その滞在中リーマンは (ディリクレ, ヤコビの講義とともに) F. G. M. アイゼンシュタイン (1823-52) の楕円関数の講義を聞き，(関数論に対する 2 人の意見は相反していたが)，個人的にも親交があったという．ヴェイユは，かってアイゼンシュタインが所持していたガウスの『数論研究』のフランス語版を閲覧した際に，その最終ページに，1849 年 4 月 7 日の日付で $L(s,\chi)$ の関数等式の (アイゼンシュタインによる) 証明の書きこみがあることに注目して，彼 (アイゼンシュタイン) がそれをリーマンに話していた可能性はかなり高いのではないかと言っている[7]．

1) $L(s,\chi)$ を表す無限級数は $\mathrm{Re}\, s > 1$ で絶対収束し，オイラー積表示

$$
L(s,\chi) = \prod_{p:\mathrm{prime}} \left(1 - \frac{\chi(p)}{p^s}\right)^{-1}
$$

をもつ．(χ が乗法的: $\chi(nm) = \chi(n)\chi(m)$ であることを使う．$\prod$ の下の $p:\mathrm{prime}$ は，p が素数全体を動くことを示す．) また

$$
G(x) = \frac{e^{-x} - e^{-3x}}{1 - e^{-4x}} = \frac{1}{e^x + e^{-x}}
$$

---

[6] A. Weil, Two Lectures on Number Theory, Past and Present, 全集 III, [1974a].

[7] A. Weil, On Eisenstein's copy of the Disquisitiones, in "Algebraic Number Theorie – in honor of K. Iwasawa", Adv. St. Pure Math., 17, 1989, pp. 463–469.

とおけば，
$$\Gamma(s)L(s,\chi) = \int_0^\infty G(x)x^{s-1}dx$$
が成立する．$G(x)$ は偶関数である（$2G(ix) = (\cos x)^{-1}$ となる）．

2) $\zeta(s)$ のときと同じ積分路を使って
$$\begin{aligned}H(s) &= i\int_\infty^\infty G(x)(-x)^{s-1}dx \\ &= 2\sin\pi s \cdot \int_\varepsilon^\infty G(x)x^{s-1}dx - ie^{-\pi is}\int_{\gamma_\varepsilon(0)} G(x)x^{s-1}dx\end{aligned}$$
とおけば，$H(s)$ は ε のとり方によらない整関数で，$\mathrm{Re}\,s > 1$ のとき，
$$H(s) = 2\sin\pi s \cdot \Gamma(s)L(s,\chi) = 2\pi\Gamma(1-s)^{-1}L(s,\chi)$$
が成立する．これによって，$L(s,\chi)$ は全平面 $\mathbf{C}$ 上の有理型関数に解析的に延長される．4) で示すように，正整数 n に対し $H(n) = 0$ であるから，$L(s,\chi)$ は整関数になる．

3) $\mathrm{Re}\,s < 0$ のとき，$\zeta(s)$ の場合と同様にして
$$H(s) = 4\left(\frac{\pi}{2}\right)^s \cos\frac{\pi}{2}s \cdot L(1-s,\chi)$$
が得られる．よって関数等式
$$L(1-s,\chi) = \left(\frac{\pi}{2}\right)^{-s}\sin\frac{\pi}{2}s \cdot \Gamma(s)L(s,\chi)$$
が成立する．

4) $s = n \in \mathbf{Z}$ のとき，
$$H(n) = (-1)^n\, 2\pi\, \mathrm{Res}_{x=0}(G(x)x^{n-1})$$
であるから，$G(x)$ のベキ級数展開
$$G(x) = (e^x + e^{-x})^{-1} = \frac{1}{2} - \frac{1}{4}x^2 + \frac{5}{48}x^4 + \cdots$$
により，$H(n)$ が求められる．まず，$n \geq 1$ または n が奇数のとき，$H(n) = 0$ で，
$$H(0) = \pi, \quad H(-2) = -\frac{\pi}{2}, \quad H(-4) = \frac{5\pi}{24}, \quad \cdots$$

よって上式により，$L(n,\chi)$ は n が負の奇数のとき $=0$ で，

$$L(0,\chi) = \frac{1}{2}, \quad L(-2,\chi) = -\frac{1}{2}, \quad L(-4,\chi) = \frac{5}{2}, \quad \cdots$$

また上の関数等式により

$$L(1,\chi) = \frac{\pi}{4}, \quad L(3,\chi) = \frac{\pi^3}{32}, \quad L(5,\chi) = \frac{5\pi^5}{1536}, \quad \cdots$$

が得られる．（しかしこの方法では $L(n,\chi)$ ($n>0$, 偶数) は求められない．また $L(1,\chi)$ を表す級数 (3.37) は条件収束であることに注意を要する．）

注意 $L(1,\chi) \neq 0, \infty$ から，$p = 4m+1$ および $4m+3$ であるような素数はともに無限に存在することが導かれる．実際，このような素数をそれぞれ p', p'' と書くことにすれば，§3.4 の最後に述べた論法により，$\zeta(s), L(s,\chi)$ のオイラー積分解から，$\sigma > 0, \sigma \to +1$ のとき

$$\log \zeta(\sigma) = \sum p'^{-\sigma} + \sum p''^{-\sigma} + O(1) \to \infty$$
$$\log L(\sigma,\chi) = \sum p'^{-\sigma} - \sum p''^{-\sigma} + O(1) \to \log L(1,\chi) \neq \pm\infty.$$

よって明らかに

$$\sum p'^{-\sigma} \to \infty, \quad \sum p''^{-\sigma} \to \infty$$

となり，p', p'' はともに無限個存在する．（より精密に，その"密度"はともに 1/2 になる．）ディリクレは有名な 1837 年の論文でこの論法を拡張し，一般に $N>0$ を法とする（単位指標でない）指標 χ に対して，$L(1,\chi) \neq 0, \infty$ であることを示し，その結果として，"算術級数の素数定理"「初項と公差が互いに素であるような算術級数の中には素数が無限に存在する」を証明した．

3.7 第 2, 第 3 の証明，素数定理とリーマン予想

以上，ゼータ関数の関数等式の第 1 証明について説明したが，第 2 の証明は §3.5 の引用の最後の部分に述べられている．ここから先は解析的整数論の高度の技術を必要とすることが多いので，簡単に結果を述べるだけにとどめたいと思う．

まず，$\psi(x) = \sum_{n=1}^{\infty} e^{-n^2 \pi x}$ とおけば，

$$\tilde{\zeta}(s) = \pi^{-\frac{s}{2}}\Gamma\left(\frac{s}{2}\right)\zeta(s) = \int_0^\infty \psi(x) x^{\frac{s}{2}-1} dx$$

と表される．(この式は $\tilde{\zeta}(2s)$ が $\psi(x)$ のメリン変換になることを示す．) ここで $\theta(x) = 2\psi(x)+1 = \sum_{n=-\infty}^{\infty} e^{-n^2\pi x}$ $(x>0)$ は，ヤコビによって導入された"テータ関数"で，反転公式

$$\theta(x) = x^{-\frac{1}{2}}\theta\left(\frac{1}{x}\right)$$

をみたす（この公式はガウスも知っていた）．これは，$t \in \mathbf{R}$ の関数 $e^{-\pi x t^2}$ のフーリエ変換が

$$x^{-\frac{1}{2}} e^{-\pi x^{-1} t^2}$$

になることから，この関数にポアソンの和公式を適用して得られる．これから

(3.39) $$\tilde{\zeta}(s) = \frac{1}{s(s-1)} + \int_1^\infty \psi(x)(x^{\frac{s}{2}-1} + x^{-\frac{s+1}{2}}) dx$$

と書くことができ，$\tilde{\zeta}(s)$ が変換 $s \to 1-s$ で不変であることが一目瞭然になるのである．

この第2証明は，代数体に付随して定義される，より一般なゼータ関数の場合にも拡張することができ，応用範囲の広い証明法である．

さてこれに続いてリーマンは，関数

$$\xi(s) = \frac{s(s-1)}{2}\tilde{\zeta}(s) = \frac{s(s-1)}{2}\pi^{-\frac{s}{2}}\Gamma\left(\frac{s}{2}\right)\zeta(s)$$

において，$s = \frac{1}{2}+it$ とおき，これを（複素変数）t の関数と考える．$\xi(s)$ も変換 $s \to 1-s$ で不変，また $s \in \mathbf{R} \Rightarrow \xi(s) \in \mathbf{R}$ であるから，鏡像の原理により，$\xi(\bar{s}) = \overline{\xi(s)}$ が成立する．したがって，$\xi\left(\frac{1}{2}+it\right)$ は t の偶関数で，

$$t \in \mathbf{R} \Rightarrow \xi\left(\frac{1}{2}+it\right) \in \mathbf{R}$$

である．実際，(3.39) から

$$\xi\left(\frac{1}{2}+it\right) = \frac{1}{2} - \left(t^2 + \frac{1}{4}\right)\int_1^\infty \psi(x) x^{-\frac{3}{4}} \cos\left(\frac{1}{2}t\log x\right) dx$$

が得られる．

定義により，$\zeta(s)$ の自明な零点および極は $\xi(s)$ においては消去されているから，$\xi(s)$ は $\zeta(s)$ の非自明な零点のみを零点とする整関数になる．したがって，$\xi(s)$ の零点を $\rho = \frac{1}{2} + i\alpha$ と書くことにすれば，(オイラー積，関数等式からわかるように) $0 \leq \mathrm{Re}\,\rho \leq 1$ である．また 2 つの零点 $\rho = \frac{1}{2} + i\alpha$ と $1 - \rho = \frac{1}{2} - i\alpha$ とは組になって現れる．よって $\mathrm{Im}\,\rho = \mathrm{Re}\,\alpha \geq 0$ であるものだけ考えれば十分である．それは高々可算個であるから，$\mathrm{Im}\,\rho$ の大きさの順に並べられているものとする．

そのとき

$$N(T) = \#\{\rho \mid 0 \leq \mathrm{Re}\,\rho \leq 1,\ 0 \leq \mathrm{Im}\,\rho \leq T\}$$

とおけば，

(3.40) $$N(T) = \frac{T}{2\pi} \log \frac{T}{2\pi} - \frac{T}{2\pi} + O(\log T) \quad (T \to \infty)$$

となる（特に $N(T) \to \infty$ である）ことが述べられている．(一般に，

$$f(T) = g(T) + O(h(T)) \quad (T \to \infty)$$

は，$T \to \infty$ のとき，関数 $f(T)$ は $g(T)$ で近似され，その誤差は高々 $h(T) (> 0)$ の位数であること，すなわちある正定数 C があって，十分大きい T に対して，

$$|f(T) - g(T)| \leq C \cdot h(T)$$

が成立することを意味する．) また $\xi\left(\frac{1}{2} + it\right)$ は急速に収束する t^2 のベキ級数になり，上記の零点を使って，

$$\xi\left(\frac{1}{2} + it\right) = \xi\left(\frac{1}{2}\right) \prod_\alpha \left(1 - \frac{t^2}{\alpha^2}\right)$$

の形に絶対収束する無限積に展開される．これらのことには大雑把な説明が与えられているのみであるが，実際それが正しいことは，後にフォン・マンゴルト (1905)，アダマール (1893) らによって厳密に証明されている．

(3.40) に続いて，リーマンは実際 $\xi\left(\frac{1}{2} + it\right) = 0$ の根 α はすべて実根であることが "非常に確からしい" (sehr wahrscheinlich) と記している．これがリーマン予想と呼ばれるものである．この論文に証明なしに述べられている他の主張（予想）はすべて後に確かめられているが，この予想だけが 150 年近く経っ

た現在でも証明されずに残っているのである．他方，20世紀には整数論や代数幾何，微分幾何において，リーマンのゼータ関数の多くの類似物が考案され，それらに対するリーマン予想の類似を考えることが，その理論における中心課題として，本質的な進歩をもたらしてきた．それゆえにこの残された本来のリーマン予想に大きな期待がかかっているのである．

さて，素数の分布は，実関数

$$\pi(x) = \#\{p \text{ 素数}, p \leq x\} \quad (x > 0)$$

によって表される（これはランダウの記号）．ガウスは若いころからこれに興味をもち，300万までの素数を実際に数えることによって，この関数が"対数積分"

$$\text{Li}(x) = \int_0^\infty \frac{dt}{\log t}$$

によって近似されるであろうと予想していた（エンケ宛ての手紙，1849）．ただし，この積分関数は $t=1$ で不連続であるから，$\lim_{\varepsilon \to 0} \left(\int_0^{1-\varepsilon} + \int_{1+\varepsilon}^\infty \right)$ の意味に解釈する．すなわち，

(3.41) $$\pi(x) \sim \text{Li}(x) \sim \frac{x}{\log x} \quad (x \to \infty)$$

という予想である．これを**素数定理**という．（一般に，$f(x) \sim g(x) \ (x \to \infty)$ は，$x \to \infty$ のとき，$\frac{f(x)}{g(x)} \to 1$ であることを意味する．）

リーマンはこの論文において，$\pi(x)$ のかわりに

$$\Pi(x) = \sum_{m=1}^\infty \frac{1}{m} \pi(x^{\frac{1}{m}})$$

（ただし，不連続点 $x = p^m$ においては，左右からの極限の平均値をとるものとする）を考え，$\zeta(s)$ の上に記した2つの無限積表示を比較することによって，$-(\log \zeta(-s))/s$ が $\Pi(x)$ のメリン変換になることを導き，その逆変換を使って，$\Pi(x)$ を直接 $\zeta(s)$ の非自明な零点の系列によって表す"明示公式"（の証明の概略）を与えた．これに関しても，詳しい証明はフォン・マンゴルト（1895）によって与えられた．

残念ながら，明示公式だけからは素数定理は導かれない．しかし，後にド・ラ・ヴァレ・プーサンとアダマール（1896）は独立に，$\zeta(s)$ の非自明な零点 ρ

に対し $0 < \mathrm{Re}\,\rho < 1$ が成立し，その結果，素数定理が明示公式から得られることを示した．さらにその後の研究によれば，リーマン予想はより精密な素数定理

$$\pi(x) = \mathrm{Li}(x) + O(x^{\frac{1}{2}}\log x),$$

あるいは

$$\pi(x) = \mathrm{Li}(x) + O(x^{\frac{1}{2}+\varepsilon}) \quad (\forall \varepsilon > 0)$$

と同値になることが知られている．——一方，素数定理自身は関数論をまったく使わなくても"初等的に"証明されることが A. セルベルク (1950) によって示された．

リーマンの死後，遺稿の中にゼータ関数に関する計算（の断片）が存在することが発見され，ジーゲル (1932)[8] がそれを調査解読することに成功した．その結果は上記 $\xi\left(\frac{1}{2}+it\right)$ $(t\to\infty)$ の漸近展開式で"リーマン–ジーゲルの公式"と呼ばれている．これは $\xi(s)$ の根を具体的に計算するとき非常に有効である．($\xi\left(\frac{1}{2}+it\right)$ $(t\in\mathbf{R})$ は実関数であるから，その符号変化を調べることにより，実根の近似値が得られる．）それによれば，"最初の"根 $\rho_1 = \frac{1}{2}+i\alpha_1$ では $\alpha_1 = 14.13472514\cdots$ である．疑いもなくリーマンはこの方法で $\xi(s)$ の最初のいくつかの根を計算し，それによって上記の予想を立てたと思われる．現在，1.5×10^9 番目までの非自明な根に対しては α はすべて実数，すなわちリーマン予想が成立することが確かめられている．またリーマン–ジーゲルの公式の主要項

$$\frac{s(s-1)}{2}\left(\pi^{-\frac{s}{2}}\Gamma\left(\frac{s}{2}\right)\sum_{n=1}^{N}n^{-s} + \pi^{\frac{s-1}{2}}\Gamma\left(\frac{1-s}{2}\right)\sum_{n=1}^{N}n^{s-1}\right)$$

$$(N = [\sqrt{t/2\pi}])$$

は明らかに $s\to 1-s$ で不変であるから，この公式を近似関数等式とみなすこともできる．(この近似式は弱い形で，リーマンの 60 年あまり後，ハーディとリ

---

[8] C. L. Siegel, Ueber Riemanns Nachlass zur analytischen Zahlentheorie, Quellen und Studien zur Geschichte der Mathematik, Astronomie und Physik 2 (1932), 45–80; ジーゲル全集 I, pp. 275–310; リーマン全集 [R2].

トルウッド (1921) によっても得られている.)

さらに興味深いのは，この遺稿の中に $\zeta(s)$ の関数等式の第3証明も含まれていることである．それは $\zeta(s)$ の新しい積分表示

$$\tilde{\zeta}(s) = \pi^{-\frac{s}{2}}\Gamma\left(\frac{s}{2}\right)\zeta(s) = \pi^{-\frac{s}{2}}\Gamma\left(\frac{s}{2}\right)\int_{0\nearrow 1}\frac{x^{-s}e^{\pi i x^2}}{e^{\pi i x}-e^{-\pi i x}}dx$$
$$+ \pi^{-\frac{1-s}{2}}\Gamma\left(\frac{1-s}{2}\right)\int_{0\searrow 1}\frac{x^{s-1}e^{-\pi i x^2}}{e^{\pi i x}-e^{-\pi i x}}dx$$

にもとづく.(右辺の第1積分は複素平面上の直線 $y = x - c\ (0 < c < 1)$ を矢印の方向にとる線積分，第2積分は x 軸に関するその鏡映を逆方向にとるものである（図 3.8）．）この式から，$s = \frac{1}{2} + it, t \in \mathbf{R}$ のとき，

$$\tilde{\zeta}(s) = 2\operatorname{Re}\left(\pi^{-\frac{s}{2}}\Gamma\left(\frac{s}{2}\right)\int_{0\nearrow 1}\frac{x^{-s}e^{\pi i x^2}}{e^{\pi i x}-e^{-\pi i x}}dx\right) \in \mathbf{R}$$

であること，したがって鏡像の原理により，$\tilde{\zeta}(s) = \tilde{\zeta}(1-s)$ が導かれるのである.(ジーゲルによれば，この積分表示は直線 $\operatorname{Re} s = \frac{1}{2}$ 上の $\zeta(s)$ の零点の分布を調べる上で非常に重要である.)

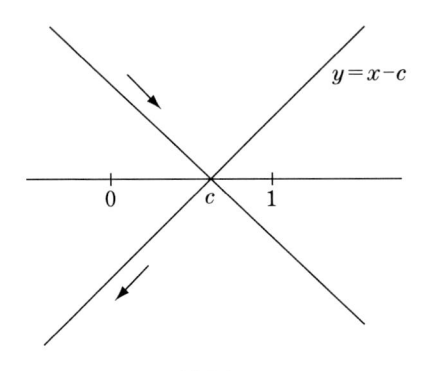

図 3.8

3. 付記

3A　ベルヌーイ多項式

B_j をベルヌーイ数 (§3.4) とするとき，次式で定義される $B_n(x)$ をベルヌーイ多項式という．

(A1) $$B_n(x) = \sum_{j=0}^{n} (-1)^j \binom{n}{j} B_j x^{n-j}.$$

たとえば，
$$B_0(x) = 1, \quad B_1(x) = x - \frac{1}{2}, \quad B_2(x) = x^2 - x + \frac{1}{6},$$
$$B_3(x) = x^3 - \frac{3}{2}x^2 + \frac{1}{2}x, \ldots$$

これに関して次の等式 (A2)〜(A5) が成立する．

(A2) $$\sum_{n=0}^{\infty} B_n(x) \frac{t^n}{n!} = \frac{te^{xt}}{e^t - 1}.$$

(この左辺を $B_n(x)$ $(n=0,1,\ldots)$ の"母関数"という．)

(A3) $$B_n'(x) = nB_{n-1}(x) \quad (n \geq 1),$$

(A4) $$B_n(x+1) - B_n(x) = nx^{n-1}, \quad B_n(0) = (-1)^n B_n,$$

(多項式 $B_n(x)$ は，これらの微分方程式または差分方程式と初期条件によって一意的に特徴づけられる．)

(A5) $$B_n(1-x) = (-1)^n B_n(x).$$

[問題 8]　上の (A2)〜(A5) を証明せよ．
　（ヒント．(A2), (A3) はベルヌーイ数およびベルヌーイ多項式の定義から直接得られる．(A4), (A5) を証明するためには両辺の母関数が一致することをみればよい．）

> [問題 9] 差分方程式 (A4) を利用して，ベキ和の公式
> (A6) $\quad 1^n + 2^n + \cdots + k^n = \dfrac{1}{n+1} \sum_{j=0}^{n} \binom{n+1}{j} B_j \, k^{n+1-j}$
>
> を導け．

3B　フルヴィッツのゼータ関数

$a > 0, s \in \mathbf{C}, \mathrm{Re}\, s > 1$ に対し

(B1) $\qquad\qquad \zeta(s, a) = \displaystyle\sum_{n=0}^{\infty} (n+a)^{-s}$

をフルヴィッツ (1882) のゼータ関数という．$a = 1$ のとき，$\zeta(s,1)$ はリーマンのゼータ関数 $\zeta(s)$ である．これに関して，次の事項が $\zeta(s)$ の場合とまったく同様にして証明される．

1) $\zeta(s,a)$ を表す級数は $\mathrm{Re}\, s > 1$ において（広義の一様に）絶対収束し，s の正則関数になり，積分表示式

(B2) $\qquad\qquad \Gamma(s)\zeta(s,a) = \displaystyle\int_0^{\infty} \dfrac{e^{(1-a)x}}{e^x - 1} x^{s-1} dx$

が成立する．

2) $\zeta(s)$ のときと同じ積分路を使って，

(B3) $\quad F(s,a) = i \displaystyle\int_{\infty}^{\infty} \dfrac{e^{(1-a)x}}{e^x - 1} (-x)^{s-1} dx$

$\qquad\qquad = 2\sin\pi s \cdot \displaystyle\int_{\varepsilon}^{\infty} \dfrac{e^{(1-a)x}}{e^x - 1} x^{s-1} dx \; - \; ie^{-\pi i s} \int_{\gamma_{\varepsilon}(0)} \dfrac{e^{(1-a)x}}{e^x - 1} x^{s-1} dx$

が定義される（ただし，$0 < \varepsilon < 2\pi$）．$F(s,a)$ は ε のとり方によらない整関数で，$\mathrm{Re}\, s > 1$ のとき（右辺の第 2 積分は $\varepsilon \to 0$ のとき $\to 0$ であるから）(B2) により

(B4) $\qquad F(s,a) = 2\sin\pi s \cdot \Gamma(s)\zeta(s,a) = 2\pi\Gamma(1-s)^{-1}\zeta(s,a)$

を得る．これにより $\zeta(s,a)$ は $\mathbf{C}$ 上の有理型関数に解析的延長される．

3) $s = n \in \mathbf{Z}$ のとき,(B3) から

$$F(n,a) = (-1)^n 2\pi \operatorname{Res}_{x=0}\left(\frac{e^{(1-a)x}}{e^x-1}x^{n-1}\right).$$

$B_m(x)$ をベルヌーイ多項式とすれば,(A2), (A5) により

$$\frac{e^{(1-a)x}}{e^x-1}x^{n-1} = \sum_{m=0}^{\infty} B_m(1-a)\frac{x^{n+m-2}}{m!}$$

$$= \sum_{m=0}^{\infty} (-1)^m \frac{B_m(a)}{m!}x^{n+m-2}$$

であるから

(B5) $$F(n,a) = \begin{cases} 0 & (n \geq 2) \\ -2\pi\dfrac{B_m(a)}{m!} & (n = 1-m \leq 1). \end{cases}$$

よって (B4) により $\zeta(s,a)$ の極は $s=1$ における 1 位の極(留数は 1)のみで,$n = 1-m$, $m \geq 1$ に対しては

(B6) $$\zeta(1-m,a) = -\frac{B_m(a)}{m}$$

である.

4) さて本文で (3.35) を導いたときと同じ積分路 $\gamma(K) = \gamma(K)_1 + \gamma(K)_2$ による積分

$$\int_{\gamma(K)} \frac{e^{(1-a)x}}{e^x-1}(-x)^{s-1}dx$$

を考える(ただし $K = (2m+1)\pi$).留数定理により

$$\int_{\gamma(K)} = -2\pi i \sum_{k=1}^{m}\left(\operatorname{Res}_{x=2\pi ik}\frac{e^{(1-a)x}(-x)^{s-1}}{e^x-1} + \operatorname{Res}_{x=-2\pi ik}\frac{e^{(1-a)x}(-x)^{s-1}}{e^x-1}\right)$$

であるが,

$$\operatorname{Res}_{x=\pm 2\pi ik}\frac{e^{(1-a)x}(-x)^{s-1}}{e^x-1} = e^{\pm(1-a)2\pi ik}(\mp 2\pi ik)^{s-1}$$

$$= \pm i e^{\mp i(\pi/2)(s+4ak)}(2\pi k)^{s-1}$$

であるから,

(B7) $\quad \int_{\gamma(K)} = 2\pi \sum_{k=1}^{m}(e^{-i(\pi/2)(s+4ak)} - e^{i(\pi/2)(s+4ak)})(2\pi k)^{s-1}$

$$= -(2\pi)^s \, 2i \sum_{k=1}^{m} \frac{\sin\left(\frac{\pi}{2}s+2\pi ak\right)}{k^{1-s}}.$$

$\zeta(s)$ の場合と同様,$K \to \infty$ のとき

$$\int_{\gamma(K)_1} \to -iF(s,a).$$

一方,$0 < a \le 1$ ならば,積分路 $\gamma(K)_2$ の上で $\left|\dfrac{e^{(1-a)x}}{e^x-1}\right|$ は有界になるから,Re $s < 0$ のとき,

$$\int_{\gamma(K)_2} \to 0 \quad (K \to \infty)$$

である.よって $0 < a \le 1$, Re $s < 0$ のとき,(B4) により,

(B8) $\quad F(s,a) = (2\pi)^s \, 2 \sum_{k=1}^{\infty} \dfrac{\sin\left(\frac{\pi}{2}s+2\pi ak\right)}{k^{1-s}},$

(B9) $\quad \zeta(s,a) = (2\pi)^{s-1}\Gamma(1-s) \, 2 \sum_{k=1}^{\infty} \dfrac{\sin\left(\frac{\pi}{2}s+2\pi ak\right)}{k^{1-s}}$

を得る.

[**問題 10**] §3.6,問題 7 で定義した L 関数 $L(s,\chi)$ は

$$L(s,\chi) = 4^{-s}\left(\zeta\left(s,\frac{1}{4}\right)-\zeta\left(s,\frac{3}{4}\right)\right)$$

と表される.この関係を使って,問題 7 に述べた $L(s,\chi)$ の性質,特にその関数等式を,上述の $\zeta(s,a)$ の性質から導け.

3C ディリクレ級数の収束

次のような形の無限級数

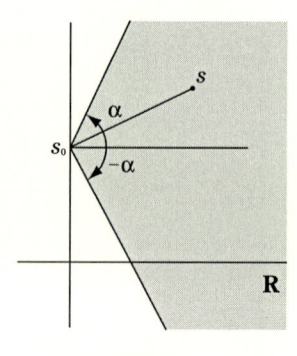

図 3.9

(C1) $$f(s) = \sum_{n=1}^{\infty} \frac{a_n}{n^s} \quad (s \in \mathbf{C})$$

を一般に**ディリクレ級数**という[9]．リーマンのゼータ関数やディリクレの L 関数はこの特別な場合である．級数 $f(s)$ の収束に関して，次の定理が基本的である．

> **定理** 級数 $f(s)$ が $s_0(\in \mathbf{C})$ において収束すれば，任意の $0 < \alpha < \dfrac{\pi}{2}$ に対し，（閉じた）角領域：
> $$\{s \in \mathbf{C}|\ \mathrm{Re}\,s \geq \mathrm{Re}\,s_0,\ |\mathrm{Arg}(s-s_0)| \leq \alpha\}$$
> において，この級数は一様に収束する．

証明 $s' = s - s_0, a'_n = a_n n^{-s_0}$ とおけば，
$$f(s) = \sum_{n=1}^{\infty} (a_n n^{-s_0}) n^{-(s-s_0)} = \sum_{n=1}^{\infty} a'_n n^{-s'}$$

であるから，$\mathrm{Re}\,s' \geq 0, |\mathrm{Arg}(s')| \leq \alpha$ において，この級数が一様収束することをいえばよい（図 3.9）．$m, m' \in \mathbf{Z}, m \leq m'$ に対し

$$A_{m,m'} = \sum_{n=m}^{m'} a'_n, \quad S_{m,m'} = \sum_{n=m}^{m'} a'_n n^{-s'}$$

とおけば，（アーベルの級数変形法により）

---

[9] J.–P. セール，『数論講義』（彌永健一訳），岩波書店，1979，第 6 章，§2 参照．

$$S_{m,m'} = A_{m,m}m^{-s'} + \sum_{n=m+1}^{m'}(A_{m,n}-A_{m,n-1})n^{-s'}$$
$$= \sum_{n=m}^{m'-1} A_{m,n}(n^{-s'}-(n+1)^{-s'}) + A_{m,m'}m'^{-s'}.$$

仮定によって, $f(s_0) = \sum_{n=1}^{\infty} a'_n$ は収束するから, 任意の $\varepsilon > 0$ に対し, ある正整数 N があって, $m, n \geq N$ のとき, $|A_{m,n}| < \varepsilon$ である. 一方, $\mathrm{Re}\, s' = \sigma'$ とおけば,

$$n^{-s'}-(n+1)^{-s'} = s'\int_n^{n+1} x^{-s'-1}dx, \quad |n^{-s'}| = n^{-\sigma'}$$

であるから, $\sigma' > 0$ のとき,

$$|n^{-s'}-(n+1)^{-s'}| \leq |s'|\int_n^{n+1} x^{-\sigma'-1}dx$$
$$= \frac{|s'|}{\sigma'}(n^{-\sigma'}-(n+1)^{-\sigma'}).$$

ここで $\sigma'/|s'| = \cos(\mathrm{Arg}\, s')$ であるから, 上式により

$$|S_{m,m'}| \leq \varepsilon\frac{|s'|}{\sigma'}\sum_{n=m}^{m'-1}(n^{-\sigma'}-(n+1)^{-\sigma'}) + \varepsilon m'^{-\sigma'}$$
$$\leq \varepsilon(\cos\alpha)^{-1}.$$

$\sigma' = 0$ ならば $s' = 0$, したがって $S_{m,m'} = A_{m,m'}$ となり, やはり上式は成立する. よって級数 $f(s)$ はこの角領域で一様収束する. □

この定理により, 与えられたディリクレ級数 $f(s)$ に対して, ある実数 (または $\pm\infty$) ρ が定まり, (開いた) 右半平面 $\mathrm{Re}\, s > \rho$ においてこの級数は広義の一様に収束し, したがって $f(s)$ は正則関数になり, 左半平面 $\mathrm{Re}\, s < \rho$ においてこの級数は発散することがわかる. (垂直線 $\mathrm{Re}\, s = \rho$ の上では収束することもあれば発散することもある.) $f(s_0)$ が収束するときには, s が定理に述べられているような角領域の中から s_0 に収束するとき, $\lim_{s \to s_0} f(s) = f(s_0)$ である. (これはアーベルの連続性定理の類似である.)

ディリクレ級数 $f(s)$ が絶対収束するためには, 絶対値級数

$$\sum_{n=1}^{\infty} \frac{|a_n|}{n^{\sigma}}$$

が収束することが必要十分である．よって上記により，ある $\rho^+ \geq \rho$ が定まり，$f(s)$ は $\operatorname{Re} s > \rho^+$ で（広義の一様に）絶対収束し，$\operatorname{Re} s < \rho^+$ で絶対収束しない．

たとえば，リーマンのゼータ関数 $\zeta(s) = \sum_{n=1}^{\infty} n^{-s}$ に対しては $\rho = \rho^+ = 1$ であるが，§3.6, 問題 7 の $L(s, \chi)$ に対しては，$\rho = 0, \rho^+ = 1$ である．

[問題 11]　上の $L(s, \chi)$ に対して $\rho = 0, \rho^+ = 1$ であることを証明せよ．

[問題 12]　(C1) のディリクレ級数 $f(s)$ に対して，$A_m = \sum_{n=1}^{m} a_n$ とおくとき，ある正数 C があって，$|A_m| \leq C$ ならば，$\rho \leq 0$ であることを証明せよ．

ここで次の章で必要とする補題を述べておく．

補題　$f(s) = \sum_{n=1}^{\infty} \frac{a_n}{n^s}$ とし，$A_n = \sum_{i=1}^{n} a_i$ とおく.

 (i) ある正定数 C があって，$|A_n| \leq Cn\ (\forall n)$ ならば，この級数は半平面 $\operatorname{Re} s > 1$ で収束し，$f(s)$ は s の正則関数になる．

 (ii) 極限値 $\lim_{n \to \infty} \frac{A_n}{n} = \kappa$ が存在すれば，
$$\lim_{\sigma \to 1+0} (\sigma - 1)f(\sigma) = \kappa$$
である．

証明　(i) $1 \leq m \leq m'$ に対し
$$A_{m,m'} = \sum_{n=m}^{m'} a_n, \quad S_{m,m'} = \sum_{n=m}^{m'} a_n n^{-\sigma} \quad (\sigma > 1)$$
とおく．$A_{m,m'} = A_{m'} - A_{m-1}$ であるから，仮定により

(*)　　　　　　　$|A_{m,m'}| \leq |A_{m'}| + |A_{m-1}| \leq 2Cm'$.

上の定理の証明におけるのと同様に（アーベルの変形法により）

$$S_{m,m'} = A_{m,m}m^{-\sigma} + \sum_{n=m+1}^{m'} (A_{m,n} - A_{m,n-1})n^{-\sigma}$$
$$= \sum_{n=m}^{m'-1} A_{m,n}(n^{-\sigma} - (n+1)^{-\sigma}) + A_{m,m'}m'^{-\sigma}.$$

ここで

$(**)$ $\quad n^{-\sigma} - (n+1)^{-\sigma} = \sigma \int_n^{n+1} \frac{dx}{x^{\sigma+1}} \leq \frac{\sigma}{n} \int_n^{n+1} x^{-\sigma} dx$

であるから,上式から $(*), (**)$ により

$$|S_{m,m'}| \leq \sum_{n=m}^{m'-1} |A_{m,n}|(n^{-\sigma} - (n+1)^{-\sigma}) + |A_{m,m'}|m'^{-\sigma}$$

$$\leq 2C\sigma \int_m^{m'} x^{-\sigma} dx + 2Cm'^{1-\sigma}$$

$$= 2C\frac{\sigma}{\sigma-1}(m^{1-\sigma} - m'^{1-\sigma}) + 2Cm'^{1-\sigma}.$$

よって $\sigma > 1$ ならば,$m \to \infty$ のとき,明らかに $S_{m,m'} \to 0$ である.したがって(上の定理により)$f(s)$ $(\text{Re}\, s > 1)$ は収束し,s の正則関数になる.

  (ii) 仮定により,$\displaystyle\lim_{n\to\infty} \frac{A_n}{n} = \kappa$ であるから,$\dfrac{A_n}{n} - \kappa = o_n$ とおけば,
$$A_n = \kappa n + o_n n, \quad o_n \to 0 \quad (n \to \infty).$$

よって,$\sigma > 1$ に対し

$$f(\sigma) - \kappa \zeta(\sigma) = \sum_{n=1}^{\infty} (A_n - A_{n-1} - \kappa)n^{-\sigma} = \sum_{n=1}^{\infty} (no_n - (n-1)o_{n-1})n^{-\sigma}$$
$$= \sum_{1}^{\infty} no_n(n^{-\sigma} - (n+1)^{-\sigma})$$

(ただし $A_0 = o_0 = 0$ とおく).(i) の証明におけるのと同様,$(**)$ により

$$|f(\sigma) - \kappa \zeta(\sigma)| \leq \sigma \sum_{n=1}^{\infty} |o_n| \int_n^{n+1} x^{-\sigma} dx.$$

$o_n \to 0$ であるから,任意の $\delta > 0$ に対し,ある N があって,

$$|o_n| < \delta \quad (n \geq N \text{ のとき}).$$

また,ある $C>0$ があって,すべての n に対して,$|o_n| \leq C$ である.よって

$$|f(\sigma)-\kappa\zeta(\sigma)| \leq \sigma C \int_1^N x^{-\sigma}dx + \sigma\delta \int_N^\infty x^{-\sigma}dx$$

$$= C\frac{\sigma}{\sigma-1}(1-N^{1-\sigma}) + \delta\frac{\sigma}{\sigma-1}N^{1-\sigma},$$

$$(\sigma-1)|f(\sigma)-\kappa\zeta(\sigma)| \leq C\sigma(1-N^{1-\sigma}) + \delta\sigma N^{1-\sigma}$$

$$\to \delta \quad (\sigma \to 1+0 \text{ のとき}).$$

δ は任意であったから,左辺は $\to 0$ である.また

$$\lim_{\sigma\to 1+0}(\sigma-1)\zeta(\sigma) = 1$$

であるから,$\lim_{\sigma\to 1+0}(\sigma-1)f(\sigma) = \kappa$ を得る.□

文　　献

　リーマンに関する文献については,第 2 章の文献参照.特にリーマンの生涯については,デデキントの『リーマン伝』(脚註 4),および D. ラウグヴィッツ [R4] 参照.

4. 代数的整数論への道

4.1 ガウスの整数

ここで関数論の流れからは離れるが，ゼータ関数の整数論における意義の一端を示すために，(歴史を少し逆行して) "ガウスの整数環" について簡単に述べることにしよう．

実数の中で整数：$0, \pm 1, \pm 2, \ldots$ を考えると，それは実数直線 $\mathbf{R}$ の上に等間隔 1 で並んだ離散的な点列になる (図 4.1)．

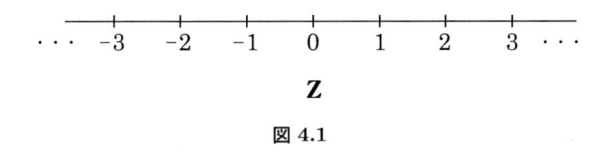

$$\cdots \quad -3 \quad -2 \quad -1 \quad 0 \quad 1 \quad 2 \quad 3 \quad \cdots$$
$$\mathbf{Z}$$

図 4.1

これの 2 次元化として，複素平面 $\mathbf{C}$ の中で，座標が整数の点：

$$(4.1) \qquad a + bi \quad (a, b \in \mathbf{Z})$$

の集合を考えれば，それは図 4.2 のような "格子点" の集合になる．(4.1) の形の複素数を**ガウスの整数**という．

ここで大切なことは，2つのガウスの整数 $\alpha = a+bi$, $\alpha' = a'+b'i$ $(a, b, a', b' \in \mathbf{Z})$ に加減乗の演算をほどこしたものはまたガウスの整数になることである．実際，

$$\alpha \pm \alpha' = (a \pm a') + (b \pm b')i,$$
$$\alpha \alpha' = (aa' - bb') + (ab' + ba')i$$

などはまた座標が整数の点で表される．

$$\mathbf{Z}[i]$$

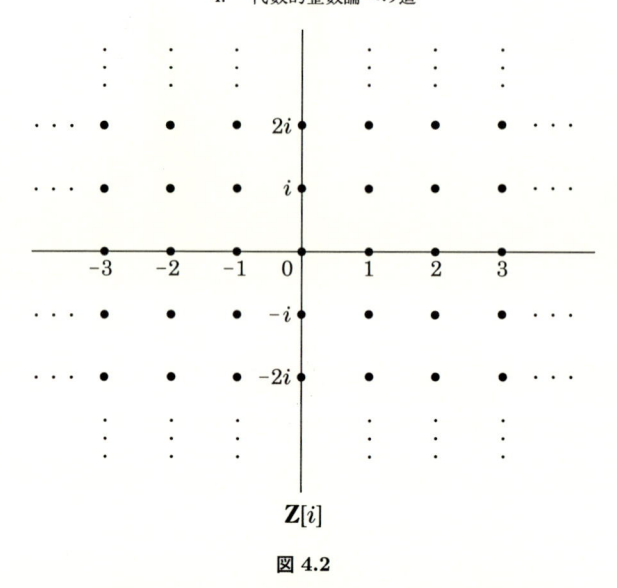

図 4.2

一般に，$\mathbf{C}$ の部分集合 R で加減乗の演算に関して閉じているものを $\mathbf{C}$ の"部分環"という．有理整数の全体，有理数の全体，実数の全体（それぞれ $\mathbf{Z}$, $\mathbf{Q}$, $\mathbf{R}$ で表される）も $\mathbf{C}$ の部分環（後者 2 つは部分体）である．ガウスの整数全体は（ちょうど $\mathbf{C}$ が $\mathbf{R}$ に $i = \sqrt{-1}$ をつけ加えて得られたように）$\mathbf{Z}$ に i をつけ加えてできる環であるから，以後 $\mathbf{Z}[i]$ と書くことにしよう．（$\mathbf{Z}[i]$ は"加群"としても，1 と i によって生成される加群である．）明らかに，$\mathbf{Z}[i]$ と $\mathbf{Q}$ の共通部分は有理整数環 $\mathbf{Z}$ である：$\mathbf{Z}[i] \cap \mathbf{Q} = \mathbf{Z}$.

ガウスの整数の意義について，『初整』§36 に次のように書かれている：

「ガウスは四乗剰余の相互法則をもとめるに際して整数の概念を複素数の上に拡張することの必要を認めた[1]．ガウスのこの創意は数学史上における重大なる転回点というべきものである．それは一般的には，虚数の承認を決定的ならしめ，特殊的には，現代の代数的整数論の起源となったのである．」

さて，まず環 $R = \mathbf{Z}[i]$ における整除の問題を考えよう．初等整数論（$\mathbf{Z}$ の整数論）におけるのと同様に，与えられた $\alpha, \beta \in R$, $\beta \neq 0$ に対し，$\gamma \in R$ があって，$\alpha = \beta\gamma$ と書けるとき，（R において）β は α の約数，α は β の倍数であるといい，$\beta | \alpha$ と書く．明らかに，

---

[1] [G3], 1825, 1831 の論文.

$$\beta|\alpha, \ \beta|\alpha' \ \Rightarrow \ \beta|\alpha\pm\alpha',$$
$$\beta|\alpha, \ \lambda\in R \ \Rightarrow \ \beta|\lambda\alpha$$

が成立する．

また $\alpha = a+bi \in R$ に対し，その共役 $\bar{\alpha} = a-bi$ も $\in R$, ノルム $N(\alpha) = \alpha\bar{\alpha} = a^2+b^2$ は $\in \mathbf{Z}$ で, $\alpha, \bar{\alpha}|N(\alpha)$ である．また $\beta, \gamma \in R$ に対して, $\overline{\beta\gamma} = \bar{\beta}\bar{\gamma}$, $N(\beta\gamma) = N(\beta)N(\gamma)$ であるから,

$$\beta|\alpha \ \Rightarrow \ \bar{\beta}|\bar{\alpha}, \ N(\beta)|N(\alpha)$$

が成立する．

注意 上記のように複素数のノルムは乗法的な関数である．すなわち $\xi = x+iy$, $\eta = u+iv$ に対し，$N(\xi)N(\eta) = N(\xi\eta)$. このことを成分で書けば，

(4.2) $$(x^2+y^2)(u^2+v^2) = (xu-yv)^2+(xv+yu)^2$$

となる．これは x, y, u, v に関する恒等式で，ディオファンタス（紀元 300 年ごろ）にすでに知られていたという．この式から，特に「2 整数の平方の和になる数の積はまた 2 整数の平方の和になる」ことがわかる．

[問題 1] $61 \cdot 73 = 4453$ が 2 つの正整数の平方の和に（4 通りに）表されることを示せ．(§4.3 の定理 3a によれば，表示の可能性はちょうど 4 通りである)．

$\alpha, \alpha^{-1} \in R$ のとき，いいかえれば，α が R において 1 の約数になるとき，α を R の**単数**という．そのとき，$N(\alpha)(> 0)$ は $\mathbf{Z}$ の単数，すなわち ± 1 であるから，$N(\alpha) = |\alpha|^2 = 1$, したがって α は単位円周上の格子点 $\pm 1, \pm i$ のいずれかである．2 つの元 $\alpha, \beta \in R$ は $\alpha|\beta, \beta|\alpha$ のとき，すなわち単数 ε があって $\alpha = \varepsilon\beta$ となるとき，**同伴**であるといい，$\alpha \sim \beta$ と書く．(これは明らかにひとつの同値関係である．) 整除の問題を考えるとき，互いに同伴な数は同等に取り扱うことができる．たとえば，(次々に i をかけて)

$$1+i \sim -1+i \sim -1-i \sim 1-i$$

であるから, $2 = (1+i)(1-i) \sim (1+i)^2$ である．一般に $\alpha \in R, \alpha \neq 0$ には（それ自身を含めて）4 つの同伴数 $\pm\alpha, \pm i\alpha$ が存在する．(その代表として，"第 1 象限" にあるもの，$\text{Re}\,\alpha > 0, \text{Im}\,\alpha \geq 0$ を選ぶことができる．)

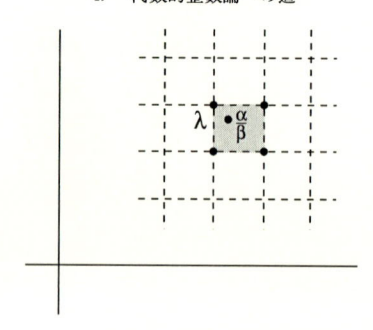

図 4.3

ガウスの整数環 $R = \mathbf{Z}[i]$ に関して，次の補題が基本的である．

> **補題1**（ガウス）　$\alpha, \beta \in R, \beta \neq 0$ が与えられたとき，次の式が成立するような $\lambda, \mu \in R$ が存在する：
>
> (4.3) $\qquad \alpha = \lambda\beta + \mu, \quad |\mu| < |\beta|.$
>
> (すなわち，$\mathbf{Z}[i]$ においても $\mathbf{Z}$ におけるのと同様なユークリッドの除法のアルゴリズムが成立する．ただし，この場合 λ, μ は一意的に決まるわけではない．)

証明　α/β は，$\mathbf{C}$ を図4.3のように1辺の長さ1の正方形格子に分割したとき，その中の1つに含まれる．その正方形の頂点（格子点）の中で α/β に最も近いもの（の1つ）を λ とすれば，

$$\left|\frac{\alpha}{\beta} - \lambda\right| < 1 \quad \left(\text{実際},\ \leq \frac{1}{\sqrt{2}}\right)$$

となる．よって，$\mu = \alpha - \lambda\beta$ とおけばよい．□

この補題により，有理整数環 $\mathbf{Z}$ のときと同じ論法によって，次の諸事項が証明できる．

1) 任意の $\alpha_1, \alpha_2 \in R$ に対して，次の性質をもつような $\delta \in R$ が存在する．
 (i) $\delta|\alpha_1, \delta|\alpha_2$.
 (ii) $\delta' \in R, \delta'|\alpha_1, \delta'|\alpha_2$ ならば，$\delta'|\delta$.

$(\lambda_1\alpha_1 + \lambda_2\alpha_2\ (\lambda_1, \lambda_2 \in R)$ と表されるような元の中で，ノルムが > 0 で最小になるものを δ とおけばよい．そのとき，(ii) は明白だが，(i) は補題1から

わかる．次の **1'** も同様にして証明される．)

1') 任意の $\alpha_1, \ldots, \alpha_r \in R$ に対して，次の性質をもつような $\delta \in R$ が存在する．

(i) $\delta | \alpha_1, \ldots, \delta | \alpha_r$.
(ii) $\delta' \in R$, $\delta' | \alpha_1, \ldots, \delta' | \alpha_r$ ならば，$\delta' | \delta$.

このような δ を $\alpha_1, \ldots, \alpha_r$ の最大公約数（略して G.C.D.）という．それは単数倍を除いて一意的に定まる．G.C.D.$(\alpha_1, \alpha_2) = 1$ のとき，α_1, α_2 は互いに素であるという．

2) 単数でない R の元 π_1 でその同伴数と単数以外に約数をもたないものを R の**素元**という．(R の素数といってもよいのだが，素数ということばは **Z** の素元についてのみ用いることにする．) π_1 が素元で $\pi_1 | \alpha\beta$ ならば，$\pi_1 | \alpha$ または $\pi_1 | \beta$ である．

($\pi_1 \nmid \alpha$ ならば，π_1, α の G.C.D. は 1 になるから，ある $\lambda_1, \lambda_2 \in R$ があって，$\lambda_1 \pi_1 + \lambda_2 \alpha = 1$. よって，$\pi_1$ は $\lambda_1 \pi_1 \beta + \lambda_2 \alpha \beta = \beta$ の約数である．)

2') π_1 が素元で $\pi_1 | \alpha_1 \cdots \alpha_r$ $(\alpha_1, \ldots, \alpha_r \in R)$ ならば，ある番号 i に対して $\pi_1 | \alpha_i$.

これらの性質から，$\mathbf{Z}[i]$ において，次の**素元分解の一意性**を証明することができる．

定理 1 $\mathbf{Z}[i]$ の 0 でない元 α は

(4.4) $$\alpha = \varepsilon \pi_1 \cdots \pi_r$$

の形に単数 ε といくつかの素元 $\pi_1, \ldots, \pi_r$ の積に分解される．この分解における素元 $\pi_1, \ldots, \pi_r$ は，積の順序と単数倍を除いて，（重複度もこめて）一意的に定まる．

実際，α 自身が単数または素元のとき，この主張は自明である．一般の場合，分解の可能性は α のノルムに関する帰納法で容易に証明される．分解の一意性をいうために，α は単元でない $(r \geq 1)$ とし，

$$\alpha = \varepsilon' \pi'_1 \cdots \pi'_s$$

を別の分解とすれば，上の **2'** により，$(s \geq 1$ で) ある番号 k があって，$\pi_1 | \pi'_k$ である．ここで π_1, π'_k はともに素元だから，$\pi_1 \sim \pi'_k$ でなければならない．(さらに積の順序を変えて，$k=1$，また $\pi_1 = \pi'_1$ と仮定することもできる．) よって，再びノルムに関する帰納法を使い，$\alpha' = \alpha/\pi_1$ に帰納法の仮定を適用すればよい．

[問題 2] $R = \mathbf{Z}[i]$ において，5 と $1+3i$ の G.C.D. を求めよ．(補題 1 を使って，ユークリッドの互除法を行う．または 5 を素元分解する．)

[問題 3] $\alpha \in R = \mathbf{Z}[i]$，$p = N(\alpha)$ が素数ならば，α は R における素元であることを示せ．(たとえば，$N(1+i) = 2$ は素数であるから，$1+i$ は R の素元である．)

[問題 4] ω を 1 の 3 乗根 $\dfrac{-1+\sqrt{-3}}{2}$ とすれば，$\mathbf{Z}[\omega] = \{a+b\omega \ (a,b \in \mathbf{Z})\}$ は $\mathbf{C}$ の部分環になり，$\mathbf{Z}[\omega]$ においても素元分解の一意性が成立することを証明せよ．(補題 1 が成り立つことをいえばよい．)

4.2　素数の素元分解

$\mathbf{Z} \subset \mathbf{Z}[i]$ であるから，$\mathbf{Z}$ の素元，すなわち通常の意味の素数 $p \ (>0)$ が拡大された環 $R = \mathbf{Z}[i]$ の中でどのように素元分解されるかをみよう．(以下，単に素数といえば 正の 素数を意味するものとする．) 次の 3 つの場合が生じる．

(i) $p = 2 = (1+i)(1-i) = (-i)(1+i)^2$．(これが 2 の素元分解である．2 は R において **分岐** するという．)

(ii) $p = \pi_1 \bar{\pi}_1$，$\pi_1 \not\sim \bar{\pi}_1$ の形に 2 つの (互いに同伴でない) 共役な素元の積に分解される．(このとき，p は R において **分解** するという．)

(iii) p は R においても素元になる．

実際，p が R において素元でないとき，p の素元分解に現れる 1 つの素元を $\pi_1 = a+bi$ とすれば，$\bar{\pi}_1 = a-bi$ も p の約数である．仮定により，$a, b \neq 0$ である．もし $\pi_1 \sim \bar{\pi}_1$ ならば，$\bar{\pi}_1 = \pm i \pi_1$，すなわち $b = \pm a$，$\pi_1 = a(1 \pm i)$ となる．π_1 は素元であるから $a = \pm 1$ で，$2 = (1+i)(1-i) | p^2$．よって，($\mathbf{Z}$ にお

ける素元分解の一意性から) $p=2$ でなければならない．これは (i) の場合である．$\pi_1 \sim \bar{\pi}_1$ でないならば，$N(\pi_1)=\pi_1\bar{\pi}_1|p$ であるが，$N(\pi_1)=a^2+b^2>1$ は $\in \mathbf{Z}$ であるから，$p=\pi_1\bar{\pi}_1$．これは (ii) の場合である．□

さらに (ii) の場合，$p=a^2+b^2$ は奇素数であるから，a,b の一方は奇数，他方は偶数でなければならない．(そうでないと p は偶数になってしまう．) $a=2k$, $b=2m+1$ とすれば，

$$p = 4k^2+4m^2+4m+1$$

であるから，$4|(p-1)$ である．このことをガウスの記号で

$$p \equiv 1 \pmod{4}$$

と書く．

実は上に述べたことの逆も成り立つ．すなわち

定理 2 奇素数 $p\,(>0)$ がガウスの整数環 $\mathbf{Z}[i]$ において 2 つの（非同伴な）素元の積に分解するためには，$p\equiv 1 \pmod 4$ であることが必要かつ十分である．

これは次の定理 (1640 年ごろ P. de フェルマー (1601–1665) が友人達への手紙の中で言明し，その約 100 年後，オイラーによって証明されたもの) と内容的に同値である．(フェルマー自身の証明は知られていないが，たぶん彼のいう"無限降下法"によるものであろうといわれている．)

定理 3（フェルマー） 奇素数 p は $\equiv 1 \pmod 4$ であるとき，またそのときに限り，$p=a^2+b^2$ の形に 2 つの平方数の和として（本質的に）ただ 1 通りに表される．

実際，奇素数 p が $\mathbf{Z}[i]$ において分解する（すなわち素元でない）とすれば，上に述べたように，$p=a^2+b^2$ の形になり，そのことから $p\equiv 1 \pmod 4$ がわかる．逆に，$p=a^2+b^2$ ならば，$p=(a+bi)(a-bi)$, $a,b\neq 0$ と分解される．よって，残された部分「$p\equiv 1 \pmod 4$ のとき，p は $\mathbf{Z}[i]$ において分解する」ことを示せば，上の 2 つの定理は同時に証明されたことになる．なお $p=(a+bi)(a-bi)$ と分解されるとき，(a,b) のとり方は (p の素元分解の一意性から) 実際は 8 通り $((\pm a, \pm b),(\pm b, \pm a))$ の可能性があるが，これらは本質

的に同じものとみなすのである.

この残された部分の証明のために,初等整数論における次の補題を使う.その前に必要な記号と術語の説明をしておく.一般に $a, b, m \in \mathbf{Z}$ で,$m|a-b$ のとき,a,b は "m を法として合同である" といい,(ガウス [G2] に従って)

$$a \equiv b \pmod{m}$$

と書く.(この記号は,$m=4$ のときすでに使用した.) この関係は明らかにひとつの同値関係になる.その同値類を m を法とする "剰余類" という.

注意 m を法とする剰余類全体は自然な演算に関して 1 つの (m 個の元からなる) 環になる.それを $\mathbf{Z}/m\mathbf{Z}$ と書く.特に素数 p に対して,$\mathbf{Z}/p\mathbf{Z}$ は (p 個の元からなる) 有限体になる.($a \not\equiv 0 \pmod{p}$ ならば,a, p の G.C.D. は $=1$ だから,ある $x, y \in \mathbf{Z}$ があって,$ax + py = 1$,よって $ax \equiv 1 \pmod{p}$.すなわち $\mathbf{Z}/p\mathbf{Z}$ において $a \pmod{p}$ の逆元 $x \pmod{p}$ が存在する.)

補題2 素数 p に対してある整数 r が存在し,任意の整数は

$$0, 1, r, r^2, r^3, \ldots, r^{p-2}$$

のいずれか 1 つに p を法として合同である.(いいかえれば,0 を含まない任意の剰余類は r の 1 つのベキによって代表される.『初整』§11 参照.)

たとえば,$p=11$ のとき,$r=2$ とすることができる.実際,

$2^0 \equiv 1, \quad 2^1 \equiv 2, \quad 2^2 \equiv 4, \quad 2^3 \equiv 8, \quad 2^4 \equiv 5, \quad 2^5 \equiv 10, \quad 2^6 \equiv 9,$
$2^7 \equiv 7, \quad 2^8 \equiv 3, \quad 2^9 \equiv 6, \quad 2^{10} \equiv 1 \pmod{11}.$

このような r は p を法とする "原始根" と呼ばれている.r を原始根とすれば,明らかに,$r^{p-1} \equiv 1 \pmod{p}$ で,

$$r^k \equiv 1 \pmod{p} \iff (p-1)|k$$

が成立する.

注意 補題 2 は抽象代数のことばでいえば,剰余体 $\mathbf{Z}/p\mathbf{Z}$ の (0 以外の元の) 乗法群 $(\mathbf{Z}/p\mathbf{Z})^\times$ が位数 $p-1$ の "巡回群" になるということである.これは「1 つの体に含まれる有限乗法群は必ず巡回群になる」という一般定理の特別な場合である.この一般定理は §1.6,問題 14 が任意の体で成立することから容易に証明される.(実際,体

K が巡回群でない有限乗法群 G を含むとすれば, ある $a,b \in G$, $n > 1$ があって, $a^n = b^n = 1$, $b \notin \{1, a, \ldots, a^{n-1}\}$ が成立する. しかしこれは方程式 $x^n - 1 = 0$ が K において $n+1$ 個以上の根をもつことを意味するから矛盾である.)

さて, 定理 2,3 の (残部の) 証明に戻り, $p \equiv 1 \pmod{4}$ とする. p を法とする 1 つの原始根 r をとれば, ある $0 \leq k \leq p-2$ があって,

$$r^k \equiv -1 \pmod{p}$$

となる. そのとき, $r^{2k} \equiv 1 \pmod{p}$ であるから, $(p-1)|2k$, したがって, k のとり方から $k = \dfrac{p-1}{2}$ になる. 仮定により, $4|(p-1)$ であるから, $2|k$. よって, $r^{k/2} = b$ とおけば,

(*) $$b^2 \equiv -1 \pmod{p},$$

すなわち, p は $b^2 + 1 = (b+i)(b-i)$ の約数である. もし p が $\mathbf{Z}[i]$ における素元ならば, $p|(b+i)$ または $p|(b-i)$ となるが, これはいずれも不可能である. ($b \pm i = p(c+di)$ とすれば, $pd = \pm 1$ となり矛盾.) よって p は $\mathbf{Z}[i]$ において分解する. □

上の証明で当面の目的のために必要だったのは, 「合同式 (*) をみたす b が存在する, すなわち -1 が奇素数 p を法とする "平方剰余" になるためには, $p \equiv 1 \pmod{4}$ が (必要) 十分である」ことであった. ——一般に $a \not\equiv 0 \pmod{p}$ で $b^2 \equiv a \pmod{p}$ となる $b \in \mathbf{Z}$ が存在するとき, a を p **を法とする平方剰余**であるといい,

$$\left(\frac{a}{p}\right) = 1,$$

そうでないとき, $\left(\dfrac{a}{p}\right) = -1$ と書く (**ルジャンドルの記号**) ($a \equiv 0 \pmod{p}$ のときには $\left(\dfrac{a}{p}\right) = 0$ と定義する). 上述のことは, この記号を使って,

(4.5a) $$\left(\frac{-1}{p}\right) = (-1)^{\frac{p-1}{2}}$$

と表される. 補題 2 から, より一般に任意の $a \not\equiv 0 \pmod{p}$ に対し

(4.5) $$\left(\frac{a}{p}\right) \equiv a^{\frac{p-1}{2}} \pmod{p}$$

であることも証明される．これは"オイラーの規準"と呼ばれている．

(4.5) の証明：上述のように，$r^{(p-1)/2} \equiv -1 \pmod{p}$ であるから，$a \equiv r^k \pmod{p}$ とすれば，

$$a^{\frac{p-1}{2}} \equiv (-1)^k \equiv 1 \pmod{p} \Leftrightarrow 2|k.$$

$2|k$ のとき，$a \equiv (r^{k/2})^2 \pmod{p}$ であるから，a は平方剰余である．逆に，$a \equiv b^2 \pmod{p}$ のとき，$b \equiv r^l \pmod{p}$ とすれば，$a \equiv r^{2l} \pmod{p}$．よって $k \equiv 2l \pmod{p-1}$ となり，$2|k$ である．□

定義から直接（またはオイラーの規準を使って），平方剰余記号が乗法的，すなわち任意の $a, b \in \mathbf{Z}$ に対し，

$$\left(\frac{ab}{p}\right) = \left(\frac{a}{p}\right)\left(\frac{b}{p}\right)$$

であることがわかる．(a, b のいずれかが $\equiv 0 \pmod{p}$ であっても，この式は $0 = 0$ として成立する．）

以上，$\mathbf{Z}$ の素数の $\mathbf{Z}[i]$ における分解を考えたが，逆に $\mathbf{Z}[i]$ の任意の素元 π_1 から出発すれば，$N(\pi_1) = \pi_1 \bar{\pi}_1$ は正整数であるから，それに含まれる 1 つの素数 $p(>0)$ をとれば，上記により次の 3 つの場合が生じる．

(i) $p = 2$ （このとき，p は分岐する）：$\pi_1{}^2 \sim N(\pi_1) = 2$.
(ii) $p \equiv 1 \pmod{4}$ （このとき，p は分解する）：$\pi_1 \bar{\pi}_1 = N(\pi_1) = p, \pi_1 \not\sim \bar{\pi}_1$.
(iii) $p \equiv 3 \pmod{4}$ （このとき，p は素元になる）：$\pi_1 \sim \bar{\pi}_1 \sim p, N(\pi_1) = p^2$.

このように $\mathbf{Z}[i]$ における素数 p の分解法則が p の 4 を法とする剰余類によって決まってしまうことは著しい事実といわなければならない．これは後に発展した代数的整数論（類体論）における一般相互法則の最初の発現であり，その不思議さ，美しさが整数論の大きな魅力となったのである．

付記 上の (4.5a) の拡張として，次の (4.5b,c) も成立する．これらを総称して平方剰余の相互法則という：

(4.5b) $\qquad \left(\dfrac{p}{q}\right)\left(\dfrac{q}{p}\right) = (-1)^{\frac{p-1}{2} \cdot \frac{q-1}{2}} \quad (p \neq q \text{ 奇素数}),$

(4.5c) $$\left(\frac{2}{p}\right) = (-1)^{\frac{p^2-1}{8}} \quad (p \text{ 奇素数}).$$

(4.5b) が主要な法則で，(4.5a),(4.5c) はそれぞれ "第 1, 第 2 補充則" とよばれている（証明は，『初整』§13, §57 参照）．(4.5c) は，上記 $\mathbf{Z}[i]$ の場合と同様，$\mathbf{Z}[\sqrt{2}]$ における奇素数 p の分解法則を表すものである．フェルマー流に表現すれば，「奇素数 p は $\equiv \pm 1 \pmod 8$ のとき，またそのときに限り，整数 a,b によって $a^2 - 2b^2$ の形に（$\mathbf{Z}[\sqrt{2}]$ におけるノルムの形に）表される」ということである．

(4.5c) は次のようにして簡単に証明される．

(4.5c) の証明： 奇素数 p に対し，$\left\{1, 2, \ldots, \dfrac{p-1}{2}\right\}$ の中の偶数を $\{a_i \ (1 \leq i \leq m)\}$，奇数を $\{b_j \ (1 \leq j \leq n)\}$ と書くことにすれば，

$$\sum_{i=1}^{m} a_i + \sum_{j=1}^{n} b_j = 1 + 2 + \cdots + \frac{p-1}{2} = \frac{1}{2} \cdot \frac{p-1}{2} \cdot \frac{p+1}{2} = \frac{p^2-1}{8}.$$

（一般に奇数 a に対し，$a^2 \equiv 1 \pmod 8$ となることに注意．）この左辺を mod 2 で考えれば，明らかに $\equiv n$ であるから，

(*) $$n \equiv \frac{p^2-1}{8} \pmod 2.$$

一方，

$$\prod_{i=1}^{m} a_i \cdot \prod_{j=1}^{n} (p - b_j) = 2 \cdot 4 \cdots (p-1) = 2^{\frac{p-1}{2}} \cdot \frac{p-1}{2}!.$$

この左辺を mod p で考えれば，

$$\equiv (-1)^n \prod_{i=1}^{m} a_i \cdot \prod_{j=1}^{n} b_j = (-1)^n \frac{p-1}{2}!.$$

よって，（$\dfrac{p-1}{2}! \not\equiv 0 \pmod p$ であるから）

(**) $$2^{\frac{p-1}{2}} \equiv (-1)^n \pmod p$$

である．(*),(**) とオイラーの規準により

$$\left(\frac{2}{p}\right) \equiv 2^{\frac{p-1}{2}} \equiv (-1)^n = (-1)^{\frac{p^2-1}{8}} \pmod p,$$

p は奇数であるから，$\left(\dfrac{2}{p}\right) = (-1)^{(p^2-1)/8}$ を得る． □

相互法則 (4.5b) はルジャンドルが定式化し，1796 年，(全く独立に) 18 歳の青年ガウスによって初めて完全に証明された．([G2] §125–146. ガウスは未発表のものも含め，生涯に 8 通りの相異なる証明を与えている！) この本では付記 4B, 4C にガウス和を利用する 2 つの証明法を紹介する．——オイラーは証明には至らなかったが，一般の平方剰余の相互法則も予知していたといわれている．

4.3　$\mathbf{Z}[i]$ のゼータ関数

以上述べたことは，ガウスの整数環 $\mathbf{Z}[i]$ に付随して定義される次のようなゼータ関数を考えることによって，解析的に表現することができる．

(4.6)
$$Z(s) = \frac{1}{4} \sum_{\alpha \in \mathbf{Z}[i], \neq 0} \frac{1}{N(\alpha)^s}$$
$$= \frac{1}{4} \sum_{(a,b) \in \mathbf{Z}^2, \neq (0,0)} \frac{1}{(a^2+b^2)^s}.$$

$\dfrac{1}{4}$ をつける理由は，上述のように 0 でないガウスの整数は 4 個の同伴元をもつからで，それらの中から 1 つずつ代表元 (たとえば，$a > 0, b \geq 0$ であるもの) をとって加えると考えてもよい．(これは**デデキントのゼータ関数**と呼ばれるもの (§4.7) の 1 つである．)

さて $Z(s)$ をディリクレ級数
$$Z(s) = \sum_{n=1}^{\infty} \frac{a_n}{n^s}$$
の形に書けば，定義から，
$$a_n = \frac{1}{4} \#\{(x,y) \in \mathbf{Z}^2 \mid x^2+y^2 = n\}.$$

(集合 $M = \{\dots\}$ の元の個数を表すのに，$|M|, \#\{\dots\}$ などの記号を使う．) したがって
$$A_n = \sum_{i=1}^{n} a_i = \frac{1}{4} \#\{(x,y) \in \mathbf{Z}^2 \mid 0 < x^2+y^2 \leq n\}$$

4.3 $\mathbf{Z}[i]$ のゼータ関数

$$= \frac{1}{4}\#\left\{(x,y) \in \frac{1}{\sqrt{n}}\mathbf{Z}^2 \mid 0 < x^2+y^2 \leq 1\right\}.$$

この表示から明らかに（単位円の面積は π だから），

$$\lim_{n\to\infty} \frac{A_n}{n} = \frac{\pi}{4}$$

である．したがって，$Z(s)$ を表すディリクレ級数は付記 3C の補題における仮定 (i),(ii) をみたし，$a_n > 0$ であるから，半平面 $\mathrm{Re}\, s > 1$ で絶対収束し，

(4.7) $$\lim_{\sigma\to 1+0} (\sigma-1)Z(\sigma) = \frac{\pi}{4}$$

となることがわかる．

リーマン・ゼータのときと同様，$Z(s)$ は $\mathrm{Re}\, s > 1$ で，（絶対収束する）オイラー積分解をもつ：

(4.8) $$Z(s) = \prod_{\pi_1: \mathrm{prime}} \left(1 - \frac{1}{N(\pi_1)^s}\right)^{-1}.$$

ここで π_1 は $\mathbf{Z}[i]$ の素元の同伴類の代表にわたるものとする（prime は素元の意）．これは $\mathbf{Z}[i]$ における素元分解の一意性の解析的表現である．

さて素元 π_1 を前節で述べたように 3 通りの場合に分けて積をとれば，次のようになる．

$$Z(s) = \left(1 - \frac{1}{2^s}\right)^{-1} \cdot \prod_{p\equiv 1\,(\mathrm{mod}\,4)} \left(1 - \frac{1}{p^s}\right)^{-2} \cdot \prod_{p\equiv 3\,(\mathrm{mod}\,4)} \left(1 - \frac{1}{p^{2s}}\right)^{-1}$$
$$= \prod_{p:\mathrm{prime}} \left(1 - \frac{1}{p^s}\right)^{-1} \left(1 - \frac{\chi(p)}{p^s}\right)^{-1}.$$

ここで χ は §3.6 で導入した指標である．したがって

(4.9) $$Z(s) = \zeta(s)L(s,\chi) \quad (\mathrm{Re}\, s > 1)$$

という関係が得られる．これは上に述べた $\mathbf{Z}[i]$ における素数の分解法則の解析的表現である．この式から，$Z(s)$ は全平面 $\mathbf{C}$ に解析接続され，$s=1$ で 1 位の極をもち，その留数は $L(1,\chi) = \pi/4$ である．（これからも (4.7) が再確認される．）

> **[問題 5]** $Z(s)$ の関数等式を求めよ.

ガウスは,『整数論研究』(1801) の 33 年後に書かれた遺稿の中で, ディリクレ, リーマン, デデキントに先駆けて (というよりは全く独立に), 上の関係式 (4.9) をも得ており, $\lim_{\sigma \to 1+0}(\sigma-1)Z(\sigma) = \frac{\pi}{4}$ の (上記と類似の) 直接計算から, 逆にライプニッツの式 (3.37) が得られることを指摘しているという[2]. ——また, これは余談であるが, A. ヴェイユの語るところ ([W 1974a]) によれば, 彼はシカゴで 1947 年のある日に上記 4 次剰余に関するガウスの (第 1) 論文を読み, そこから有限体上のフェルマー型代数多様体のゼータ関数に関するリーマン予想のアイディアを得たという.

さて等式 (4.9) の両辺の係数を比較すれば,

$$(4.10) \qquad a_n = \sum_{d|n} \chi(d)$$

が得られる. ここで $\sum_{d|n}$ は n の正の約数 d 全体にわたる和を表す. $n = \prod_{k=1}^{r} p_k^{e_k}$ とすれば, χ は乗法的であるから,

$$a_n = \prod_{k=1}^{r}(1+\chi(p_k)+\cdots+\chi(p_k)^{e_k}).$$

この p_k 因子は, $p_k = 2$ ならば $= 1$, $p_k \equiv 3 \pmod{4}$ ならば e_k が偶数か奇数かによって $= 1$ または 0, また $p_k \equiv 1 \pmod{4}$ ならば $= e_k+1$ である. よって

> **定理 3a** $4a_n$ を $x^2+y^2 = n$ の整数解の個数とすれば, n の素因数分解 $n = \prod_{k=1}^{r} p_k^{e_k}$ において, $p_k \equiv 3 \pmod{4}$ となるすべての k に対し e_k が偶数であるとき,
>
> $$(4.11) \qquad a_n = \prod_{p_k \equiv 1 \pmod{4}} (e_k+1)$$
>
> となり, そうでないときには $a_n = 0$ である.

---

[2] [S–O], Ch.6, Gauss, pp.95–96.

が得られる. (これは前記フェルマーの定理の一般化である.)

たとえば,

$$a_1 = 1 \ (1 = 1^2+0^2), \quad a_2 = 1 \ (2 = 1^2+1^2), \quad a_3 = 0, \quad a_4 = 1 \ (4 = 2^2+0^2),$$
$$a_5 = 2 \ (5 = 2^2+1^2 = 1^2+2^2), \quad a_6 = a_7 = 0, \quad a_8 = 1 \ (8 = 2^2+2^2),$$
$$a_9 = 1 \ (9 = 3^2+0^2), \quad a_{10} = 2 \ (10 = 3^2+1^2 = 1^2+3^2), \ldots$$

[問題 6] a_n ($11 \leq n \leq 30$) に対して定理 3a の結果を確かめよ.

[問題 7] $x^2+y^2=z^2$ の正の整数解で, x,y が互いに素であるものは,
$$x, y = m^2-n^2, \ 2mn, \quad z = m^2+n^2 \quad (m > n > 0, \ m,n \text{ は互いに素})$$
で与えられることを証明せよ ($\mathbf{Z}[i]$ における分解 $(x+iy)(x-iy) = z^2$ を利用せよ. この解を"ピタゴラス数"という).

4.4 代数体の整数論

前節までガウスの整数環 $\mathbf{Z}[i]$ の整数論について述べてきたが,これを一般の代数的整数の理論に拡張したものが"代数的整数論"である.それは 19 世紀のドイツで,ガウスに続いて,ディリクレ,クンマー,クロネッカー,デデキントらによって開拓され,ヒルベルトとフルトウェングラーの絶対類体,20 世紀に入り高木–アルティンの類体論などを経て,現在も ("数論的幾何学"と名称は変わりつつあるが) 活発な研究が進められている分野である.それゆえ,その説明に入ることは,すでに現代数学の中心に向かって一歩踏みこむことになる.したがってこの本の趣旨から,この話題については (主に 19 世紀後半に得られた) 最も基本的な概念と結果を簡単に説明するだけにとどめておきたいと思う[3]. 簡明のために,用語は現代のものを用い,やや現代的な視点から説明したところもある.現在,この方面の入門書は数多く出版されているから,興味をもたれた読者はそれらによってより詳しく学ばれることを希望する.特に,高木貞治『代数的整数論』(岩波書店) は,すでに古典的ではあるが,『代整』として引用する.

---

[3] 整数論の歴史 (特に 19 世紀) については,『史談』のほか [Kawada], [S–O] など参照.

1) 代数的数：$\alpha \in \mathbf{C}$ は有理数係数の代数方程式

(4.12) $\qquad f(x) = x^n + a_1 x^{n-1} + \cdots + a_n = 0 \quad (a_1, \ldots, a_n \in \mathbf{Q})$

の根になるとき，**代数的数**であるという．(そうでない数，たとえば $e, \pi, 2^{\sqrt{2}}$ などは"超越数"と呼ばれる[4]．) ここで多項式 $f(x)$ の最高次の係数は 1 とし，次数 n が (α を根とする多項式の中で) 最小になるものをとることにすれば，$f(x)$ は α によって一意的に定まる．これを α の ($\mathbf{Q}$ における) "**最小多項式**"，あるいは α を根とする "**既約多項式**" という．またこのとき，α を n 次の代数的数 (または $n > 1$ ならば n 次の無理数) という．たとえば，$\alpha = a + bi$ $(a, b \in \mathbf{Q})$ は代数的数で，その最小多項式は，$b \neq 0$ ならば $f(x) = x^2 - 2ax + (a^2 + b^2)$，$b = 0$ ならば $f(x) = (x-a)^2$ ではなく，$x-a$ になる．したがって，α の次数は 2 または 1 である．

α を n 次とし，

(4.13) $\qquad \xi = c_1 + c_2 \alpha + \cdots + c_n \alpha^{n-1} \quad (c_1, c_2, \ldots, c_n \in \mathbf{Q})$

の形の元全体の集合を $\mathbf{Q}(\alpha)$ と書くことにすれば，$\mathbf{Q}(\alpha)$ は 1 つの体になることが証明される．これを $\mathbf{Q}$ 上 α によって生成された体という．明らかに $1, \alpha, \ldots, \alpha^{n-1}$ は (線形代数の言葉で) $\mathbf{Q}$ 上 1 次独立であるから，$\mathbf{Q}(\alpha)$ は $\mathbf{Q}$ 上のベクトル空間として n 次元である；記号で $[\mathbf{Q}(\alpha) : \mathbf{Q}] = n$．以上まとめれば，

$$(\alpha \text{ の次数}) = (\text{最小多項式 } f(x) \text{ の次数}) = [\mathbf{Q}(\alpha) : \mathbf{Q}].$$

$K = \mathbf{Q}(\alpha)$ のように $\mathbf{C}$ の部分体で $\mathbf{Q}$ 上 n 次元になるものを一般に n 次**代数体**，または単に "n 次体" という．(有限次代数体は必ず $\mathbf{Q}(\alpha)$ の形に書ける．) n 次代数体 K の元 ξ はすべて代数的数になり，その次数は n の約数になる．(これらのことは線形代数の簡単な応用問題である．)

α の最小多項式 $f(x)$ を 1 次因数に分解して

$$f(x) = (x - \alpha^{(1)}) \cdots (x - \alpha^{(n)}), \quad \alpha^{(1)} = \alpha$$

---

[4] ヒルベルトは $2^{\sqrt{2}}$ の超越性を，パリ講演における問題 7 に含めたばかりでなく，ジーゲルの語るところによれば，1920 年頃の講義の中でも難問 (リーマン予想やフェルマーの最後定理よりも難しい！) の例としてあげていたという (C. リード，『ヒルベルト』(彌永健一訳)，岩波書店，1972，pp. 307–308)．しかしこの超越性は約 10 年後にジーゲル自身によって証明されてしまった．

とするとき，(α も含めて) $\alpha^{(1)}, \ldots, \alpha^{(n)}$ を α の共役 (数) という．また $K^{(i)} = \mathbf{Q}(\alpha^{(i)})$ を $K = \mathbf{Q}(\alpha)$ の共役 (体) という．$\xi \in K$ が (4.13) であるとき，$K^{(i)}$ の元

(4.13′) $\qquad \xi^{(i)} = c_1 + c_2 \alpha^{(i)} + \cdots + c_n \alpha^{(i)n-1} \quad (i = 1, \ldots, n)$

は ξ の共役である．(ただし，ξ が m 次ならば，n/m だけ重複して現れる．)

[例 1] $\zeta_n = e^{2\pi i/n}$ とし，$m \in \mathbf{Z}$ に対し，

$$\text{G.C.D.}(n, m) = d, \quad n = n'd, \quad m = m'd$$

とおけば，$\mathbf{Q}(\zeta_n^m) = \mathbf{Q}(\zeta_{n'}) \subset \mathbf{Q}(\zeta_n)$ で，$d = 1$ ならば，等号が成立する．$\mathbf{Q}(\zeta_n)$ を円分体 (cyclotomic field) という．$d = 1$ のとき，$((\zeta_n^m)^k = 1 \Leftrightarrow n | k$ であるから) ζ_n^m を 1 の "原始 n 乗根" という．

$$\Phi_n(x) = \prod_{\text{G.C.D.}(n,m)=1} (x - \zeta_n^m)$$

とおけば，<u>$\Phi_n(x)$ が ζ_n の $\mathbf{Q}$ における最小多項式になる</u>；いいかえれば，ζ_n の共役は ζ_n^m ($d = 1$) で与えられる．($\Phi_n(x)$ が $\mathbf{Q}$ 係数であることは容易にわかるが，その既約性の証明はそう簡単ではない．たとえば『初整』§16 参照．) 正整数 n の関数

(4.14) $\qquad \varphi(n) = \#\{m | 1 \leq m \leq n, \text{ G.C.D.}(n, m) = 1\}$
$\qquad\qquad\qquad = (\Phi_n(x) \text{ の次数}) = [\mathbf{Q}(\zeta_n) : \mathbf{Q}]$

は "オイラー関数" と呼ばれている．明らかに

(4.15) $\qquad \displaystyle\sum_{d|n} \varphi(d) = n, \quad \prod_{d|n} \Phi_d(x) = x^n - 1$

(ここで和および積は n の正の約数 d 全体にわたる) が成立する．たとえば，$n = 12$ のとき，

$$x^{12} - 1 = \prod_{d=1,2,3,4,6,12} \Phi_d(x)$$
$$= (x-1)(x+1)(x^2+x+1)(x^2+1)(x^2-x+1)(x^4-x^2+1),$$

特に，$[\mathbf{Q}(\zeta_{12}) : \mathbf{Q}] = \varphi(12) = 4$ である．

注意 ガロア理論を学ばれた方は，$K = \mathbf{Q}(\zeta_n)$ が $\mathbf{Q}$ のガロア拡大（すなわちすべての共役が一致する代数体）で，その"ガロア群"（自己同型群）$\mathrm{Gal}(K/\mathbf{Q})$ は

$$\{\sigma_m : \zeta_n \to \zeta_n^m \ (\mathrm{G.C.D.}(n,m) = 1)\}$$

で与えられることをご存知だと思う．したがって，$\mathrm{Gal}(K/\mathbf{Q}) \cong (\mathbf{Z}/n\mathbf{Z})^\times$ は位数 $\varphi(n)$ のアーベル群になる．(これは $\Phi_n(x)$ の既約性よりはるかに強い結果である．)

特に，$n = p$（奇素数）のとき，$K/\mathbf{Q}$ は $\varphi(p) = p-1$ 次の巡回拡大で，$K_1 = \mathbf{Q}\left(\cos\dfrac{2\pi}{p}\right)$ は K に含まれる相対次数 2 の（最大）実部分体である．$p = 17$ のとき $[K_1 : \mathbf{Q}] = 8$ で，それは 3 つの 2 次拡大を積み重ねて得られる．いいかえれば $\cos\dfrac{2\pi}{17}$ は次々に 3 個の実係数の 2 次方程式を解くことによって得られる（したがってユークリッドの意味で作図可能になる）．ガウスはその整数論研究の初期から，このような円分体のガロア理論を実質的に熟知していた模様である．

ガウスに始まる円分体の整数論は，ディリクレを経てクンマー，クロネッカーに引き継がれた．クロネッカー（1823–1891）は上記の逆：「$\mathbf{Q}$ 上の任意のアーベル拡大はある円分体に含まれる」が成立することを言明したが（1853），その（完全な）証明は H. ウェーバー（1886–87）によって与えられた．これが一般アーベル拡大の整数論（類体論）の最初の例である．クロネッカーはさらに虚 2 次体上のアーベル拡大についても（虚数乗法をもつ）楕円関数を使って同様の結果が得られるのではないかと予想した（"クロネッカーの青春の夢"）．これは最終的に高木類体論の完成（1920）によって証明された．

[問題 8] オイラー関数について次のことを証明せよ：
 (i) $\mathrm{G.C.D.}(m,n) = 1$ ならば，$\varphi(mn) = \varphi(m)\varphi(n)$（付記 4A，補題 1 参照），
 (ii) 素数 p に対して，$\varphi(p^e) = p^{e-1}(p-1)$．

[問題 9] $\mathbf{Z}$ 係数の多項式 $f(x) = \displaystyle\sum_{i=0}^{n} a_i x^{n-i}$ は $\mathrm{G.C.D.}(a_0, \ldots, a_n) = 1$ であるとき，"原始多項式"という．これに関して次のことを証明せよ．
 (i) 任意の $\mathbf{Z}$ 係数の多項式 $f(x)\ (n \geq 1)$ は

$$f(x) = af_0(x), \quad a \in \mathbf{Z},\ f_0(x):\text{原始多項式},$$

の形に（± 1 倍を除いて）一意的に表される．
 (ii) 2 つの原始多項式 $f_0(x), g_0(x)$ の積はまた原始多項式である（ガウスの

補題).

[問題10] $\mathbf{Z}$ 係数の多項式 $f(x) = \sum_{i=0}^{n} a_i x^{n-i}$ は,ある素数 p に関して
$$a_0 = 1, \quad a_i \equiv 0 \pmod{p} \ (1 \leq i \leq n), \quad a_n \not\equiv 0 \pmod{p^2}$$
ならば既約であること(アイゼンシュタインの定理)を示せ.(この定理を使えば,たとえば,例 1 の $\Phi_p(x) = \dfrac{x^p - 1}{x - 1}$ は,$x = y + 1$ を代入したとき,
$$\Phi_p(y+1) \;=\; \frac{(y+1)^p - 1}{y} \;=\; \sum_{i=0}^{p-1} \binom{p}{i} y^{p-i-1}$$
となり,上の条件をみたすから,既約である.)

[問題11] $2^{1/n}(n > 1)$ が n 次の無理数であることを証明せよ(問題 10 の結果から,$x^n - 2$ の既約性がいえる).

2) 代数的整数:代数的数 α の最小多項式 $f(x)$ の係数 $a_1, \ldots, a_n$ がすべて $\in \mathbf{Z}$ であるとき,α を**代数的整数**という.有限次代数体 K に含まれる代数的整数全体の集合を O_K と書くことにすれば,O_K は 1 つの環になることが証明される.それを K の**整数環**という.明らかに $\mathbf{Q}$ の整数環は $\mathbf{Z}$ である.K が n 次体であるとき,O_K の中に n 個の元 $\omega_1, \ldots, \omega_n$ を適当にとれば,O_K の任意の元 ξ は

(4.16) $\qquad \xi \;=\; c_1 \omega_1 + \cdots + c_n \omega_n \quad (c_1, \ldots, c_n \in \mathbf{Z})$

の形に一意的に表されることが証明される(すなわち,加群として $O_K \cong \mathbf{Z}^n$).このような $(\omega_1, \ldots, \omega_n)$ を O_K の底という.(それは勿論 K のベクトル空間としての $\mathbf{Q}$ 上の底にもなる.)これを記号で $O_K = \{\omega_1, \ldots, \omega_n\}_{\mathbf{Z}}$ ($K = \{\omega_1, \ldots, \omega_n\}_{\mathbf{Q}}$)と表すことにする(『代整』§1.3, 2.1 参照).

[例2] K を 2 次体とすれば,ある整数 m があって,$K = \mathbf{Q}(\sqrt{m})(= \{1, \sqrt{m}\}_{\mathbf{Q}})$ と書ける.ここで m は平方因数を含まないとする.(そのような m は K によって一意的に定まる.)$\xi = c_1 + c_2\sqrt{m} \in K$ の共役は $\xi^{(i)} = c_1 \pm c_2\sqrt{m}$ であるから,2 次体は自己共役 $(K^{(1)} = K^{(2)})$ である.K において

$$\omega = \begin{cases} \sqrt{m} & (m \equiv 2,3 \pmod 4) \text{ のとき} \\ \dfrac{1}{2}(1+\sqrt{m}) & (m \equiv 1 \pmod 4) \text{ のとき} \end{cases}$$

とおけば，$(1,\omega)$ が O_k の 1 つの底になる．（m は平方因数を含まないとしたから，$m \equiv 0 \pmod 4$ の場合は除外されている．）

実際，$\xi = a+b\sqrt{m} \in K$ に対して，

$$\xi \in O_K \Leftrightarrow 2a,\ a^2-mb^2 \in \mathbf{Z}.$$

もし $a \in \mathbf{Z}$ ならば，この条件から $b \in \mathbf{Z}$．逆に $a,b \in \mathbf{Z}$ ならば，（m のいかんにかかわらず）$\xi \in O_K$ である．もし $a \notin \mathbf{Z}$ ならば，$a' = 2a$ は奇数になるから，$a' = 2k+1$ と書けば，$a = k+\dfrac{1}{2}$．そのとき

$$4mb^2 \equiv a'^2 \equiv 1 \pmod 4$$

であるから，$b = \dfrac{b'}{2}$，$b' \in \mathbf{Z}$ で

$$mb'^2 \equiv 1 \pmod 4.$$

これから b' も奇数（$2l+1$ と書く），$m \equiv 1 \pmod 4$ が得られる．このとき $\omega = \dfrac{1}{2}(1+\sqrt{m})$ とおけば，

$$\xi = \left(k+\frac{1}{2}\right) + \left(l+\frac{1}{2}\right)\sqrt{m} = (k-l)+(2l+1)\omega$$

となる．これらをまとめれば，上記の結果 $O_K = \{1,\omega\}_\mathbf{Z}$ が得られる．□

たとえば，$K = \mathbf{Q}(i)$ のとき，$O_K = \{1,i\}_\mathbf{Z}$，また $K = \mathbf{Q}(\sqrt{-3})$ のとき，$O_K = \left\{1, \dfrac{1+\sqrt{-3}}{2}\right\}_\mathbf{Z}$ である．

3) ノルム，判別式：K を n 次代数体，$K = \mathbf{Q}(\alpha)$ とする．$\xi \in K$ の共役 $\xi^{(i)}$ を (4.13′) で定義すれば，$\xi,\eta \in K$ に対して，

$$(\xi+\eta)^{(i)} = \xi^{(i)}+\eta^{(i)},\ (\xi\eta)^{(i)} = \xi^{(i)}\eta^{(i)}$$

が成立することは容易にわかる．これを（抽象代数のことばで）写像

$$\iota_i : \quad K \ni \xi \to \xi^{(i)} \in K^{(i)} \subset \mathbf{C}$$

は，体 K から $\mathbf{C}$ の中への"同型"（写像）であるといい表す．このような同型はちょうど $n(=[K:\mathbf{Q}])$ 個存在する（したがって α のとり方には関係しない）．

(4.17) $$N_{K/\mathbf{Q}}(\xi) = \prod_{i=1}^{n} \xi^{(i)}$$

とおき，これを ξ の（拡大 $K/\mathbf{Q}$ に関する）**ノルム** (norm) という．(K を固定しているときは，$N(\xi)$ と略記する．）特に ξ が n 次ならば，（根と係数の関係によって）ξ の最小多項式の定数項は $(-1)^n N(\xi)$ に等しい．したがって一般に，$N(\xi) \in \mathbf{Q}$ で，特に $\xi \in O_K$ ならば，$N(\xi) \in \mathbf{Z}$ である．写像 $\xi \to \xi^{(i)}$ は乗法的であるから，$\xi, \eta \in K$ に対して

$$N(\xi\eta) = N(\xi)N(\eta)$$

が成立する．

K の整数環 O_K の 1 つの底を $(\omega_1, \ldots, \omega_n)$ とするとき，

(4.18) $$D = D(K/\mathbf{Q}) = \det(\omega_j^{(i)})^2$$

を K の**判別式** (discriminant) という．D は整数になる．これが底 (ω_j) の選び方に関係しないことは明白であろう．$((\omega_j')$ を別の底とすれば，$n \times n$ の整数行列 A で $\det A = \pm 1$ となるものがあり，$(\omega_j'^{(i)}) = (\omega_j^{(i)})A$ となるから．『代整』§3.3.）また $K = \mathbf{Q}$ ならば，$D = 1$ であるが，この逆も成立することが知られている（ミンコフスキの定理，『代整』§5.2）．

[問題 12] $K = \mathbf{Q}(\sqrt{m})$ （m は平方因数を含まない整数）のとき，判別式は $m \equiv 1 \pmod 4$ ならば，$D = m$；$m \equiv 2, 3 \pmod 4$ ならば，$D = 4m$ であることを示せ．

[問題 13] もし $O_K = \{1, \alpha, \ldots, \alpha^{n-1}\}_{\mathbf{Z}} (= \mathbf{Z}[\alpha])$ ならば，

$$D(K/\mathbf{Q}) = \left(\prod_{i<j}(\alpha^{(i)} - \alpha^{(j)})\right)^2 = (f(x) \text{ の "判別式"})$$

($f(x)$ は α の最小多項式）となることを示せ．

さて，K の共役体で $K^{(i)} \subset \mathbf{R}$ となるものが r_1 個あるとし，必要ならば番号をつけかえて，$i = 1, \ldots, r_1$ に対してそうなるものとする．$K^{(i)} \subset \mathbf{R}$ でなければ，

$$\overline{\iota_i} : \quad K \ni \xi \to \overline{\xi^{(i)}} \in \overline{K^{(i)}} \subset \mathbf{C}$$

は ι_i とは異なる同型写像になるから，ある $i' > r_1$, $i' \neq i$ があって，$\overline{\iota_i} = \iota_{i'}$ となる．明らかに $\overline{\iota_{i'}} = \iota_i$ であるから，$\iota_i \; (r_1 < i \leq n)$ は互いに複素共役なもの2つずつ組になって現れる．よって $n - r_1 = 2r_2$ で，$r_1 + 1 \leq i \leq r_1 + r_2$ に対し $\overline{\iota_i} = \iota_{i+r_2}$ であると仮定してよい．以下，共役の番号 i のつけ方はこのように正規化されているものとする．

そこで n 次体 K を次のようにして n 次元実ベクトル空間 ($\cong \mathbf{R}^n$) に埋めこむことを考える．$(K)_\infty = \mathbf{R}^{r_1} \times \mathbf{C}^{r_2} \cong \mathbf{R}^n$ とおき，

$$(4.19) \qquad \iota : K \ni \xi \to (\xi^{(1)}, \ldots, \xi^{(r_1)}, \ldots, \xi^{(r_1+r_2)}) \in (K)_\infty.$$

このとき，$\iota(\omega_1), \ldots, \iota(\omega_n)$ は ($D = \det(\omega_j^{(i)}) \neq 0$ であるから) $(K)_\infty = \mathbf{R}^{r_1} \times \mathbf{C}^{r_2}$ の中で $\mathbf{R}$ 上1次独立になり，したがって，その $\mathbf{R}$ 上の底になる．よって，K の整数環 O_K の像 $\iota(O_K)$ は，$(K)_\infty$ の中のひとつの n 次元の格子群になり，その基本領域の体積は $2^{-r_2}\sqrt{|D|}$ に等しい (2^{-r_2} は座標変換のヤコビアンである)．

4.5 デデキントのイデアル論

K を n 次代数体とする．K の整数環 O_K においても，$\mathbf{Z}, \mathbf{Z}[i]$ の場合と同様に，整除，単数，素元などの概念が定義される．また $\xi \in O_K$ ならば，$N(\xi) \in \mathbf{Z}$ で，

$$\xi | \eta \Rightarrow N(\xi) | N(\eta); \qquad \xi \text{単数} \Leftrightarrow N(\xi) = \pm 1$$

が成立する．したがって，ガウスの整数環のときと同様，任意の $\xi \in O_K$, $\xi \neq 0$ を (単数と) 素元の積に分解することができる．

しかしここでひとつの大きな障害に行き当たる．それは，一般の場合，素元分解の一意性が成立しないことである．たとえば，$K = \mathbf{Q}(\sqrt{-5})$ のとき，O_K

において
$$6 = 2\cdot 3 = (1+\sqrt{-5})(1-\sqrt{-5})$$
のように，6 は 2 通りの（本質的に相異なる）素元分解をもつ．

この例では，$N(2) = 4$, $N(3) = 9$, $N(1+\sqrt{-5}) = N(1-\sqrt{-5}) = 6$ であるから，もしも架空の素因子 P_1, P_1', P_2, P_3 があって，
$$2 = P_1 P_1', \quad 3 = P_2 P_3, \quad 1+\sqrt{-5} = P_1 P_2, \quad 1-\sqrt{-5} = P_1' P_3$$
のように分解できれば都合がよい．(ただしこの場合，$P_1|2$, $P_1|1+\sqrt{-5}$ から，$P_1|1-\sqrt{-5}$ もわかるから，$P_1 = P_1'$ となる.)

クンマー (1810–1893) は，円分体の場合に，このような架空の素因子 "理想数" を導入し (1845), フェルマーの問題の研究においては大きな成果をあげた (1847)．(彼は円分体 $\mathbf{Q}(\zeta_p)$ の類数（後述）を h とするとき，$p \nmid h$ ならば，フェルマーの最後定理「$x^p + y^p = z^p$ が正の整数解をもたない」が成り立つことを示した[5]．) しかし，その方法を一般の代数体に拡張することには手をつけなかった．それは，クロネッカーの形式論，デデキントのイデアル論によって達成された．(なお理想数の概念に関しては，後に整数論で重要な働きをすることになる "付値論" の先駆であるという見方もある．[W,1974a])

この理想数より自然でわかりやすい解決法は，デデキントによって導入されたイデアルの概念である．O_K の部分集合 A は次の条件をみたすとき，(整) **イデアル** (ideal) であるという．

(I) $\quad\quad\quad \xi, \eta \in A, \ \lambda \in O_K \quad \Rightarrow \quad \xi \pm \eta \in A, \ \lambda\xi \in A.$

たとえば，任意の $\alpha \in O_K$ に対し，α の倍数全体の集合
$$O_k \alpha = \{\lambda\alpha \mid \lambda \in O_K\}$$
は 1 つのイデアルになる．これを**単項イデアル**（または主イデアル，principal ideal）といい，通常 (α) と書く．一般に $\alpha_1, \ldots, \alpha_r \in O_K$ に対し，
$$(\alpha_1, \ldots, \alpha_r) = \{\lambda_1 \alpha_1 + \cdots + \lambda_r \alpha_r \mid \lambda_1, \ldots, \lambda_r \in O_K\}$$

---

[5] フェルマーの最後定理は 1994 年，A. ワイルスによって最終的に証明された．これについては，加藤和也『解決！フェルマーの最後定理，現代数論の軌跡』，日本評論社，1995 をお薦めしたい．

もイデアルになる；これを $\alpha_1,\ldots,\alpha_r$ によって生成されるイデアルという．

上の定義に従えば，$(0) = \{0\}$ もイデアルであるが，以下の議論では，零イデアル (0) は除外し，単にイデアルといえば $\neq (0)$ であるものとする．(イデアル $A \neq (0)$ は必ず $\mathbf{Q}$ 上 1 次独立な n 個の元を含むから，やはり n 個の元からなる底をもつことがいえる．)

定義から明らかに，A, B がイデアルならば，
$$A+B = \{\xi+\eta|\ \xi \in A,\ \eta \in B\},$$
および $A \cap B$ はまたイデアルになる．$A+B$ は A, B をともに含む最小のイデアルである．また A, B の積を
$$AB = \{\xi_1\eta_1+\cdots+\xi_r\eta_r|\ \xi_i \in A, \eta_i \in B\ (1 \leq i \leq r),\ r = 1, 2, \ldots\}$$
によって定義すれば，これもイデアルになり，明らかに $AB \subset A \cap B$ である．

イデアル A, B に対し，ある (整) イデアル C があって，$A = BC$ となるとき，$B|A$ と書くことにすれば，

(4.21) $\qquad\qquad B|A \quad \Leftrightarrow \quad A \subset B$

がいえる．($\Leftarrow$ の証明はやや難しい．『代整』§2.4．) 大きいイデアルが小さいイデアルの約数になるというのは面白い現象である．これにより，イデアルの中で素元に相当する"素イデアル"は，O_K の<u>極大イデアル</u> (すなわち，イデアル $P \neq O_K$ で $P \subset A \subset O_K$，$A \neq P, O_k$ であるようなイデアル A が存在しないもの) である．

デデキント (1871) は次の定理を証明した．

イデアル論の基本定理　有限次代数体 K の整数環 O_K において，任意の (整) イデアル A は次のように素イデアルのベキの積に (積の順序を除いて) 一意的に分解される：

(4.22) $\qquad\qquad A = P_1^{e_1} \cdots P_r^{e_r}$

(『代整』§2.7, 付録 3; [S], §§A4.1-2 参照).

イデアルがすべて単項イデアルになる場合 (たとえば，$K = \mathbf{Q}, \mathbf{Q}(i)$ の場合)

には，素イデアルは素元から生成される単項イデアルに他ならないから，上の定理は素元分解の一意性定理と同値である．

（整）イデアル A に対して，A を法とする剰余類環 O_K/A を考えれば，(A も n 個の元からなる底をもつことから）それは有限個の類からなる．その剰余類の個数を A の**ノルム**といい，$N(A)$ で表す．O_K, A の底を $(\omega_j), (\alpha_j)$ とすれば

$$N(A) = |\det(\alpha_j^{(i)})/\det(\omega_j^{(i)})|$$

である．特に単項イデアル $A = (\alpha)$ の場合には，$\alpha_j = \alpha\omega_j$ $(1 \leq j \leq n)$ とすることができるから，

(4.23) $\qquad N((\alpha)) = |\alpha^{(1)} \cdots \alpha^{(n)}| = |N_{K/\mathbf{Q}}(\alpha)|.$

また 2 つのイデアル A, B に対して，

$$N(AB) = N(A)N(B)$$

が成立する．

素数 p に対し，O_K における素イデアル分解：

(4.22′) $\qquad (p) = P_1^{e_1} \cdots P_r^{e_r}$

を考えれば，左辺のノルムは p^n，右辺のノルムは

$$= N(P_1)^{e_1} \cdots N(P_r)^{e_r}$$

であるから，$N(P_i) = p^{f_i} (1 \leq i \leq r)$ で，

(4.24) $\qquad e_1 f_1 + \cdots + e_r f_r = n$

が成立する．指数 e_i の中に > 1 のものがあるとき，p は K において**分岐する**という．「p が分岐するためには，$p|D \ (= D(K/\mathbf{Q}))$ が必要十分である」ことがいえる．これは（イデアル論的には）難しい定理であるが，最終的にデデキント [D2] (1882) によって証明された（『代整』§7.7）．

[例 3] $K = \mathbf{Q}(\sqrt{-5})$ において，

$$P_1 = (2, 1+\sqrt{-5}), \quad P_2 = (3, 1+\sqrt{-5}), \quad P_3 = (3, 1-\sqrt{-5})$$

とおけば，$N(P_1) = 2$, $N(P_2) = N(P_3) = 3$ となるから，これらは素イデアルで，

$$(2) = P_1{}^2, \quad (3) = P_2 P_3, \quad (1+\sqrt{-5}) = P_1 P_2, \quad (1-\sqrt{-5}) = P_1 P_3$$

と分解される．このように前節で考えた架空の素因子は，実在のイデアルによって実現される．この場合，判別式 $D = -20$ で，その素因子 2 と 5 が分岐している．$((5) = (\sqrt{-5})^2.)$

[例 4] 一般に，2 次体 $K = \mathbf{Q}(\sqrt{m})$ における素数 p の素イデアル分解を考えれば，(4.24) において $n = 2$ であるから，次の 3 つの場合が生じる．
(i) $r = 1$, $e_1 = 2$ の場合: $(p) = P_1{}^2$, $N(P_1) = p$,
(ii) $r = 2$ の場合: $(p) = P_1 P_2$, $N(P_1) = N(P_2) = p$,
(iii) $r = 1$, $f_1 = 2$ の場合: $(p) = P_1$, $N(P_1) = p^2$.

上述のように，(i) は $p|D$ の場合である．また (ii) の場合，P_2 は P_1 の共役になる．2 次体の整数論によれば，(ii),(iii) はそれぞれ次の条件で特徴づけられる：

(ii) $\Leftrightarrow p \nmid D$ で，$p \neq 2$, $\left(\dfrac{D}{p}\right) = 1$, または $p = 2$, $D \equiv 1 \pmod 8$;

(iii) $\Leftrightarrow p \nmid D$ で，$p \neq 2$, $\left(\dfrac{D}{p}\right) = -1$, または $p = 2$, $D \equiv 5 \pmod 8$

($\left(\dfrac{D}{p}\right)$ はルジャンドル記号）(『初整』§44, 定理 5.18)．

ここでクロネッカーの記号 $\chi(p)$ を (i),(ii),(iii) の場合にしたがって

$$\chi(p) = 0, \ 1, \ -1.$$

と定義すれば，「$\chi(p)$ は（すなわち，素数 p の $\mathbf{Q}(\sqrt{m})$ における分解法則は），剰余類 $p \pmod{|D|}$ だけによって定まり，χ は $|D|$ を法とする"ディリクレ指標"（すなわち，剰余類環 $O_K/(D)$ から $\{0, \pm 1\}$ への乗法的写像）に拡張される」ことがいえる（下の問題 14, 付記 4A, 例 1）．これが <u>平方剰余の相互法則（§ 4.2）の実質的な意味である</u>．ガウスの数体 $\mathbf{Q}(i)$ の場合に述べたことは，$m = -1$, $D = -4$ の場合であった．

[問題 14] 上記のように定義された $\chi(p)$ は，上述の $\Leftrightarrow$ と平方剰余の相互法則により，素数 $p \nmid D$ に対し，具体的に次の形に表されることを証明せよ（『初整』§44, 付記）：

1) $m \equiv 1 \pmod{4}$ のとき，$\chi(p) = \prod_{q|m} \left(\dfrac{p}{q}\right)$,

2) $m \equiv 3 \pmod{4}$ のとき，$\chi(p) = (-1)^{\frac{p-1}{2}} \prod_{q|m} \left(\dfrac{p}{q}\right)$,

3) $m = 2m'$ (m' は奇数) のとき，
$$\chi(p) = (-1)^{\frac{p^2-1}{8} + \frac{p-1}{2} \cdot \frac{m'-1}{2}} \prod_{q|m'} \left(\dfrac{p}{q}\right).$$

(1) は $p=2$ の場合も含む．上式右辺の q は奇素数のみを表す．)

　ディリクレ (1805–1859) はパリ滞在 (1822–27) のころから，ガウスの『整数論研究』(1801) を深く研究し，ベルリン–ゲッティンゲンにおける講義でその（特に 2 元 2 次形式論の）整理・簡易化に努めた．デデキント (1831–1916) は彼のゲッティンゲン時代（3 年間）の講義をノートし，それを整理したものを 1863 年以来ディリクレの『整数論講義』([D–De]) として出版したが，さらにその第 2 版 (1871) 以後，その補遺としてみずからのイデアル論を追加し，第 4 版 (1894) までそれを整理，拡充した．この『整数論講義』は 19 世紀後半（ヒルベルトの『数論報告』(1896) が出るまでの間），整数論の最も標準的な教科書であったといわれている．

　デデキントは有理数の"切断"による実数論 (1872) によっても有名である．彼は 1855–57 年ゲッティンゲンの私講師時代に群論やガロア理論の（おそらく史上最初の）講義をしているから，個々の数でなく，その集合を考察する，抽象代数的な思考には習熟していたのであろう．（イデアルは群論における正規部分群に対応する概念である．）また関数や空間に関しても，青年時代の友人リーマンの考え方に影響を受けていたかもしれない．デデキントは後半生を田舎町ブラウンシュヴァイクで過ごしたが，G. カントール (1845–1918) の革新的な集合論を擁護し激励した数少ない理解者の 1 人であった．カントールは，それまでタブーとされていた"無限"を数える方法を考案し，集合論に関する最初の論文 (1874) において，「代数的数全体の集合が正整数の集合 $\{1, 2, \ldots\}$ と対等である（1 対 1 対応がつく）」ことを示して，当時の数学界に大きな衝撃を与えたのであった．

4.6 イデアル類群と単数群

O_K のイデアルを考えることによって，整除の問題は完全に解決される．しかし，数からイデアルに移ることによって失われるものもあり，また新しく生じる問題もある．それは以下に述べるような群論的考察によって鮮明になると思う．(前者が単数群，後者がイデアル類群である．) それらを解明していくことが，整数論の次の重要な課題になるのである．

1) イデアル類群：まず (整) イデアルの概念を次のように拡張する．$A \subset K$ は前節に述べた条件 (I) (すなわち，A が (0) でない O_K 加群になること) に加えて，

(Ia) 有限個の元 $\alpha_1, \ldots, \alpha_r$ があって，
$$A = \{\alpha_1, \ldots, \alpha_r\}_{O_K} = O_K \alpha_1 + \cdots + O_K \alpha_r$$

と書ける (すなわち，A が O_K 加群として有限生成である)．
という条件をみたすとき，K の**分数イデアル**であるという．容易にわかるように，この条件は ((I) の下に)

(Ia′) ある $\lambda \in K$, $\lambda \neq 0$ があって，$\lambda A \subset O_K$

と同値である．たとえば，K は (I) をみたすが，(Ia) はみたさないから，分数イデアルではない．

分数イデアル A, B に対しても，$A+B$, $A \cap B$, AB はまた分数イデアルになる．特に，分数イデアル全体の集合を I_K と書くことにすれば，I_K は積：$A, B \to AB$ に関して (可換) 群になる．(結合律，可換律が成立すること，$O_K = (1)$ が単位元になることは明白である．$A \in I_K$ に対して，その逆元は

$$A^{-1} = \{\xi \in K | \xi A \subset O_K\}$$

によって与えられる．)

[問題 15] 上式で定義される A^{-1} が分数イデアルになり，$A^{-1}A = O_K$ が成立することを示せ．((4.21) を使って証明せよ．逆に，分数イデアルの逆が存在することを仮定すれば，(4.21) は，$C = B^{-1}A$ とおくことにより，ただちに得ら

れる．よってこの2つの命題は同値である．)

単項（分数）イデアル全体の集合を P_K と書けば，明らかに P_K は I_K の部分群になる．その剰余類群 I_K/P_K を K の**イデアル類群**という．$A, B \in I_K$ が $\bmod P_K$ で同類になるとき，すなわち，ある $\alpha \in K$ があって，$B = \alpha A$ と書けるとき，$A \sim B$ と書く．またイデアル類の個数：

$$h = h_K = [I_K : P_K]$$

を K の**類数**という．以下に示すように，$h < \infty$ である（『代整』§4.2）．

補題3 n 次代数体 K に対して，ある正定数 C があって，K の任意の整イデアル A に対し，$\alpha \in A$, $\alpha \neq 0$ で

(4.25) $$|N(\alpha)| \leq C N(A)$$

となるものが存在する．

証明（フルヴィッツ）O_K の底を $(\omega_1, \ldots, \omega_n)$ とし，

$$M = n \, \mathrm{Max}\{|\omega_j^{(i)}| \, (1 \leq i, j \leq n)\}$$

とおく．また，$a = [N(A)^{1/n}]$ とおく．([ ] はガウスの記号，$a = [\lambda]$ は，$a \in \mathbf{Z}$, $a \leq \lambda < a+1$ であることを表す．)

$$X = \{\xi = x_1\omega_1 + \cdots + x_n\omega_n \mid x_j \in \mathbf{Z}, \ 0 \leq x_j \leq a\}$$

とおけば，X は $(a+1)^n$ 個の元からなる．

$$N(A) = [O_K : A] < (a+1)^n$$

であるから，ある $\xi, \xi' \in X$, $\xi \neq \xi'$ があって，$\xi \equiv \xi' \pmod{A}$ となる．(このような論法をディリクレの"部屋割り論法"という．) よって $\alpha = \xi - \xi'$ とおけば，$\alpha \in A$, $\alpha \neq 0$ で，

$$\alpha = \sum_{j=1}^n (x_j - x'_j)\omega_j, \quad |x_j - x'_j| \leq a.$$

よって

$$|N(\alpha)| = \prod_{i=1}^{n}|\alpha^{(i)}| \leq (aM)^n \leq M^n N(A).$$

よって, $C = M^n$ とおけばよい. □

(ミンコフスキの定理を使えば, よりよい評価 $C = |D|^{1/2}$ が得られる.)

この補題から, 類数の有限性がでる. 実際, 任意の $J \in I_K$ に対し, $A \sim J^{-1}$ であるような整イデアル A をとれば, 補題 3 により, ある整イデアル $A' = \alpha A^{-1} \sim J$ があって, $N(A') = |N(\alpha)|N(A)^{-1} \leq C$ となる. したがって,

$$I_K = \bigcup_{N(A') \leq C} A' P_K$$

である. C は正定数であるから, 明らかにこの不等式をみたす整イデアル A' は有限個しかなく, $h = [I_K : P_K]$ はその個数以下である. □

たとえば, $K = \mathbf{Q}(\sqrt{-5})$ のとき, $h = 2$ (付記 4C, 問題 24) で, イデアル類群の代表系として

$$(1), \quad P_1 = (2, 1+\sqrt{-5}) \quad (N(P_1) = 2)$$

をとることができる.

注意 虚 2 次体 $K = \mathbf{Q}(\sqrt{m})$ のうち, $m = -1, -2, -3, -7, -11$ に対しては §4.1 の補題 1 が成立し, したがって $h = 1$ である (これは, イデアルはすべて単項イデアルになり, 素元分解の一意性が成り立つことを意味する). その他にも $m = -19, -43, -67, -163$ に対して $h = 1$ であることが知られている. これと同値な結果はすでにガウスに知られていたという ([S–O], p.101). しかし, $m < 0, h = 1$ になるのがこれらの場合に限ることの証明は H. M. シュタルク (1967) によって初めて与えられた. 実 2 次体に対しては, $h = 1$ になる場合は数多く ($m < 100$ でも 38 個) 知られているが, それが実際無限にあるかどうかは未解決の問題である.

2) 単数群: 体 K の乗法群 $K^\times$ とイデアル群 I_K とを比較すると, 群の準同型

(4.26) $\qquad K^\times \to I_K, \quad K^\times \ni \xi \to (\xi) \in I_K$

があり, その像が P_K, それによる商 (cokernel) がイデアル類群 I_K/P_K である. 一方, この準同型の核 (kernel)

$$E = \{\varepsilon \in K^\times \mid (\varepsilon) = (1)\}$$

は O_K の"単数群"(O_K の中の可逆元全体の群)に他ならない.よって,$K^\times / E \cong P_K$ である.明らかに,K に含まれる 1 のベキ根全体のつくる有限群 E_0 (それは巡回群になる) は E の部分群である.以下,E_0 の位数 $|E_0|$ を w で表すことにする.

単数群 E の構造に関しては次の定理が基本的である.

定理4(ディリクレ [D4], 1846) K の単数群 E の中に $r = r_1 + r_2 - 1$ 個の元 $\varepsilon_1, \ldots, \varepsilon_r$ があって,任意の単数 ε は

$$(4.27) \qquad \varepsilon = \varepsilon_0 \varepsilon_1^{m_1} \cdots \varepsilon_r^{m_r}, \quad \varepsilon_0 \in E_0, \quad m_1, \ldots, m_r \in \mathbf{Z}$$

の形に一意的に表される.(群論的にいえば,$E \cong E_0 \times \mathbf{Z}^r$ である.)

より精密に,単数群 E は次のように幾何学的に表示される.前に述べたように,K を

$$(K)_\infty = \mathbf{R}^{r_1} \times \mathbf{C}^{r_2} \cong \mathbf{R}^n$$

の中に埋めこんで(§4.4 の記号で K を $\iota(K)$ と一致させて)考える.乗法群 $(K)_\infty^\times$ の元

$$x = (x_1, \ldots, x_{r_1+r_2}) \in (K)_\infty^\times = (\mathbf{R}^\times)^{r_1} \times (\mathbf{C}^\times)^{r_2}$$

に対し,その絶対値ベクトル

$$(4.28) \qquad v_\infty(x) = (|x_1|^{\delta_1}, \ldots, |x_{r+1}|^{\delta_{r+1}})$$

を対応させる.ただし,δ_i は

$$\delta_i = 1 \ (1 \le i \le r_1), \ = 2 \quad (r_1+1 \le i \le r_1+r_2 = r+1)$$

と定義する.v_∞ は乗法群 $(K)_\infty^\times$ から $(\mathbf{R}_+^\times)^{r+1}$ ($\mathbf{R}_+^\times$ は正の実数の乗法群) への準同型であるが,便宜上さらに log をとって,加法群 $\mathbf{R}^{r+1}$ への準同型写像

$$l(x) = \log(v_\infty(x)) = (\delta_1 \log|x_1|, \ldots, \delta_{r+1} \log|x_{r+1}|) \in \mathbf{R}^{r+1}$$

を考える.明らかに,写像

$$x = (x_i) \to \left(\frac{x_i}{|x_i|}\right) \times l(x)$$

により，同型

(4.29) $\qquad (K)^\times_\infty \cong \{\pm 1\}^{r_1} \times (\mathbf{C}^{(1)})^{r_2} \times \mathbf{R}^{r+1}$

が得られる（$\mathbf{C}^{(1)}$ は絶対値 1 の複素数の乗法群）．この写像のヤコビアンは（通常のユークリッド測度に関して）$2^{-r_2} \prod_{i=1}^{r+1} |x_i|^{-\delta_i}$ である．

$\xi \in K^\times$ に対しては，

$$|N_{K/\mathbf{Q}}(\xi)| = \prod_{i=1}^{n} |\xi^{(i)}| = \prod_{i=1}^{r+1} |\xi^{(i)}|^{\delta_i}$$

であるから，

$$\log |N_{K/\mathbf{Q}}(\xi)| = \sum_{i=1}^{r+1} \delta_i \log |\xi^{(i)}|,$$

特に，$\varepsilon \in E$ に対しては

$$\log |N_{K/\mathbf{Q}}(\varepsilon)| = \sum_{i=1}^{r+1} \delta_i \log |\varepsilon^{(i)}| = 0$$

である．よって，$\mathbf{R}^{r+1}$ において，

$$f(x) = \sum_{i=1}^{r+1} x_i = 0 \quad (x = (x_i))$$

によって定義される超平面を H とすれば，写像 $x \to l(x) \in \mathbf{R}^{r+1}$ による E の像 $l(E)$ は H に含まれている．

ここで，ディリクレの単数定理は，より精密に「$l(\varepsilon_1), \ldots, l(\varepsilon_r) (\in \mathbf{R}^{r+1})$ は 1 次独立になり，したがって，H 内の格子群 $l(E)$ の底（生成元）になっている」ことを主張する．(『代整』§9.3．これもミンコフスキーの定理から容易に導かれる．)

この格子群の基本領域の体積は（H, $\mathbf{R}^{r+1}$ における体積要素 dv_H, dv を $dv = dv_H \cdot df$ となるようにとれば）

(4.28) $\qquad R = R_K = \det(\delta_i \log |\varepsilon_j^{(i)}|)_{1 \le i,j \le r}$

で与えられる．R を K の**単数基準** (regulator) という．$\eta \in \mathbf{R}^{r+1}$ を $f(\eta) = 1$ であるような任意の元とすれば，定義からわかるように

(4.28′) $$R = \det(\eta, l(\varepsilon_1), \ldots, l(\varepsilon_r))$$

と書くこともできる．

[例 5] K を実 2 次体とすれば，$r_1 = 2$, $r = 1$ で，$E_0 = \{\pm 1\}$, $E = \{\pm \varepsilon_1{}^m (m \in \mathbf{Z})\}$ である．"基本単数" ε_1 を

$$\varepsilon_1 = \frac{a_1 + b_1\sqrt{D}}{2} \quad (a_1, b_1 \in \mathbf{Z})$$

の形に書けば，(a_1, b_1) はいわゆる "ペル方程式"：

(4.29) $$x^2 - Dy^2 = \pm 4$$

の整数解で，対応する ε_1 が > 1 で最小になるようなものとすることができる．(そのとき，ペル方程式 (4.29) の一般解は，$\varepsilon = \pm \varepsilon_1{}^m$ を $\varepsilon = \dfrac{a+b\sqrt{D}}{2}$ $(a, b \in \mathbf{Z})$ と書いたときの (a,b) によって与えられる．) この場合，$R = \log \varepsilon_1$ である．——たとえば，$K = \mathbf{Q}(\sqrt{5})$ のとき，ペル方程式 $x^2 - 5y^2 = \pm 4$ の解 $(1,1)$ から基本単数 $\varepsilon_1 = \dfrac{1 + \sqrt{5}}{2}$ $(N(\varepsilon_1) = -1)$ が得られる．

虚 2 次体 K に対しては，$r_2 = 1$, $r = 0$ で，$R = 1$. また，$w = |E_0|$ は，$K = \mathbf{Q}(i), \mathbf{Q}(\sqrt{-3})$ の場合，$w = 4, 6$ で，それ以外の場合は $w = 2$ である．

4.7 デデキントのゼータ関数

最後に，デデキントのゼータ関数について簡単にふれておこう．n 次代数体 K に対して

(4.30) $$\zeta_K(s) = \sum_{A \in I_K, A \subset O_K} \frac{1}{N(A)^s} \quad (s \in \mathbf{C})$$

を K の**デデキントのゼータ関数**という．右辺の級数は K の ((0) でない) 整イデアル全体にわたる和である．まずそれが右半平面 $\operatorname{Re} s > 1$ において絶対収束することを証明しよう．

$$a_m = \#\{A \in I_K \mid A \subset O_K, N(A) = m\}$$

とおけば，$\zeta_K(s)$ はディリクレ級数

$$\zeta_K(s) = \sum_{m=1}^{\infty} \frac{a_m}{m^s}$$

の形に表される．よって

(4.31) $\quad S_m = \sum_{i=1}^{m} a_i = \#\{A \in I_K |\ A \subset O_K,\ N(A) \leq m\}$

とおき，$\displaystyle\lim_{m\to\infty} \frac{S_m}{m} < \infty$ が存在することをいえばよい（付記 3C の補題）．

K のイデアル類の代表系 $A_1, \ldots, A_h$ をとり，

$$\mathcal{J}(A_i P_K) = \{J \in A_i P_K |\ J \subset O_K, N(J) \leq m\}, \quad S_{m,i} = \#\mathcal{J}(A_i P_K)$$

とおく．$J = (\xi)A_i$ とおけば，

$$J \in \mathcal{J}(A_i P_K) \Leftrightarrow \xi \in A_i^{-1},\ 0 < |N(\xi)| \leq m N(A_i)^{-1}$$

である．A_i^{-1} の 1 つの底 $(\beta_1, \ldots, \beta_n)$ をとり，前節で述べたように，K を $(K)_\infty \cong \mathbf{R}^{r_1} \times \mathbf{C}^{r_2}$ の中に埋めこみ，A_i^{-1} を (β_j) によって張られる格子群と考える．そのとき，ξ は格子点

$$\xi = \sum_{j=1}^{n} x_j \beta_j \quad (x_j \in \mathbf{Z})$$

で表される．便宜上，この格子群を $N(A_i)^{1/n}$ 倍し，

$$\xi' = N(A_i)^{\frac{1}{n}} \xi, \quad \beta_j' = N(A_i)^{\frac{1}{n}} \beta_j$$

とおけば，ξ に関する上記の条件は

$$\xi' \in \{\beta_1', \ldots, \beta_n'\}_{\mathbf{Z}}, \quad 0 < N(\xi') \leq m$$

と同値である．よって $S_{m,i}$ はこのような格子点を $\bmod E$ で数えた個数に他ならない．

ここで格子群 $\{\beta_1', \ldots, \beta_n'\}_{\mathbf{Z}}$ の基本領域の体積は，

$$2^{-r_2} \cdot N(A_i) |\det(\beta_j^{(i)})| = 2^{-r_2} \sqrt{|D|}$$

に等しい．一方，前節に述べたことから，

4.7 デデキントのゼータ関数

$$\mathrm{vol}\left(\left\{x=(x_i)\in(K)_\infty|\prod_{i=1}^{r+1}|x_i|^{\delta_i}\leq m\right\}/E\right)$$

$$=\mathrm{vol}((\{\pm 1\}^{r_1}\times(\mathbf{C}^{(1)})^{r_2})/E_0)\cdot m\;\mathrm{vol}(H/l(E))$$

$$=\frac{2^{r_1}(2\pi)^{r_2}}{w}\cdot m\cdot 2^{-r_2}R.$$

よって §4.3 におけるのと同様に

$$\lim_{m\to\infty}\frac{S_{m,i}}{m}=\frac{2^{r_1}(2\pi)^{r_2}}{w}\frac{R}{\sqrt{|D|}}$$

である.この値は i に関係しないから,

$$\lim_{m\to\infty}\frac{S_m}{m}=\frac{2^{r_1}(2\pi)^{r_2}Rh}{w\sqrt{|D|}}$$

を得る.この右辺を簡単のため,$c_K/\sqrt{|D|}$ と書くことにする.

以上により,$\zeta_K(s)$ を表すディリクレ級数 (4.30) は $\mathrm{Re}\,s>1$ で絶対収束し,

(4.32) $$\lim_{\sigma\to 1+0}(\sigma-1)\zeta_K(\sigma)=\frac{c_K}{\sqrt{|D|}}$$

であることがわかる(デデキント, 1877).イデアル論の基本定理により,$\zeta_K(s)$ は(絶対収束する)オイラー積分解

(4.33) $$\zeta_K(s)=\prod_{P\in I_K,\text{prime}}\left(1-\frac{1}{N(P)^s}\right)^{-1}\quad(\mathrm{Re}\,s>1)$$

をもつ.さらに,後年 E. ヘッケ (1917) によって証明されたように,$\zeta_K(s)$ は全平面に解析的延長され,$s=1$ における 1 位の極以外は正則になる;その極における留数が上記の $c_K|D|^{-1/2}$ である.また,Γ 因子を

$$G_1(s)=\pi^{-\frac{s}{2}}\,\Gamma\left(\frac{s}{2}\right),\quad G_2(s)=(2\pi)^{1-s}\,\Gamma(s)$$

と定義すれば,

(4.34) $$\tilde{\zeta}_K(s)=|D|^{\frac{s}{2}}G_1(s)^{r_1}G_2(s)^{r_2}\zeta_K(s)$$

は,リーマン・ゼータのとき $(\tilde{\zeta}(s)=\tilde{\zeta}_\mathbf{Q}(s)=G_1(s)\zeta(s))$ と同じ形の関数等式:

$$\tilde{\zeta}_K(s)=\tilde{\zeta}_K(1-s)$$

をみたすことが証明される.

K が2次体 $\mathbf{Q}(\sqrt{m})$ のとき, §4.5, 例4に述べた素数 p の O_K における分解法則により, $K = \mathbf{Q}(i)$ のときと同じように,

(4.35) $$\zeta_K(s) = \zeta(s) L(s, \chi),$$

$$L(s, \chi) = \prod_{p:\text{prime}} (1 - \chi(p) p^{-s})^{-1}$$

と分解される. ここに χ はクロネッカー記号で定義される $\mod |D|$ のディリクレ指標である (付記4A, 例1). この形の $L(s, \chi)$ を一般にディリクレの L 関数と呼ぶ (付記4C). (4.35) から両辺の $s = 1$ における留数を比較すれば,

(4.36) $$L(1, \chi) = \frac{c_K}{\sqrt{|D|}} \neq 0$$

が得られる.

前にも述べたように, ディリクレは1837年の有名な論文 [D2] において, より一般の指標に関する L 関数 $L(s, \chi)$ を (実変数 $s \geq 0$ の関数として) 考察し, 不等式 $L(1, \chi) \neq 0$ から, 等差級数に関する素数定理を証明した. またガウス和 (付記4B) を使って, $L(1, \chi)$ の値を具体的に計算し, それによって特に2次体の類数公式を導いた ([D3]; 付記4C, 例3). (ディリクレは実際には, それと同値な2元2次形式の類数公式を求めた[6].) 同じ原理からクンマーは円分体の (理想数にもとづく) 類数公式を得ている (1850). (その結果,「$\mathbf{Q}(\zeta_p)(p \geq 5)$ の類数 h に関して,

$$p | h \iff \exists m, \ 1 \leq m \leq \frac{p-3}{2}, \ p | (B_{2m} \text{の分子})$$

となる」ことがわかる. これによって一挙に, 3個の"非正則な"素数37, 59, 67を除き, 100以下の素数に対して, フェルマーの最後定理[7]が成立することが証明された.)

一般にデデキントのゼータ関数を, ある指標に対応する L 関数の積に分解することは, その体における素数の分解法則の解析的な表現と考えられる. 実際,

---

[6] 2元2次形式の整数論は本質的に2次体のそれと同値になる. これについては [D–De] または『初整』参照.

[7] p.129 の脚注 4) 参照.

1920年代の高木–アルティンの類体論によって，このような関係は相対アーベル拡大の場合に完全に拡張されている．また一般の相互律（イデアル類群とガロア群の間の同型）も，2種類の L 関数（ウェーバー–ヘッケの L とアルティンの L）の一致として表現することができる．——さらに現在は，その代数群の場合への拡張"ラングランズ予想"へと研究が進められている．—— このように整数論の最も深い代数的な諸結果が，ある種の L 関数の解析的な関係式に対応している（であろう）ということは，現在でも人智の遠く及ばない数学の謎のひとつである．

4. 付記

4A ディリクレ指標

1) 整数 $N \geq 1$ に対し，次の条件をみたす関数 $\chi: \mathbf{Z} \to \mathbf{C}$ を N を法とするディリクレ指標という：

(i) $\chi(a)$ $(a \in \mathbf{Z})$ は $a \pmod{N}$ によって定まる．
(ii) $\chi(ab) = \chi(a)\chi(b)$ $(a, b \in \mathbf{Z})$．
(iii) $\chi(a) \neq 0 \Leftrightarrow \text{G.C.D.}(a, N) = 1$．

法 N を明記する必要のあるときには (χ, N) のように書く．

特に，$N = p$ 奇素数の場合，§4.2，補題 2 から容易にわかるように，$\chi(\mathbf{Z}) = \{0, \pm 1\}$ となる（唯一の）ディリクレ指標は $\chi(a) = \left(\dfrac{a}{p}\right)$（ルジャンドルの平方剰余記号）である．

2 つのディリクレ指標 $(\chi, N), (\chi', N')$ は，ある N, N' の公倍数 N'' があって，

$$\text{G.C.D.}(a, N'') = 1 \Rightarrow \chi(a) = \chi'(a)$$

が成り立つとき，同等であるといい，$(\chi, N) \sim (\chi', N')$ と書く．このとき，χ は χ' と N によって一意的に定まる．(このことは，任意の $a \in \mathbf{Z}$, $\text{G.C.D.}(a, N) = 1$ に対し，ある $a' \in \mathbf{Z}$, $\text{G.C.D.}(a', N'') = 1$ があって，$a \equiv a' \pmod{N}$ となることからわかる．) またこのとき，下に述べる定理 1 の系により，ある N, N' の公約数 N_0 を法とする指標 χ_0 があって，$(\chi, N) \sim (\chi', N') \sim (\chi_0, N_0)$ となる．

同等の関係はディリクレ指標の間の 1 つの同値関係になる．各同値類の中で（ただ 1 つ定まる）最小の法 N をもつ指標を**原始的** (primitive) といい，その N をこの同値類に属する指標 χ の**導手** (conductor) という；このとき，$N = N_\chi$ と書く．たとえば，§3.6 で定義した χ や上記の $\left(\dfrac{a}{p}\right)$ は，それぞれ $N = 4, p$ を法とする原始指標である．

N を法とするディリクレ指標全体の集合を X_N と書けば，X_N は関数としての積に関して可換群になる．X_N の単位元は，$\mathbf{Z}$ 上恒等的に 1 の指標 $(\chi^0, 1)$

と同等な X_N の元である；それを χ_N^0 と書く．明らかに

$$\chi_N^0(a) = \begin{cases} 1 & (\text{G.C.D.}(a,N) = 1 \text{ のとき}) \\ 0 & (\text{そうでないとき}) \end{cases}.$$

また (χ, N) の逆元は $(\bar{\chi}, N)$ で与えられる．剰余類環 $\mathbf{Z}/N\mathbf{Z}$ の乗法群を $(\mathbf{Z}/N\mathbf{Z})^\times$ で表せば，$\chi \in X_N$ は乗法群の準同型

$$(\mathbf{Z}/N\mathbf{Z})^\times \to \mathbf{C} \tag{1}$$

を引き起こし，本質的にこの準同型写像によって定まる．よって X_N は $(\mathbf{Z}/N\mathbf{Z})^\times$ の（通常の意味での）指標群と実質的に同じものと思うことができる．したがって

$$|X_N| = |(\mathbf{Z}/N\mathbf{Z})^\times| = \varphi(N) \text{（オイラー関数）}$$

である（有限アーベル群の双対性）．

$N|N'$ のとき，$(\chi, N) \in X_N$ に，それと同等な $X_{N'}$ の唯一の元 (χ', N') を対応させる写像：$X_N \to X_{N'}$ により，$X_N \subset X_{N'}$ と考えることができる．（この写像は $\chi \to \chi' = \chi \cdot \chi_{N'}^0$ で与えられる．）この意味で，

$$X = \bigcup_{N \geq 1} X_N$$

をつくれば，これはディリクレ指標の同値類全体がつくる群である．各同値類の代表として（ただ 1 つ定まる）原始指標をとることにすれば，X を原始指標全体のつくる群とみなすこともできる．

[問題 16] $N = 6, 8, 9, 12$ に対し，$\{\chi(a)| \chi \in X_N, 1 \leq a \leq N\}$ の表をつくり，その中の原始指標を指示せよ．

[問題 17] m を奇数とすれば，（上記の埋めこみにより）$X_m \cong X_{2m}$ であることを示せ．

2) ここで後に必要とする合同式に関する基本事項をまとめておく．

補題 1 N_1, N_2 を互いに素な正整数，$N = N_1 N_2$ とすれば，写像

(A1) $\qquad a \pmod{N} \mapsto (a \pmod{N_1}, a \pmod{N_2}) \quad (a \in \mathbf{Z})$

により，環の同型
$$\mathbf{Z}/N\mathbf{Z} \cong (\mathbf{Z}/N_1\mathbf{Z}) \times (\mathbf{Z}/N_2\mathbf{Z})$$
が得られる．

抽象代数的に考えれば，証明は簡単である．まず (A1) の写像が和や積の演算を保つこと，すなわち環の準同型になることは明白である．また仮定から明らかに
$$a \equiv b \pmod{N} \Leftrightarrow \begin{cases} a \equiv b \pmod{N_1} \\ a \equiv b \pmod{N_2} \end{cases}$$
であるから，この写像は 1 対 1 対応になる．2 つの環の元の個数を比べれば，$N = N_1 N_2$ で相等しい．よってこの写像は "上へ" の写像にもなり，2 つの環の同型対応を与える．□

上の証明の最後に述べたことから，次の系が得られる．

系 1 補題の仮定のもとに，任意の $a_1, a_2 \in \mathbf{Z}$ に対し，
$$\begin{cases} a \equiv a_1 \pmod{N_1} \\ a \equiv a_2 \pmod{N_2} \end{cases}$$
となるような $a \in \mathbf{Z}$ が mod N で一意的に定まる．

系 2 同じ仮定のもとに，次の合同式をみたす $e_i \pmod{N}$ $(i=1,2)$ が一意的に定まる．

(A2) $\quad \begin{cases} e_1 \equiv 1 \pmod{N_1} \\ e_1 \equiv 0 \pmod{N_2} \end{cases}, \quad \begin{cases} e_2 \equiv 0 \pmod{N_1} \\ e_2 \equiv 1 \pmod{N_2} \end{cases}.$

(このとき，明らかに
$$e_i^2 \equiv e_i, \quad e_1 e_2 \equiv 0, \quad e_1 + e_2 \equiv 1 \pmod{N}$$
が成立するから，$e_i \pmod{N}$ $(i=1,2)$ の組を分解 $N = N_1 N_2$ に対応する "1 の分解" という．)

この系 1 は通常 "中国人の剰余定理" と呼ばれている．系 2 はその特別な場合であるが，次のように直接（構成的に）証明することもできる．N_1, N_2 は互

いに素であるから，ある $x_1, x_2 \in \mathbf{Z}$ があって，

$$x_1 N_1 + x_2 N_2 = 1$$

となる．(x_1, x_2 はユークリッドの互除法で求められる．）そのとき，$e_1 = x_2 N_2$, $e_2 = x_1 N_1$ とおけば，系2の (A2) をみたすことは明らかである．また，これから $a = a_1 e_1 + a_2 e_2$ とおけば，系1の合同方程式の解になることがいえる．これが写像 (A1) の逆写像を与える．

この補題の環同型により，乗法群の同型：

$$(\mathbf{Z}/N\mathbf{Z})^\times \cong (\mathbf{Z}/N_1\mathbf{Z})^\times \times (\mathbf{Z}/N_2\mathbf{Z})^\times$$

も得られる．この対応を具体化するために，埋めこみ

$$(\mathbf{Z}/N_i\mathbf{Z})^\times \subset (\mathbf{Z}/N\mathbf{Z})^\times \quad (i = 1, 2)$$

を考える場合には，（環の場合とは異なり）写像

(A3) $\quad \begin{cases} a_1 \pmod{N_1} \mapsto a_1 e_1 + e_2 \pmod{N}, \\ a_2 \pmod{N_2} \mapsto e_1 + a_2 e_2 \pmod{N} \end{cases}$

を用いる．

以上述べたことから，ディリクレ指標に関する次の定理が得られる．

定理5 N_1, N_2 を互いに素な正整数，$N = N_1 N_2$ とする．$(\chi_1, \chi_2) \in X_{N_1} \times X_{N_2}$ に対し，$\mathbf{Z}$ 上の関数としての積 $\chi = \chi_1 \chi_2$ は $\in X_N$ で，写像 $(\chi_1, \chi_2) \mapsto \chi$ は自然な同型

(A4) $\qquad\qquad X_N \cong X_{N_1} \times X_{N_2}$

を与える．また $\chi = \chi_1 \chi_2$ のとき，

$\qquad (\chi, N)$：原始的 $\Leftrightarrow$ (χ_i, N_i)：原始的 $(i = 1, 2)$

である．

実際，積 $\chi = \chi_1 \chi_2$ が N を法とするディリクレ指標の条件 (i)〜(iii) をみたすことは，容易に確かめられる．定義により，

$\qquad a \pmod{N} \leftrightarrow (a_1 \pmod{N_1}, a_2 \pmod{N_2})$

のとき，

$$\chi(a) = \chi_1(a_1)\chi_2(a_2),$$

であるから，写像 $(\chi_1, \chi_2) \mapsto \chi$ は明らかに乗法群の同型である．この場合，逆写像 $\chi \mapsto (\chi_1, \chi_2)$ は

$$\chi_1(a_1) = \chi(a_1 e_1 + e_2), \quad \chi_2(a_2) = \chi(e_1 + a_2 e_2)$$

で与えられる．最後の（原始指標に関する）主張は明白であろう．□

系 $(\chi, N) \sim (\chi', N')$ とすれば，分解

$$N = N_1 N_2, \ N' = N_1' N_2',$$
$$\text{G.C.D.}(N_1 N', N_2) = \text{G.C.D.}(N N_1', N_2') = 1$$

があって，上の定理の意味で，$\chi = \chi_1 \chi_2,\ \chi' = \chi_1' \chi_2'$ とするとき，

$$\chi_1 = \chi_1', \quad \chi_2 = \chi_{N_2}^0, \quad \chi_2' = \chi_{N_2'}^0$$

である．またこの逆も成立する．（したがって，$N_0 = \text{G.C.D.}(N_1, N_1')$ とすれば，N_0 を法とする指標 χ_0 が定まり，$(\chi, N) \sim (\chi', N') \sim (\chi_0, N_0)$ となる．）

証明 N, N' に共通に含まれる素因子全体の集合を P とする．N, N' の $p \in P$ のベキからなる部分を N_1, N_1' とし，$N_2 = N/N_1,\ N_2' = N'/N_1'$ とおけば，

$$\text{G.C.D.}(N_1 N', N_2) = \text{G.C.D.}(N N_1', N_2') = 1$$

である．仮定により N, N' のある公倍数 N'' があり，$\text{G.C.D.}(a, N'') = 1$ のとき，

$$\chi_1(a)\chi_2(a) = \chi_1'(a)\chi_2'(a)$$

であるが，この値は（右辺から見て）$a \pmod{N_2}$ にも，（左辺から見て）$a \pmod{N_2'}$ にもよらない．よって

$$\chi_2 = \chi_{N_2}^0, \quad \chi_2' = \chi_{N_2'}^0$$

である．よってまた (G.C.D.$(a, N'') = 1$ のとき) $\chi_1(a) = \chi'_1(a)$, したがって ($\mathbf{Z}$ 上の関数として) $\chi_1 = \chi'_1$ である. ($\chi_1 = \chi'_1$ は明らかに $N_0 = $ G.C.D.(N_1, N'_1) を法とする指標になる. それをあらためて χ_0 と書けば, $\chi \sim \chi_1 \sim \chi_0$, $\chi' \sim \chi'_1 \sim \chi_0$ である.) 逆は明白であろう. □

[**例 1**] 2次体 $K = \mathbf{Q}(\sqrt{m})$ のクロネッカー記号 χ は $N = |D|$ を法とする原始的ディリクレ指標に一意的に拡張される.(それを"クロネッカー指標"と呼び, 同じ記号 χ で表す.)

実際, §4.5, 問題 14 で与えた $\chi(p)$ の表示式において, 単に $p \nmid D$ を一般の $a \in \mathbf{Z}$, G.C.D.$(a, N) = 1$ でおきかえれば, 求める拡張が得られる. すなわち, m が奇数のとき,

$$(\text{A5a}) \qquad \chi(a) = (-1)^{\frac{a-1}{2} \cdot \frac{m-1}{2}} \prod_{q \mid m} \left(\frac{a}{q}\right),$$

$m = 2m'$ (m' 奇数) のとき,

$$(\text{A5b}) \qquad \chi(a) = (-1)^{\frac{a^2-1}{8} + \frac{a-1}{2} \cdot \frac{m'-1}{2}} \prod_{q \mid m'} \left(\frac{a}{q}\right).$$

この表示において, $\left(\frac{a}{q}\right)$ は (相異なる) 奇素数 q を法とする原始指標, また (A5a,b) における (-1) のベキの部分は ($m \equiv 1 \pmod{4}$ のときを除き) それぞれ 4, 8 を法とする原始指標になる (問題 16, $N = 8$ の場合). よって定理 1 により, それらの積 $\chi(a)$ は $N = |D| = (4)|m|$ を法とする原始指標である. 拡張の一意性は $a > 0$, G.C.D.$(a, N) = 1$ が, 同じ条件をみたす素数の積になることから明白である. □

特に, $\mathbf{Q}(\sqrt{m})$ のクロネッカー指標 χ に対して,

$$(\text{A6}) \qquad\qquad \chi(-1) = \operatorname{sign} m$$

が成立する. 実際, m が奇数の場合, $|m| = \prod_{i=1}^{s} q_i$ (q_i は奇素数) とすれば, (A5a), (4.5a) により,

$$\chi(-1) = (-1)^{\frac{m-1}{2}} \prod_{i=1}^{s} \left(\frac{-1}{q_i}\right) = (-1)^{\frac{m-1}{2} + \Sigma_i \frac{q_i-1}{2}}.$$

ここで

$$\frac{m-1}{2} + \sum_{i=1}^{s} \frac{q_i - 1}{2} \equiv \frac{m-1}{2} + \frac{|m|-1}{2} \pmod{2}$$

$$\equiv \begin{cases} 0 & (m > 0) \\ 1 & (m < 0) \end{cases} \pmod{2}.$$

よって (A6) を得る．$m = 2m'$ の場合，(A5b) において $\dfrac{(-1)^2 - 1}{8} = 0$ であるから，m が奇数の場合に帰着される．

3) 指標に関しては次の"直交関係"が基本的である．$\chi \in X_N$ に対し

(A7) $$\sum_{a=1}^{N} \chi(a) = \begin{cases} \varphi(N) & (\chi = \chi_N^0 \text{ のとき}), \\ 0 & (\chi \neq \chi_N^0 \text{ のとき}). \end{cases}$$

実際，$\chi = \chi_N^0$ のときの等式は自明である．$\chi \neq \chi_N^0$ ならば，ある $a_0 \in \mathbf{Z}$, G.C.D.$(a_0, N) = 1$ があって，$\chi(a_0) \neq 1$ である．そのとき，$\{a_0 a \ (1 \leq a \leq N)\}$ も mod N の代表系になるから，

$$\sum_{a=1}^{N} \chi(a_0 a) = \chi(a_0) \sum_{a=1}^{N} \chi(a) = \sum_{a=1}^{N} \chi(a).$$

$\chi(a_0) \neq 1$ であるから，$\displaystyle\sum_{a=1}^{N} \chi(a) = 0$ でなければならない．□

これと双対的に，任意の $a \in \mathbf{Z}$, G.C.D.$(a, N) = 1$ に対し，

(A7′) $$\sum_{\chi \in X_N} \chi(a) = \begin{cases} \varphi(N) & (a \equiv 1 \pmod{N} \text{ のとき}) \\ 0 & (\text{そうでないとき}) \end{cases}$$

も成り立つ．(証明も上と同様にしてできる．)

$\zeta_N = e^{2\pi i/N}$ とすれば

(A8) $$\sum_{a=1}^{N} \zeta_N^{ax} = \begin{cases} N & (x \equiv 0 \pmod{N} \text{ のとき}) \\ 0 & (x \not\equiv 0 \pmod{N} \text{ のとき}) \end{cases}.$$

これは加法群 $\mathbf{Z}/N\mathbf{Z}$ の指標に関する直交関係であるが，より直接的に，円分多項式 $x^m - 1 \ (m|N)$ に対する根と係数の関係からも明らかである．

4B　ガウス和と拡張されたベルヌーイ多項式

1) 一般に，任意のディリクレ指標 $\chi \in X_N$ と $b \in \mathbf{Z}$ に対し，

(B1) $$\tau(\chi, N, b) = \sum_{a=1}^{N} \chi(a) \zeta_N^{ab}$$

とおく．特に $b = 1$ のとき，

(B1a) $$\tau(\chi, N) = \tau(\chi, N, 1) = \sum_{a=1}^{N} \chi(a) \zeta_N^{a}$$

を (χ, N) の**ガウス和**という．χ が原始指標，$N = N_\chi$ のときには，単に $\tau(\chi)$ と書く．(本来のガウス和は，$N = p$ 奇素数，$\chi(a) = \left(\dfrac{a}{p}\right)$ の場合である．)

[**問題 18**]　$N = 3, 4, 5, 8$ を法とする原始指標 χ に対し，ガウス和 $\tau(\chi)$ を直接計算せよ．($N = 8$ の場合については，問題 16 の結果を使う．)

補題 2　$(\chi, N) \sim (\chi_0, N_\chi)$ で，N と N_χ の素因子の集合は一致するとし，$m = N/N_\chi$ とおく．$m | b$ ならば，

(B2) $$\tau = \tau(\chi, N, b) = m \bar{\chi}_0 \left(\frac{b}{m}\right) \tau(\chi_0),$$

$m \nmid b$ ならば，$\tau = 0$ である．特に原始指標 (χ, N_χ) に対しては

(B3) $$\tau(\chi, N_\chi, b) = \bar{\chi}(b) \tau(\chi)$$

が成立する．

証明　($\chi = \chi^0$, $N = 1$ の場合は自明であるから，$N > 1$ とする．)
1) $N = N_\chi$ の場合：G.C.D.$(b, N) = 1$ ならば，$\{ab \, (1 \leq a \leq N)\}$ も $\mathbf{Z}/N\mathbf{Z}$ の完全代表系になる．よって

$$\tau = \bar{\chi}(b) \sum_{a=1}^{N} \chi(ab) \zeta_N^{ab} = \bar{\chi}(b) \tau(\chi).$$

G.C.D.$(b, N) = d > 1$ のとき，$b = db_1$, $N = dN_1$ とおく．環の準同型

$$\mathbf{Z}/N\mathbf{Z} \to \mathbf{Z}/N_1\mathbf{Z}$$

は乗法群の準同型

$$(\mathbf{Z}/N\mathbf{Z})^\times \to (\mathbf{Z}/N_1\mathbf{Z})^\times$$

を引き起こすが,これも上への写像である.よって,この準同型の核を H とすれば,$|H| = \varphi(N)/\varphi(N_1)$ である.定義により

$$H = \{(1+cN_1) \pmod{N} \mid 0 \le c \le d-1,\ \text{G.C.D.}(1+cN_1, N) = 1\}.$$

そこで

$$(\mathbf{Z}/N\mathbf{Z})^\times = \bigcup_{i=1}^{\varphi(N_1)} a_i H$$

とすれば,τ は次のように表される.

$$\tau = \sum_{j,c} \chi(a_j(1+cN_1)) \cdot \exp\left(2\pi i \frac{a_j(1+cN_1)b_1}{N_1}\right)$$
$$= \sum_{j=1}^{\varphi(N_1)} \chi(a_j)\zeta_{N_1}^{a_j b_1} \cdot \sum_{c=0}^{d-1} \chi(1+cN_1).$$

χ が原始的であるから,$\chi|H$ は単位指標ではない.(もしそうならば,χ は N_1 を法とする指標と同等になる.)よって第 2 の和は $= 0$ となり,$\tau = 0$ でやはり (B3) が成立する.

2) $m = \dfrac{N}{N_\chi} > 1$ の場合:

$$a = a_1 N_\chi + a',\quad 0 \le a_1 \le m-1,\ 1 \le a' \le N_\chi$$

とおく.N, N_χ の素因子に関する仮定により,

$$\tau = \sum_{a_1, a'} \chi_0(a') \exp\left(2\pi i \frac{a_1 N_\chi + a'}{N_\chi m}b\right)$$
$$= \sum_{a_1=0}^{m-1} \zeta_m^{a_1 b} \cdot \sum_{a'=1}^{N_\chi} \chi_0(a') \exp\left(2\pi i \frac{a'b}{N_\chi m}\right)$$

と書くことができる.ここで,$m|b$ ならば,第 1 の和は $= m$ であるから,(B3) により

$$\tau = m\,\tau\left(\chi_0, N_\chi, \frac{b}{m}\right) = m\,\bar{\chi}_0\left(\frac{b}{m}\right)\tau(\chi_0).$$

$m \nmid b$ のとき,G.C.D.$(m,b) = d$, $m = dm'$, $b = db'$ とおけば,第 1 の和は

$$= \sum_{a_1=0}^{m-1} \zeta_{m'}^{a_1 b'}$$

となるが,$\zeta_{m'}^{b'}$ は 1 の原始 m' 乗根 $(m' > 1)$ であるから,この和は $= 0$ である. □

注意 上の補題においては,仮定により,$N > 1$ ならば,$\chi \ne \chi_N^0$ である.$\chi = \chi_N^0$ の場合,N の素元分解を $N = \prod_{i=1}^{r} p_i^{e_i}$ とすれば,容易にわかるように,

$$\tau(\chi_N^0, N) = -(\Phi_N(x) \text{ の } x^{\varphi(N)-1} \text{ の係数}),$$

すなわち,$\tau(\chi_N^0, N)$ は $\forall e_i = 1$ のとき,$= (-1)^r$, $\exists e_i > 1$ のとき,$= 0$ である. これを $= \mu(N)$ という記号で表す ("メービウス関数",『初整』§8,9 参照).

[問題 19] 一般に 2 つの数論的関数 $F, G : \{1,2,3,\dots\} \to \mathbf{C}$ に対し,

$$F(N) = \sum_{d|N} G(d) \iff G(N) = \sum_{d|N} \mu\left(\frac{N}{d}\right) F(d)$$

であることを示せ (例:$N = \sum_{d|N} \varphi(d)$, $\varphi(N) = \sum_{d|N} \mu\left(\frac{N}{d}\right) d$).

補題 3 $N = N_1 N_2$, G.C.D.$(N_1, N_2) = 1$ とし,対応する 1 の分解を (e_1, e_2) とする.

$$\chi \in X_N, \quad \chi = \chi_1 \chi_2, \quad \chi_1 \in X_{N_1}, \quad \chi_2 \in X_{N_2}$$

とすれば,

(B4) $\qquad \tau(\chi, N, b) = \tau\left(\chi_1, N_1, \dfrac{be_1}{N_2}\right) \tau\left(\chi_2, N_2, \dfrac{be_2}{N_1}\right),$

特に,原始指標 χ に対して,等式

(B4a) $\qquad \tau(\chi) = \chi_1(N_2)\chi_2(N_1)\tau(\chi_1)\tau(\chi_2)$

が成立する.

[問題 20]　上の補題 3 を証明せよ．(付記 4A, 補題 1, 定理 5 の応用．)

補題 4　原始指標 χ に対し，

(B5) $$|\tau(\chi)| = \sqrt{N_\chi}.$$

証明　加法群 $\mathbf{Z}/N\mathbf{Z}$ 上のフーリエ変換を使う．一般に N を周期とする関数 $f: \mathbf{Z} \to \mathbf{C}$ に対し，そのフーリエ変換を

$$\hat{f}(x) = \frac{1}{\sqrt{N}} \sum_{a=1}^{N} f(a) \zeta_N^{ax}$$

と定義する．直交関係式 (A8) により

$$\hat{\hat{f}}(x) = \frac{1}{N} \sum_{a,b=1}^{N} f(b) \zeta_N^{ba} \zeta_N^{ax}$$
$$= \frac{1}{N} \sum_{b=1}^{N} f(b) \sum_{a=1}^{N} \zeta_N^{a(b+x)} = f(-x).$$

この関係を $f(x) = \chi(x)$, $N = N_\chi$ に適用すれば，(B3) により

$$\hat{\chi}(x) = \frac{1}{\sqrt{N}} \tau(\chi) \bar{\chi}(x)$$

であるから，

$$\hat{\hat{\chi}}(x) = \frac{1}{N} \tau(\chi) \tau(\bar{\chi}) \chi(x) = \chi(-x) = \chi(-1)\chi(x).$$

明らかに $\overline{\tau(\chi)} = \chi(-1)\tau(\bar{\chi})$ であるから，

$$|\tau(\chi)|^2 = \tau(\chi)\overline{\tau(\chi)} = N$$

を得る．□

系　2次体 $\mathbf{Q}(\sqrt{m})$ の判別式を D, クロネッカー指標を χ とすれば，

(B5a) $$\tau(\chi) = \pm\sqrt{D}.$$

実際，この場合，$\bar{\chi} = \chi$ であるから，(B5) および (A6) により，

$$|D| = |\tau(\chi)|^2 = \chi(-1)\tau(\chi)^2 = \mathrm{sign}D \cdot \tau(\chi)^2.$$

よって，$\tau(\chi)^2 = D$, すなわち (B5a) を得る．□

(B5a) は「2次体 $\mathbf{Q}(\sqrt{m})$ が円分体 $\mathbf{Q}(\zeta_N)$ ($N=(4)|m|$) に含まれる」という，2次体・円分体論の要ともいうべき事実を端的に表している．これによって，たとえば，下の注意2のような証明（$N=p$ の場合）も可能になるのである．

注意1 $\tau(\chi)/\sqrt{N_\chi}(\in \mathbf{C}^{(1)})$ を具体的に決定することは，（ガウスも告白したように）より難しい問題である．本来のガウス和（$\chi(a) = \left(\dfrac{a}{p}\right)$）の場合には，$\tau(\chi)^2 = \chi(-1)p$ であるから，この値は $p \equiv 1, 3 \pmod{4}$ に応じて，$= \pm 1, \pm i$ であるが，符号はいずれも $+$ になる．ガウス以来種々の計算法が知られているが，たとえば，『初整』§60 にはガウスの方法が，[S–O] Ch.8 にはディリクレの（彼自身のフーリエ展開定理を使う）方法（[D–De] §111–115）が紹介されている．この本では付記 4C に，一般のクロネッカー指標 χ に対する結果

$$\tau(\chi) = i^\delta \sqrt{|D|} \quad (\mathrm{sign}\, D = (-1)^\delta)$$

の $L(s,\chi)$ の関数等式にもとづく証明を述べる．

注意2 補題4から平方剰余の相互法則 (4.5b) の簡単な証明（ガウスの第6証明の発想（1801）によるもの）が得られる．p を奇素数，$\chi(a) = \left(\dfrac{a}{p}\right)$, $\tau = \tau(\chi)$, $\varepsilon = \chi(-1)$ とする．(4.5a) により $\varepsilon = (-1)^{(p-1)/2}$ である．(B5) から

$$\tau^2 = \varepsilon|\tau|^2 = \varepsilon p.$$

q を奇素数 $\neq p$ とすれば，オイラーの規準（§4.2）により

$$\tau^{q-1} = (\varepsilon p)^{\frac{q-1}{2}} \equiv \varepsilon^{\frac{q-1}{2}} \left(\frac{p}{q}\right) \pmod{q}.$$

よって，$\mathbf{Z}[\zeta_p]$ において

(*) $$\tau^q \equiv \varepsilon^{\frac{q-1}{2}} \left(\frac{p}{q}\right) \tau \pmod{q}.$$

この式の意味は，$\mathbf{Q}(\zeta_p)$ において，$1, \zeta_p, \ldots, \zeta_p^{p-1}$ は $\mathbf{Q}$ 上1次独立であるから，両辺をそれらの $\mathbf{Z}$ 係数の1次結合として書いたとき，対応する係数が $\bmod q$ で合同になるということである．さて，$\bmod q$ では

(**) $$\tau^q \equiv \sum_{a=1}^{p} \chi(a)\zeta_p^{aq} = \chi(q)\tau \pmod{q}.$$

よって, (*), (**) の係数を比べて
$$\chi(q) = \left(\frac{q}{p}\right) \equiv \varepsilon^{\frac{q-1}{2}} \left(\frac{p}{q}\right) \pmod{q}.$$
両辺とも ± 1 で q は奇数であるから, ここで等号が成り立つ. それが (4.5b) である.
□

2) 拡張されたベルヌーイ多項式 付記3A で述べたベルヌーイ多項式の定義を拡張し, (原始) 指標 (χ, N) に対し, 高々 n 次の多項式 $B_{n,\chi}(x)$ を, 次の母関数によって定義する.

(B6) $$\frac{\sum_{a=1}^{N} \chi(a) e^{(a+x)t} \cdot t}{e^{Nt}-1} = \sum_{n=0}^{\infty} B_{n,\chi}(x) \frac{t^n}{n!}.$$

特に $x=0$ とおき, $B_{n,\chi}(0) = B_{n,\chi}$ とすれば,

(B6a) $$\frac{\sum_{a=1}^{N} \chi(a) e^{at} \cdot t}{e^{Nt}-1} = \sum_{n=0}^{\infty} B_{n,\chi} \frac{t^n}{n!}.$$

これに関して次の等式はベルヌーイ多項式のときと同様に証明される.

(B7) $$B_{n,\chi}(x) = \sum_{j=0}^{n} \binom{n}{j} B_{j,\chi} \, x^{n-j},$$

(B8) $$B_{n,\chi^0}(x) = B_n(x+1) = (-1)^n B_n(-x)$$
$$= \sum_{j=0}^{n} \binom{n}{j} B_j x^{n-j}, \quad 特に \quad B_{n,\chi^0} = B_n.$$

(B9) $$B_{n,\chi}(-x) = (-1)^n \chi(-1) B_{n,\chi}(x) \quad (\chi \neq \chi^0 \text{のとき}).$$

$\chi \neq \chi^0$ ならば, (B6a) から

(B10) $$B_{0,\chi} = \frac{1}{N} \sum_{a=1}^{N} \chi(a) = 0.$$

また, この場合 (B9) から

(B11) $$\chi(-1) \neq (-1)^n \Rightarrow B_{n,\chi} = 0$$

[例 2] $N = 4$, $\chi(a) = (-1)^{(a-1)/2}$ (a が奇数) の場合, 上の (B6a) と §3.6, 問題 7 の $G(x)$ の展開式

$$G(x) = \frac{e^{3x} - e^x}{e^{4x} - 1} = \frac{1}{2} \sum_{m=0}^{\infty} (-1)^m \frac{E_m}{(2m)!} x^{2m}$$

(E_m はオイラー数) の係数を比較すれば, $B_{n,\chi}$ の表示式

$$B_{n,\chi} = \begin{cases} 0 & (n \text{ が偶数のとき}) \\ (-1)^{m+1} \dfrac{2m+1}{2} E_m & (n = 2m+1,\ m \geq 0) \end{cases}$$

が得られる.

[問題 21] 上の (B7),(B8),(B9) を証明せよ. (いずれも母関数を比較することにより容易に証明される.)

[問題 22] ディリクレ指標 (χ, N) $(N > 1)$ に対し

(B12) $$B_{1,\chi} = \frac{1}{N} \sum_{a=1}^{N} \chi(a) a,$$

となることを証明せよ. ((B6a) から直接出る. 特に, $\chi(-1) = 1$ ならば, この式からも, $B_{1,\chi} = \dfrac{1}{2} \sum_{a=1}^{N} \chi(a) = 0$ が得られる.)

4C ディリクレの L 関数

χ を N を法とする原始指標とする (したがって, $N = N_\chi$). 次の式で定義される複素関数 $L(s, \chi)$ を χ に付随する**ディリクレの L 関数**という:

(C1) $$L(s, \chi) = \sum_{n=1}^{\infty} \frac{\chi(n)}{n^s}.$$

明らかにこのディリクレ級数は $\operatorname{Re} s > 1$ で絶対収束する. また χ が乗法的であることから, (絶対収束する) オイラー積表示:

(C2) $$L(s, \chi) = \prod_{p:\text{prime}} \left(1 - \frac{\chi(p)}{p^s}\right)^{-1} \quad (\operatorname{Re} s > 1)$$

をもつ．$(\chi, N) = (\chi^0, 1)$ のときは $L(s, \chi^0) = \zeta(s)$ であるから，以下，$\chi \neq \chi^0$ (したがって，$N > 1$) の場合を考える．§3.6, 問題 7 で導入した $L(s, \chi)$ は $N = 4$ の (唯一の) ディリクレ L 関数である．

注意 $(\chi, N)(\sim (\chi_0, N_\chi))$ が原始指標でないとき，L 関数を (C1) で定義すれば，

$$L(s, \chi) = \prod_{p|N} \left(1 - \frac{\chi_0(p)}{p^s}\right) \cdot L(s, \chi_0)$$

が成立する．よって，本質的に原始指標 χ_0 の場合に帰着される．

(C1) において $n = n'N + k$, $1 \leq k \leq N$, $n' = 0, 1, \ldots$ とすれば，$\operatorname{Re} s > 1$ において，次のように変形される．

$$L(s, \chi) = \sum_{k=1}^{N} \sum_{n'=0}^{\infty} \frac{\chi(k)}{(n'N+k)^s} = \sum_{k=1}^{N} \frac{\chi(k)}{N^s} \sum_{n'=0}^{\infty} \frac{1}{\left(n' + \dfrac{k}{N}\right)^s},$$

よって，フルヴィッツのゼータ関数 (付記 3B) を使って，

(C3) $$L(s, \chi) = \frac{1}{N^s} \sum_{k=1}^{N} \chi(k) \zeta\left(s, \frac{k}{N}\right)$$

と書くことができる．$\zeta\left(s, \dfrac{k}{N}\right)$ は $s = 1$ における 1 位の極 (留数 1) 以外，全平面で正則な有理型関数であったから，$L(s, \chi)$ は $\mathbf{C}$ 上の整関数に解析的延長される．($\chi \neq \chi^0$ であるから，$s = 1$ における極は $\sum_{k=1}^{N} \chi(k) = 0$ によって消去される．実際，付記 3C, 問題 12 の結果によれば，$L(s, \chi)$ のディリクレ級数は $\operatorname{Re} s > 0$ で収束する．)

$L(s, \chi)$ に関する次の諸結果は，$\zeta(s)$, $\zeta(s, a)$ のときと同様に，あるいは $\zeta(s, a)$ に関する結果から (C3) を使って，容易に導かれる．

1) $\operatorname{Re} s > 1$ において積分表示

(C4) $$\Gamma(s) L(s, \chi) = \int_0^\infty G_\chi(x) x^{s-1} dx$$

をもつ．ここで

$$\text{(C5)} \qquad G_\chi(x) = \sum_{k=1}^\infty \chi(k)e^{-kx} = \frac{\sum_{k=1}^N \chi(k)e^{-kx}}{1-e^{-Nx}}$$

$$= \frac{\sum_{k=1}^N \chi(k)e^{(N-k)x}}{e^{Nx}-1}.$$

(実際,(C3) と $\zeta\left(s,\dfrac{k}{N}\right)$ の積分表示 (B2) により,

$$\Gamma(s)L(s,\chi) = \frac{1}{N^s}\sum_{k=1}^N \chi(k)\int_0^\infty \frac{e^{(1-k/N)x}}{e^x-1}x^{s-1}\,dx$$
$$= \frac{1}{N^s}\int_0^\infty \sum_{k=1}^N \frac{\chi(k)e^{(1-k/N)x}}{e^x-1}x^{s-1}\,dx.$$

ここで変数変換 $x \to Nx$ を行えばよい.)

2) $\zeta(s)$ のときと同じ積分路を使って,

$$\text{(C6)} \quad H(s,\chi) = i\int_\infty^\infty G_\chi(x)(-x)^{s-1}\,dx$$

$$= 2\sin\pi s \cdot \int_\varepsilon^\infty G_\chi(x)x^{s-1}dx - ie^{-\pi i s}\int_{\gamma_\varepsilon(0)} G_\chi(x)x^{s-1}dx$$

とおけば,$H(s,\chi)$ は $0<\varepsilon<2\pi$ のとり方によらない整関数である.$\operatorname{Re} s > 1$ のとき,($\varepsilon \to 0$ として) (C4) により

$$\text{(C7)} \qquad H(s,\chi) = 2\sin\pi s \cdot \Gamma(s)L(s,\chi) = 2\pi\,\Gamma(1-s)^{-1}L(s,\chi)$$

を得る.(この等式により $L(s,\chi)$ は全平面上の整関数に延長される.)

3) $s = n \in \mathbf{Z}$ のとき,(C6) から

$$H(n,\chi) = (-1)^n 2\pi \,\operatorname{Res}_{x=0}(G_\chi(x)x^{n-1}).$$

(C5) から (B6a),(B11) により

$$G_\chi(x) = \frac{\sum_{k=1}^N \chi(k)e^{(N-k)x}}{e^{Nx}-1} = \frac{\sum_{a=1}^N \chi(-a)e^{ax}}{e^{Nx}-1}$$
$$= \chi(-1)\sum_{n=0}^\infty B_{n,\chi}\frac{x^{n-1}}{n!} = \sum_{n=0}^\infty (-1)^n B_{n,\chi}\frac{x^{n-1}}{n!}$$

であるから

$$G_\chi(x)x^{n-1} = \sum_{m=0}^\infty (-1)^m \frac{B_{m,\chi}}{m!} x^{n+m-2}.$$

よって $n \geq 2$ のとき, $H(n,\chi) = 0$ で, $n = 1-m \leq 1$ のとき,

(C8) $$H(1-m,\chi) = -2\pi\frac{B_{m,\chi}}{m!} \; (m \geq 0).$$

これから (C7) により, $m \geq 1$ のとき,

(C9) $$L(1-m,\chi) = -\frac{B_{m,\chi}}{m},$$

特に

$$L(0,\chi) = -B_{1,\chi}$$

である.

4) $L(s,\chi)$ の関数等式は $\zeta(s,a)$ のそれから導かれる. 付記 3B の (B9) により, $\mathrm{Re}\,s < 0$ のとき,

$$L(s,\chi) = N^{-s}\sum_{k=1}^N \chi(k)\zeta\left(s, \frac{k}{N}\right)$$
$$= \frac{(2\pi)^{s-1}}{N^s}\Gamma(1-s)\cdot 2\sum_{k=1}^N\sum_{n=1}^\infty \chi(k)\sin\left(\frac{\pi}{2}s + 2\pi\frac{kn}{N}\right)n^{s-1}.$$

ここでガウス和 $\tau(\chi)$ を使えば, (B3) により

$$\sum_{k=1}^N \chi(k)\zeta_N^{kn} = \bar{\chi}(n)\tau(\chi)$$

であるから, 上式は

$$= \frac{(2\pi)^{s-1}}{N^s}\Gamma(1-s)\tau(\chi)\cdot(-i)(e^{(\pi i/2)s} - \chi(-1)e^{(-\pi i/2)s})\sum_{n=1}^\infty \bar{\chi}(n)n^{s-1}$$

となる．

　ここで簡単のため，記号 $\delta = 0, 1$ を $\chi(-1) = (-1)^\delta$ によって定義すれば，

$$(-i)(e^{(\pi i/2)s} - \chi(-1)e^{-(\pi i/2)s}) = 2i^\delta \sin\frac{\pi(s-\delta)}{2}$$

である．よって

$$L(s,\chi) = \frac{(2\pi)^{s-1}}{N^s}\Gamma(1-s)\tau(\chi) \cdot 2i^\delta \sin\frac{\pi(s-\delta)}{2} L(1-s,\bar\chi).$$

§3.3 の (3.14) により

$$\frac{1}{\pi}\Gamma(1-s)\sin\frac{\pi(s-\delta)}{2} = \frac{(-1)^\delta}{2}\left(\Gamma(s)\cos\frac{\pi(s-\delta)}{2}\right)^{-1}$$

であるから，上式を

(C10) $$L(s,\chi) = \left(\frac{2\pi}{N}\right)^s \frac{\tau(\chi)}{2i^\delta} \frac{L(1-s,\bar\chi)}{\Gamma(s)\cos\frac{\pi(s-\delta)}{2}}$$

と書くこともできる．また，

(C11) $$\tilde L(s,\chi) = N^{\frac{s}{2}} \pi^{\frac{\delta-s}{2}} \Gamma\left(\frac{s+\delta}{2}\right) L(s,\chi)$$

とおけば，(C10) はより簡明な関数等式

(C12) $$\tilde L(s,\chi) = W_\chi \tilde L(1-s,\bar\chi), \quad W_\chi = \frac{\tau(\chi)}{i^\delta \sqrt N}$$

と同値である．付記 4B，補題 4 により，$|W_\chi| = 1$ であるが，特に，「χ が 2 次体のクロネッカー指標の場合には $W_\chi = 1$ である」．

　（この最後の主張の証明は，『初整』§60 では，ガウス和の乗法公式 (B4a) を使い，"素数判別式" の場合から帰納的に導いているが，その証明はかなり長い（問題 25 参照）．しかし，上述の $\zeta_K(s) = \zeta(s)L(s,\chi)$ から，容易に $\tilde\zeta_K(s) = \tilde\zeta(s)\tilde L(s,\chi)$ が導かれるから，ここに現れる 3 つの関数の関数等式を比較すれば，ただちに $W_\chi = 1$ が得られる．これについては下の例 3，問題 23 参照．）

　(C10) において，$s = n \geq 1$, $n \equiv \delta \pmod 2$（すなわち，$\chi(-1) = (-1)^n$）のとき，

$$L(1-n,\bar\chi) = -\frac{B_{n,\bar\chi}}{n}, \quad \cos\frac{\pi(n-\delta)}{2} = (-1)^{\frac{n-\delta}{2}}$$

であるから，

(C13) $$L(n,\chi) = -(-1)^{\frac{n-\delta}{2}}\left(\frac{2\pi}{N}\right)^n\frac{\tau(\chi)}{2i^\delta}\frac{B_{n,\bar\chi}}{n!},$$

特に $n = \delta = 1$ の場合には，(B12) から

(C14) $$L(1,\chi) = \frac{\pi i}{N}\tau(\chi)B_{1,\bar\chi}, \quad B_{1,\bar\chi} = \frac{1}{N}\sum_{a=1}^{N}\bar\chi(a)a$$

を得る．この場合，$L(n,\chi) \neq 0$，したがって $B_{n,\bar\chi} \neq 0$ である．これは $n \geq 2$ に対しては（オイラー積表示から）明白であるが，$L(1,\chi)$ に関しては，ディリクレによる直接計算，あるいは $L(s,\chi)$ を因子にもつ適当なデデキント・ゼータの留数公式から導かれる．——$B_{1,\bar\chi} \neq 0$ の直接的（初等的）な証明は，いまだ知られていない．

$n \not\equiv \delta \pmod{2}$ のときには，(B11) により

$$B_{n,\bar\chi} = \cos\left(\frac{\pi(n-\delta)}{2}\right) = 0$$

となるから，この方法で $L(n,\chi)$ を求めることはできない．しかし，$L(1,\chi)$ ($\chi(-1) = 1$) は直接計算することができて，

(C15) $$L(1,\chi) = -\frac{\tau(\chi)}{N}\sum_{a=1}^{N}\bar\chi(a)\log\left(\sin\frac{\pi a}{N}\right)$$

である．

(C15) の証明：ディリクレ [D3] (1839–40) の着想により，再びガウス和を用いる．(B3) により

$$\sum_{a=1}^{N}\bar\chi(a)\zeta_N^{an} = \chi(n)\tau(\bar\chi)$$

であるから，

$$\tau(\bar\chi)L(1,\chi) = \sum_{n=1}^{\infty}\sum_{a=1}^{N}(\bar\chi(a)\zeta_N^{an})n^{-1}$$
$$= \sum_{a=1}^{N}\bar\chi(a)\sum_{n=1}^{\infty}\zeta_N^{an}n^{-1}$$

$A_m = \sum_{n=1}^{m} \zeta_N^{an}$ とおけば, $N \nmid a$ のとき, $|A_m| \leq N$ であるから, 付記 3C, 問題 12 により, ディリクレ級数 $\sum_{n=1}^{\infty} \zeta_N^{an} n^{-s}$ は $\operatorname{Re} s > 0$ で収束し, s の正則関数になる.(よって上記和の順序を取りかえてよい.) アーベルの連続性定理(『概論』§52, 定理 50) により,

$$\sum_{n=1}^{\infty} \zeta_N^{an} n^{-1} = -\log(1-\zeta_N^a) \quad (\log \text{は主値})$$

であるから,

$$\tau(\bar{\chi}) L(1,\chi) = -\sum_{a=1}^{N} \bar{\chi}(a) \log(1-\zeta_N^a)$$

を得る. 付記 4B の補題 4 により,

$$|\tau(\chi)|^2 = \chi(-1)\tau(\chi)\tau(\bar{\chi}) = N_\chi$$

であるから, 上式を

(C15a) $$L(1,\chi) = -\frac{\tau(\chi)}{N_\chi} \sum_{a=1}^{N} \bar{\chi}(a) \log(1-\zeta_N^{-a})$$

と書くことができる.(ここまでの計算は <u>任意の</u> 原始指標 χ に対して成立する. ここで $1-\zeta_N^{-a}$ が円分体 $\mathbf{Q}(\zeta_N)$ の単数, いわゆる "円単数" であることに注意すべきである.)

さて, $\chi(-1) = 1$ の場合には, (C15a) の右辺の和をさらに変形して,

$$\begin{aligned}
L(1,\chi) &= -\frac{\tau(\chi)}{N_\chi} \sum_{a=1}^{N} \bar{\chi}(a) \cdot \frac{1}{2}(\log(1-\zeta_N^{-a}) + \chi(-1)\log(1-\zeta_N^a)) \\
&= -\frac{\tau(\chi)}{N_\chi} \sum_{a=1}^{N} \bar{\chi}(a) \cdot \operatorname{Re}(\log(1-\zeta_N^{-a})) \\
&= -\frac{\tau(\chi)}{N_\chi} \sum_{a=1}^{N} \bar{\chi}(a) \log|1-\zeta_N^{-a}| \\
&= -\frac{\tau(\chi)}{N_\chi} \sum_{a=1}^{N} \bar{\chi}(a) \cdot \log \left| \frac{\zeta_N^{a/2} - \zeta_N^{-a/2}}{\zeta_N^{a/2}} \right|
\end{aligned}$$

$$= -\frac{\tau(\chi)}{N_\chi} \sum_{a=1}^{N} \bar{\chi}(a) \log\left(2\sin\frac{\pi a}{N}\right).$$

$\left(\sum_{a=1}^{N} \bar{\chi}(a)\right) \log 2 = 0$ であるから，(C15) を得る．□

$(\chi(-1) = -1$ のときにも，同様に (C15a) から $\text{Im}(\log(1-\zeta_N^{-a})) = \text{Arc}(1-\zeta_N^{-a})$ を計算して (C14) を導くことができる．)

[例3] （依然ディリクレに従って）(C14),(C15) から 2 次体の類数公式を導くことができる．$K = \mathbf{Q}(\sqrt{m})$ (m は平方因子を含まない) の判別式を $D = (4)m$ とする．K のクロネッカー指標 $\chi(a)$ は $|D|$ を法とする原始指標で，具体的には (A5a,b) で与えられる（これを仮に χ の"表示式"と呼び，定義式 $\chi(p) = \left(\dfrac{D}{p}\right)$ と区別することにしよう）．この場合，

(A6) $\qquad\qquad\qquad \chi(-1) = \text{sign}\, D$

であるから，上述の (C12) $W_\chi = 1$ は

(C16) $\qquad \tau(\chi) = i^\delta \sqrt{|D|}, \quad \text{sign}\, D = (-1)^\delta \quad (\delta = 0, 1)$

と同値である．これは (A6a) より精密に，$\tau(\chi) = (D^{1/2}$ の主値$)$ となることを意味する．

さて §4.7 の (4.36) により

(C17) $\qquad L(1,\chi) = \dfrac{c_K}{\sqrt{|D|}}, \qquad c_K = \begin{cases} 2Rh & (D > 0 \text{ のとき}) \\ \dfrac{2\pi h}{w} & (D < 0 \text{ のとき}) \end{cases},$

であるから，実 2 次体 K $(D > 0)$ の場合には，(C15),(C16) $(\delta = 0)$ により，

$$\begin{aligned}
h &= \frac{\sqrt{D}}{2R} L(1,\chi) \\
&= -\frac{\sqrt{D}}{2R} \cdot \frac{\tau(\chi)}{D} \cdot \sum_{a=1}^{D} \chi(a) \log\left(\sin\frac{\pi a}{D}\right) \\
&= -\frac{1}{2\log\varepsilon_1} \sum_{a=1}^{D} \chi(a) \log\left(\sin\frac{\pi a}{D}\right),
\end{aligned}$$

すなわち，類数 h は

(C18) $$\varepsilon_1^{2h} = \prod_{a=1}^{D} \left(\sin \frac{\pi a}{D}\right)^{-\chi(a)}$$

によって決定される．この場合，右辺の $\chi(a)$, $\sin \dfrac{\pi a}{D}$ は変換 $a \to D-a$ に対して不変であるから，a の動く範囲を半分に制限し，

(C18′) $$\varepsilon_1^{h} = \prod_{a'=1}^{[D/2]} \left(\sin \frac{\pi a'}{D}\right)^{-\chi(a')}$$

のように簡略化することができる．

虚 2 次体 K $(D<0)$ の場合には (C14),(C17) $(\delta=1)$ により

$$h = \frac{w\sqrt{|D|}}{2\pi} L(1,\chi)$$
$$= \frac{w\sqrt{|D|}}{2\pi} \cdot \frac{\pi i}{|D|} \tau(\chi) \cdot \frac{1}{|D|} \sum_{a=1}^{|D|} \chi(a) a$$

(C19) $$= -\frac{w}{2|D|} \sum_{a=1}^{|D|} \chi(a) a.$$

(C18),(C19) がディリクレの**類数公式**である．

> [問題 23] §4.7 の (4.35),(4.34) と上の (C11) から，等式
>
> (C20) $$\tilde\zeta_K(s) = \tilde\zeta(s)\tilde L(s,\chi)$$
>
> を確かめよ．

> [問題 24] $K = \mathbf{Q}(\sqrt 2), \mathbf{Q}(\sqrt 5), \mathbf{Q}(\sqrt{10}), \mathbf{Q}(\sqrt{-2}), \mathbf{Q}(\sqrt{-5}), \mathbf{Q}(\sqrt{-10})$ の類数 h をディリクレの公式 (C18′), (C19) から求めよ．(結果は $h=1,1,2,1,2,2$.)

> [問題 25] m_1, m_2 を平方因子をもたない，互いに素な整数とし，$m_3 = m_1 m_2$ とおく．2 次体 $\mathbf{Q}(\sqrt{m_i})$ $(i=1,2,3)$ の判別式を $D_i = (4)m_i$, クロネッカー指標を χ_i とし，$\delta_i \in \{0,1\}$ を $(-1)^{\delta_i} = \chi_i(-1) = \mathrm{sign}\, D_i$ によって定義する．
> 　1) 以下，$m_1 \equiv 1 \pmod 4$ と仮定する．したがって，
>
> $$D_1 = m_1, \quad \mathrm{G.C.D.}(D_1, D_2) = 1, \quad D_3 = D_1 D_2$$

である．このとき，$\chi_3 = \chi_1\chi_2$ であることを確かめよ．また，

(*) $$\delta_1 + \delta_2 \equiv \delta_3 \pmod{2}, \quad \frac{1}{2}(\delta_1 + \delta_2 - \delta_3) = \delta_1\delta_2$$

である．

2) χ_1, χ_2 に対し，(C16) すなわち

(**) $$\tau(\chi_i) = \sqrt{-1}^{\delta_i}\sqrt{|D_i|} \quad (i = 1, 2)$$

が成立することを仮定する．そのとき，(**) が $i = 3$ に対しても成立するためには

(***) $$\chi_1(|m_2|)\chi_2(|m_1|) = (-1)^{\delta_1\delta_2}$$

が必要十分であることを示せ．

3) $p\,(>0)$ を奇素数とし，

$$m_1 = \pm p \equiv 1 \pmod{4},$$

とすれば，(***) は (χ_1 の表示式により)

(***)′ $$\chi_2(p) = \left(\frac{(-1)^{\delta_2}|m_2|}{p}\right)$$

の形に変形される．(これは $\chi_2(p)$ の定義式そのものである．) ここで $m_2 = -1, 2, q$ (奇素数) とし，$\chi_2(p)$ をその表示式でおきかえた式は，平方剰余の相互法則 (4.5a,b,c) と同値になる．これらのことを確かめよ．(解答の後の注意参照．)

[例4] 最後に，ディリクレの L 関数と円分体の整数論との関係について，簡単に触れておきたい．N を正整数，p を素数，$N = p^\nu N_1$, $\nu \geq 0$, $p \nmid N_1$ とする．円分体 $K = \mathbf{Q}(\zeta_N)$ (§4.4, 例1) において，(p) は次のように素イデアル分解されることが知られている (「代整」§8.10 または [S] §A4.3 参照)．

(C21) $$(p) = (P_1 \cdots P_r)^e, \quad N(P_i) = p^f,$$
$$e = \varphi(p^\nu), \quad rf = \varphi(N_1).$$

ここで f は $p^f \equiv 1 \pmod{N_1}$ となるような最小の正整数 (すなわち $p \pmod{N_1}$ の乗法群 $(\mathbf{Z}/N_1\mathbf{Z})^\times$ における位数) を表す．

一方，K のデデキント・ゼータ関数を $\zeta_K(s)$ とすれば，等式

(C22) $$\zeta_K(s) = \prod_{N_\chi | N} L(s,\chi)$$

が成立する．ここで右辺における積は，導手 N_χ が N の約数であるような，原始的ディリクレ指標 χ 全体にわたる．これは，$\chi \in X_N$ をそれと同値な原始指標でおきかえて対応するディリクレの L 関数全体の積をつくるといっても同じことである．

実際，等式 (C22) は (C21) の解析的表現に他ならない．(C22) の両辺の関数は，ともに $\mathrm{Re}\, s > 1$ において絶対収束するオイラー積表示をもつから，その (p) の因子に対応する部分を比較して見ればよい．それは，(C21) を仮定すれば，左辺においては，

(∗) $$\prod_{i=1}^{r} \left(1 - \frac{1}{NP_i^s}\right)^{-1} = \left(1 - \frac{1}{p^{fs}}\right)^{-r}$$

となり，右辺においては，

(∗∗) $$\prod_{\chi} \left(1 - \frac{\chi(p)}{p^s}\right)^{-1}$$

であるが，定義により (∗∗) に現れる χ に対して，

$$\chi(p) \neq 0 \iff p \nmid N_\chi \iff N_\chi | N_1$$

が成立するから，(∗∗) を

$$\prod_{\chi \in X_{N_1}} \left(1 - \frac{\chi(p)}{p^s}\right)^{-1}$$

と書くことができる．よって，対数をとれば，問題の等式 (∗) = (∗∗) は

$$-r \log\left(1 - \frac{1}{p^{fs}}\right) = -\sum_{\chi \in X_{N_1}} \log\left(1 - \frac{\chi(p)}{p^s}\right)$$

となる．この両辺の (p^{-s} に関する) ベキ級数展開における p^{-ms} の係数を比較すれば，左辺では

$$= \frac{rf}{m} \quad (f | m \text{ のとき}), \quad = 0 \quad (\text{そうでないとき}).$$

右辺では，§4A, **3)** の指標に関する直交関係式 (A7′) から，

$$= \frac{\varphi(N_1)}{m} \quad (p^m \equiv 1 \pmod{N_1} \text{ のとき}), \quad = 0 \quad (\text{そうでないとき}).$$

よって (C21) から，等式 (∗) = (∗∗)，すなわち (C22) が成立することがわかる．(逆の推論により，(C22) から (C21) を導くこともできる．)

ガウスが発見したという §4.3 の等式 (4.9) は，(C22) の最も簡単な例 ($N = 4$ の場合) であった．

文　献

　この章では，特に次の教科書を参考にした．

『初整』：高木貞治，『初等整数論講義』，共立出版，1931．

『代整』：高木貞治，『代数的整数論』，岩波書店，1947．

　また部分的には，拙著

[S]　佐武一郎，『代数学への誘い』遊星社，1996

も余り予備知識なく読めるので参考になると思う．

　さらに19世紀の整数論の歴史に関しては，次の本を参照されたい．

[Kawada]　河田敬義，『19世紀の数学，整数論』，数学の歴史7a，共立出版，1992．

[S–O]　W. Scharlau – H. Opolka, Von Fermat bis Minkowski, Springer–Verlag, 1980;『フェルマーの系譜』(志賀弘典訳)，日本評論社，1994．

[W]　A. Weil, Collected Papers, Vol. I–III, Springer–Verlag, 1989.

特に，[W,1974a] (Two lectures on number theory, past and present) は [W], Vol. III, pp. 279–302; また，自註の部分は，『数学の創造』(杉浦光夫訳，解説)，日本評論社，1983 を参照．

　基本的文献では，ディリクレに関するもの：

[D1]　(全集) G. Lejeune Dirichlet's Werke, herausg. von L. Kronecker, Bd.I, 1889; Bd.II, 1897, Berlin.

[D2]　G. L. Dirichlet, Beweis des Satzes dass jede unbegrenzte arithmetische Progression, deren erstes Glied und die Differenz ganze Zahlen ohne gemeinschaftlichen Faktor sind, unendlich viele Primzahlen enthält, Abh. d. Königl. Preuss. Akad. d. Wiss. (1837), 45–81; Werke I, 313–342.

[D3]　G. L. Dirichlet, Recherches sur diverses applications de l'analyse infinitésimale à la théorie des nombres, Crelle J. reine angew. Math. 19 (1839), 324–369; 21 (1840), 1–12, 134–155; Werke I, 411–496.

[D4]　G. L. Dirichlet, Zur Theorie der complexen Einheiten, Abh. d. Königl. Preuss. Akad. d. Wiss. (1846), 103–107; Werke I, 639–644.

[D–De]　J. W. R. Dedekind, Vorlesungen über Zahlentheorie von P. G. Lejeune Dirichlet, 1863; 4. Aufl., 1894, Braunschweig;『ディリクレ・デデキント，整数論講義』(酒井孝一訳，解説)，共立出版，1970．

ディリクレの経歴については,『史談』§22 および [R4] 参照. 全集 [D1], II の中にクンマーによる伝記 (Gedächtnisrede) がある.

デデキントに関するもの:

[De1] (全集) Richard Dedekind, Gesammelte mathematische Werke, herausg. von R. Fricke, E. Noether, u. O. Ore, Bd. I–III, 1930–1932, Braunschweig.

[De2] R. Dedekind, Ueber die Diskriminanten endlicher Körper, Abh. der Königlichen Geselschaft der Wiss. zur Göttingen, 29 (1882), 1–56; Werke I, 351–397.

問　題　解　答

第 1 章の問題解答

1.　$(2+i)^2 = (2+i)(2+i) = 3+4i$, $(2+i)^3 = (3+4i)(2+i) = 2+11i$, $(2+i)^4 = (2+11i)(2+i) = -7+24i$.

2.　$\alpha = a+bi$, $\beta = c+di$ とおけば,
$$\alpha+\beta = (a+c)+(b+d)i, \quad \alpha\beta = (ac-bd)+(ad+bc)i$$
であるから,
$$\overline{\alpha+\beta} = (a+c)-(b+d)i = (a-bi)+(c-di) = \bar{\alpha}+\bar{\beta},$$
$$\overline{\alpha\beta} = (ac-bd)-(ad+bc)i = (a-bi)(c-di) = \bar{\alpha}\bar{\beta}. \quad \square$$

3.　$f(x) = ax^3+bx^2+cx+d$ を実係数の 3 次多項式とする. $x \to \pm\infty$ のとき,
$$\frac{f(x)}{x^3} = a+\frac{b}{x}+\frac{c}{x^2}+\frac{d}{x^3} \to a$$
であるから, $a>0$ とすれば,
$$f(x) = x^3\left(a+\frac{b}{x}+\frac{c}{x^2}+\frac{d}{x^3}\right) \to \pm\infty.$$
よって, 任意の $c_1 > 0$ に対し, ある $x_1 < x_2$ があって, $f(x_1) < -c_1$, $f(x_2) > c_1$ となる. $f(x)$ は閉区間 $x_1 \leq x \leq x_2$ で連続な関数であるから, "中間値の定理" により, ある $x_1 \leq \alpha_1 \leq x_2$ に対して, $f(\alpha_1) = 0$ となる ($-c_1 < 0 < c_1$ であるから). すなわち $f(x) = 0$ は実根をもつ. $a<0$ の場合にも, $x \to \pm\infty$ のとき, $f(x) \to \mp\infty$ であるから, ある $x_1 < x_2$ があって, $f(x_1) > c_1$, $f(x_2) < -c_1$

となり，同じ結論を得る．

$f(x) = (x-\alpha_1)f_1(x)$ とすれば，$f_1(x)$ は実係数の 2 次多項式であるから，(重根の場合を含めて) 2 実根をもつか，2 虚根をもつ．よって，$f(x)$ の実根の個数は (重複度をこめて) 3 か 1 である．□

4. 注意の中に述べた恒等式を証明すればよい．$\omega+\omega^2 = -1$ であるから，

$$(x+\omega y+\omega^2 z)(x+\omega^2 y+\omega z)$$
$$= x^2 + (\omega y+\omega^2 z+\omega^2 y+\omega z)x+(\omega y+\omega^2 z)(\omega^2 y+\omega z)$$
$$= x^2 - (y+z)x+(y^2-yz+z^2).$$

よって

$$(x+y+z)(x+\omega y+\omega^2 z)(x+\omega^2 y+\omega z)$$
$$= (x+y+z)(x^2-(y+z)x+(y^2-yz+z^2))$$
$$= x^3 + ((y^2-yz+z^2)-(y+z)^2)x+(y+z)(y^2-yz+z^2)$$
$$= x^3 - 3yzx+(y^3+z^3). \quad \square$$

5. 上と同じ記号によれば，証明すべき式は

$$(y+z-\omega y-\omega^2 z)(y+z-\omega^2 y-\omega z)(\omega y+\omega^2 z-\omega^2 y-\omega z) = 3\sqrt{-3}(y^3-z^3)$$

となる．簡単な計算でわかるように，

$$(1-\omega)(1-\omega^2) = 3, \quad (1-\omega)^2+(1-\omega^2)^2 = 3$$

であるから，上式の左辺を変形して

$$= ((1-\omega)y+(1-\omega^2)z)((1-\omega^2)y+(1-\omega)z)(\omega-\omega^2)(y-z)$$
$$= 3(\omega-\omega^2)(y^2+yz+z^2)(y-z) = 3\sqrt{-3}(y^3-z^3). \quad \square$$

6. $\omega+\omega^2 = -1$, $(\omega-\omega^2)i = -\sqrt{3}$ であるから，

$$x_2 = \omega(2+i)+\omega^2(2-i) = -2-\sqrt{3},$$
$$x_3 = \omega^2(2+i)+\omega(2-i) = -2+\sqrt{3}. \quad \square$$

7. $p, q \in \mathbf{R}$, $D < 0$ のとき, $\dfrac{-q+\sqrt{D}}{2}$ の 3 乗根の 1 つを u_1 とすれば,
$$\bar{u}_1{}^3 = \overline{u_1{}^3} = \dfrac{-q-\sqrt{D}}{2}.$$
よって, $v_1 = \bar{u}_1$ とすることができる. そのとき, $u_1 v_1 = u_1 \bar{u}_1 \in \mathbf{R}$ で,
$$(u_1 v_1)^3 = \dfrac{-q+\sqrt{D}}{2} \cdot \dfrac{-q-\sqrt{D}}{2} = -\dfrac{p^3}{27} = \left(-\dfrac{p}{3}\right)^3.$$
与えられた実数の 3 乗根は, 実数の範囲でただ 1 つであるから, $u_1 v_1 = -\dfrac{p}{3}$ となる. よって, $x_1 = u_1 + v_1$ は 3 次方程式 (1.6) の 1 つの実根である. また $x_2 = \omega u_1 + \omega^2 v_1$ に対しても,
$$\bar{x}_2 = \bar{\omega} \bar{u}_1 + \overline{\omega^2} \bar{v}_1 = \omega^2 v_1 + \omega u_1 = x_2,$$
同様にして, $\bar{x}_3 = x_3$ であるから, x_2, x_3 も実根である. (逆に, x_1, x_2, x_3 が相異なる実数ならば, 問題 5 の第 2 の等式により, $-27D > 0$, すなわち $D < 0$ である.) □

8.
$$f(x) = \begin{cases} e^{-1/x^2} & (x \neq 0) \\ 0 & (x = 0) \end{cases}$$
と定義すれば, 明らかに $f(x)$ は $\mathbf{R} - \{0\}$ においては何回でも微分可能な関数で, その n 次の導関数を $f^{(n)}(x)$ とすれば, ある実係数の多項式 $g_n(x)$ があって,
$$f^{(n)}(x) = e^{-1/x^2} g_n\left(\dfrac{1}{x}\right) \quad (n = 0, 1, \ldots)$$
となる. (これは n に関する帰納法で容易に証明される. 実際, $g_0(x) = 1$, $g_1(x) = 2x^3, \ldots, g_{n+1}(x) = 2x^3 g_n(x) - x^2 g_n'(x)$.) 任意の $m \geq 0$ に対し,
$$\lim_{x \to 0} e^{-1/x^2} |x|^{-m} = \lim_{y \to \infty} e^{-y} y^{\frac{m}{2}} = 0$$
であるから, $\lim_{x \to 0} f^{(n)}(x) = 0$ で,
$$\lim_{x \to 0} \dfrac{f^{(n)}(x) - 0}{x - 0} = \lim_{x \to 0} e^{-1/x^2} g_n\left(\dfrac{1}{x}\right) \cdot \dfrac{1}{x} = 0.$$
これは $f^{(n)}(x)$ の $x = 0$ における値を $= 0$ と定義すれば, $f^{(n)}(x) (n = 0, 1, \ldots)$ は $x = 0$ においても微分可能で, その微分商は $= 0$ になることを意味する. したがって $f(x)$ は ($x = 0$ を含む) $\mathbf{R}$ 全体において何回でも微分可能な関数で

ある.（また $f^{(n)}(0) = 0$ とおいたのも合法的であった.）□

9. オイラーは指数関数 $a^x (a > 1)$ を既知の関数として取り扱っているが，理論的には（オイラーとは逆の順序に）まずベキ級数

$$a^x = 1 + kx + \frac{k^2}{2!}x^2 + \cdots + \frac{k^n}{n!}x^n + \cdots$$

によって，指数関数を定義してしまい，それが指数関数の性質：

$$a^{x_1+x_2} = a^{x_1} a^{x_2}, \quad (a^x)' = ka^x, \quad \text{etc.}$$

をもつこと（特に $\left.\dfrac{da^x}{dx}\right|_{x=0} = k$）を示す方が簡明である（§2.3 参照）．したがって，ここでは標準的な指数関数 $(k = 1)$:

(∗) $$e^x = 1 + x + \frac{x^2}{2!} + \frac{x^3}{3!} + \cdots$$

の場合に，この級数が，すべての x に対し収束すること（広義の一様に絶対収束すること）を示し，次に

(∗∗) $$\lim_{n \to \infty} \left(1 + \frac{x}{n}\right)^n = e^x$$

($x \in \mathbf{R}$ に対し，広義の一様収束）が成立することを示す.（級数の収束などについては §2.2 参照.）

任意の $K > 0$ に対し，$|x| \leq K$, $n \geq n_0 > K$ とすれば，

$$\left|\frac{x^n}{n!}\right| \leq \frac{K^n}{n_0! n_0^{n-n_0}}$$

であるから，$\displaystyle\sum_{n=n_0}^{\infty} \frac{x^n}{n!}$ を収束する等比級数 $\dfrac{K^{n_0}}{n_0!} \displaystyle\sum_{n=n_0}^{\infty} \left(\frac{K}{n_0}\right)^n$ と比較することにより，(∗) の級数が $|x| \leq K$ において一様に絶対収束することがわかる．次に

$$\left(1 + \frac{x}{n}\right)^n = \sum_{m=0}^{n} a_m^{(n)} x^m$$

とおけば，

$$0 < a_m^{(n)} = \frac{n(n-1) \cdots (n-m+1)}{m! n^m} \leq \frac{1}{m!} \quad (0 \leq m \leq n);$$

$m > n$ の場合は，$a_m^{(n)} = 0$ とする．そのとき，

$$\left|e^x - \left(1+\frac{x}{n}\right)^n\right| \leq \sum_{m=0}^{\infty}\left(\frac{1}{m!}-a_m^{(n)}\right)|x|^m$$

$$\leq \sum_{m=0}^{m_0}\left(\frac{1}{m!}-a_m^{(n)}\right)|x|^m + \sum_{m=m_0+1}^{\infty}\frac{1}{m!}|x|^m + \sum_{m=m_0+1}^{\infty}a_m^{(n)}|x|^m.$$

この右辺の 3 つの和をそれぞれ S_1, S_2, S_3 とおく．まず，任意の $\varepsilon > 0$, $K > 0$ に対し，m_0 を十分大きくとれば，最初に述べたことから，$|x| \leq K$ に対し

$$|S_3| \leq |S_2| < \frac{\varepsilon}{3}.$$

次に

$$|S_1| = \sum_{m=0}^{m_0}\frac{1}{m!}\left(1-\prod_{j=0}^{\text{Min}(m,n)-1}\left(1-\frac{j}{n}\right)\right)|x|^m$$

であるが，m を 1 つ定めたとき，

$$1-\prod_{j=0}^{\text{Min}(m,n)-1}\left(1-\frac{j}{n}\right) \to 0 \quad (n\to\infty)$$

であるから，上の ε, K, m_0 に対し，十分大きい n_0 をとれば，すべての $0 \leq m \leq m_0$, $n \geq n_0$ に対し，

$$1-\prod_{j=0}^{\text{Min}(m,n)-1}\left(1-\frac{j}{n}\right) < \frac{\varepsilon}{3}\frac{1}{e^K}$$

となる．したがって，すべての $|x| \leq K$ に対し，

$$|S_1| \leq \frac{\varepsilon}{3}\frac{1}{e^K}\sum_{m=0}^{m_0}\frac{1}{m!}|x|^m < \frac{\varepsilon}{3},$$

$$\left|e^x - \left(1+\frac{x}{n}\right)^n\right| < \varepsilon$$

が成立する．これで $x \in \mathbf{R}$ に対し（広義の一様に）$(**)$ が成立することが証明された．

この結果，上の $(*), (**)$ において，x を kx $(k > 0)$ でおきかえ，$a = e^k$, $a^x = e^{kx}$ と（定義）すれば，

$$a^x = \lim_{n\to\infty}\left(1+\frac{kx}{n}\right)^n = \sum_{n=0}^{\infty}\frac{k^n}{n!}x^n$$

となり，オイラーの計算がすべて正当化されたことになる．

10. はじめに前問で考えた関数について少し補足する．

$$f_n(x) = \left(1+\frac{x}{n}\right)^n - 1 \quad (x > -n)$$

とおけば，$f'_n(x) = \left(1+\dfrac{x}{n}\right)^{n-1} > 0$ であるから，f_n は（強い意味で）単調増大な関数で，$(-n,\infty)$ を $(-1,\infty)$ に写像し，$f_n(0)=0$ である．さらに

$(*)$ $\qquad\qquad f_n(x) < f_{n+1}(x) \quad (x > -n,\ x \neq 0)$

がいえる．実際，$f_{(n+1)/n}(t) = \left(1+\dfrac{n}{n+1}t\right)^{\frac{n+1}{n}} - 1$ とおけば，

$$f'_{(n+1)/n}(t) = \left(1+\frac{n}{n+1}t\right)^{\frac{1}{n}} > 0 \quad \left(t > -\left(1+\frac{1}{n}\right) \text{のとき}\right),$$

$$f_{(n+1)/n}(0)=0, \quad f'_{(n+1)/n}(t) >,=,< 1 \quad (t >,=,< 0 \text{ のとき})$$

であるから，$f_{(n+1)/n}(t) > t$ $(t > -1, \neq 0$ のとき$)$ である．ここで $x=nt$ とおけば，$(*)$ が得られる．結論として，関数列 $f_n(x)$ は（n に関して）単調増大で，下から $f(x) = e^x - 1$ に収束する．

$y=f_n(x),\ y=f(x)=e^x$ はともに単調増大な関数であるから，その逆関数を

$$x = g_n(y),\ x = g(y) = \log(1+y)\ (y > -1)$$

とおく．これらも単調増大な関数で，

$$g_n(y) = n((1+y)^{\frac{1}{n}} - 1), \quad g_n(0) = g(0) = 0$$

である．

さらに，すべての n に対し

$(**)$ $\qquad\qquad g_n(y) > g_{n+1}(y) > g(y) \quad (y > -1, \neq 0)$

で，関数列 $g_n(y)$ は（n に関して）単調減少に上から $g(y)$ に収束する（図1）．これは直感的には明白であるが，念のため証明する．まず $x_n = g_n(y),\ x_{n+1} =$

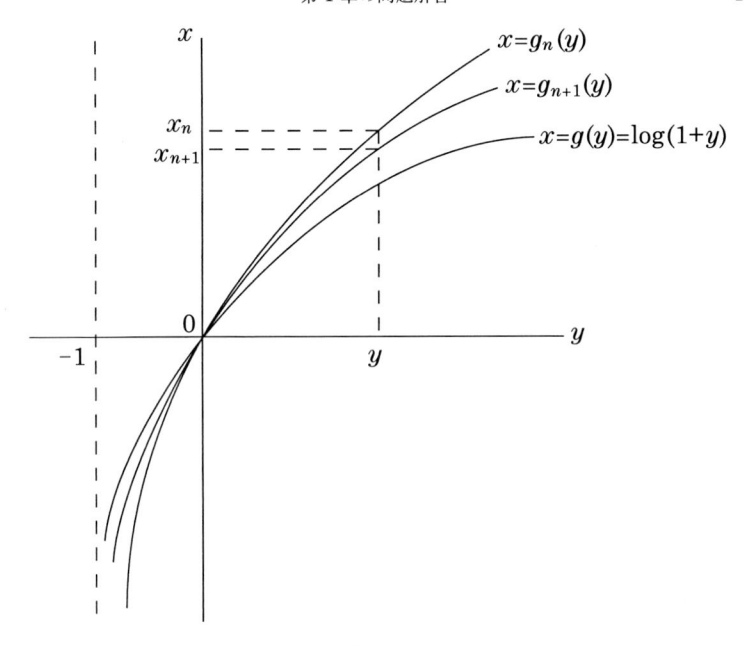

図 1

$g_{n+1}(y)$ とおき，$x_n > x_{n+1}$ をいう．もし $x_n \leq x_{n+1}$ ならば，
$$y = f_n(x_n) \leq f_{n+1}(x_n) \leq f_{n+1}(x_{n+1}) = y$$
であるから，ここですべて = が成立し，$x_n = x_{n+1} = 0$, $y = 0$ となり矛盾である．同様に，$g_{n+1}(y) \leq g(y)$ からも矛盾が生じる．よって $(**)$ が成り立つ．次に，単調減少列 $\{g_n(y)\}$ は下に有界であるから，極限値をもつ．それを x_0 とすれば，$x_0 \geq g(y)$ であるが，すべての n に対し $y = f_n(x_n) \geq f_n(x_0)$ であるから，
$$y \geq \lim_{n \to \infty} f_n(x_0) = f(x_0), \quad g(y) \geq x_0.$$
よって $x_0 = g(y)$ である．

さて，$|y| < 1$ とすれば，$g_n(y)$ は，2 項定理により，次のようなベキ級数に展開される．
$$g_n(y) = n((1+y)^{\frac{1}{n}} - 1) = \sum_{m=1}^{\infty} b_m^{(n)} y^m,$$

$$b_m^{(n)} = \frac{\left(\frac{1}{n}-1\right)\left(\frac{1}{n}-2\right)\cdots\left(\frac{1}{n}-m+1\right)}{m!}$$
$$= (-1)^{m-1}\frac{1}{m}\left(1-\frac{1}{n}\right)\left(1-\frac{1}{2\cdot n}\right)\cdots\left(1-\frac{1}{(m-1)n}\right) \quad (m \geq 1).$$

よって，m を 1 つ定めたとき，
$$b_m^{(n)} \to (-1)^{m-1}\frac{1}{m} \quad (n \to \infty)$$

である．そこで，ベキ級数
$$y - \frac{y^2}{2} + \frac{y^3}{3} - \cdots + (-1)^{m-1}\frac{y^m}{m} + \cdots \quad (|y| < 1)$$

を考える．これは（等比級数 $\sum_{m=1}^{\infty} y^m$ と比べてみれば明らかなように）$|y| < 1$ において（広義の一様に）絶対収束する．よってこの級数で表される関数を $g_0(y)$ とおく．

(***) $$\lim_{n\to\infty} g_n(y) = g_0(y) \quad (|y| < 1)$$

をいえば，最初に述べたことから，$g_0(y) = g(y)$，すなわち
$$\lim_{n\to\infty} n((1+y)^{\frac{1}{n}}-1) = \log(1+y) = \sum_{m=1}^{\infty}(-1)^{m-1}\frac{y^m}{m} \quad (|y| < 1)$$

が確定する．
$$|g_n(y) - g_0(y)| \leq \sum_{m=1}^{m_0}\left|\left(b_m^{(n)} - (-1)^{m-1}\frac{1}{m}\right)y^m\right|$$
$$+ \sum_{m=m_0+1}^{\infty}|b_m^{(n)}y^m| + \sum_{m=m_0+1}^{\infty}\frac{1}{m}|y|^m$$

の右辺における 3 つの和を S_1, S_2, S_3 とおく．前問におけるのと同様に，与えられた任意の $\varepsilon > 0$, $0 < \delta < 1$ に対して，m_0 を十分大きくとれば，$b_m^{(n)}$ の上記の表示から明らかなように，すべての $|y| \leq \delta$ に対し，
$$S_2 \leq S_3 < \frac{\varepsilon}{3}.$$

一方，m を固定したとき，

であるから,

$$b_m^{(n)} - (-1)^{m-1}\frac{1}{m} \to 0 \quad (n \to \infty)$$

であるから,上の ε, δ, m_0 に対し,n_0 を十分大きくとれば,

$$\left|b_m^{(n)} - (-1)^{m-1}\frac{1}{m}\right| < \frac{\varepsilon}{3}(1-\delta),$$

したがって,すべての $|y| \leq \delta$ に対し,$S_1 < \dfrac{\varepsilon}{3}$ となり,

$$|g_n(y) - g_0(y)| < \varepsilon \quad (|y| \leq \delta)$$

が得られ,証明が終わる. □

11. $\zeta = e^{2\pi i/n}$ とおけば,$\zeta^k = e^{2\pi ik/n}$,$(\zeta^k)^n = e^{2\pi ik} = 1$ であるから,ζ^k $(k = 0, 1, \ldots, n-1)$ は $x^n - 1 = 0$ の n 個の相異なる根である.問題14からわかるように,

$$x^n - 1 = \prod_{k=0}^{n-1}(x - \zeta^k)$$

となり,ζ^k 以外の根は存在しない. □

12. まず

$$\frac{x^5-1}{x-1} = x^4 + x^3 + x^2 + x + 1 = x^2\left(x^2 + x + 1 + \frac{1}{x} + \frac{1}{x^2}\right).$$

$y = x + \dfrac{1}{x}$ とおけば,

$$x^2 + x + 1 + \frac{1}{x} + \frac{1}{x^2} = y^2 + y - 1.$$

よって最初に方程式 $y^2 + y - 1 = 0$ を解いて,

$$(*) \qquad y = x + \frac{1}{x} = \frac{-1 \pm \sqrt{5}}{2}.$$

$\left(y = 2\cos\dfrac{2\pi}{5},\ 2\cos\dfrac{4\pi}{5}\ \text{である.}\right)$ この根の1つを α_1 とおき,方程式

$$x^2 - \alpha_1 x + 1 = 0$$

を解けば,

$$(**) \qquad x = \frac{1}{2}\left(\alpha_1 \pm \sqrt{\alpha_1^2 - 4}\right)$$

を得る．ここで
$$\alpha_1{}^2 - 4 = \frac{1}{4}(6 \mp 2\sqrt{5} - 16) = -\frac{1}{4}(10 \pm 2\sqrt{5}) < 0$$
であるから，$\beta_1 = \frac{1}{2}\sqrt{10 \pm 2\sqrt{5}}\ (> 0)$ とおけば，
$$x = \frac{1}{2}(\alpha_1 \pm \beta_1 i),$$
ただし，α_1, β_1 の表示式の中の符号は同順とする．この式によって $x=1$ 以外の 4 つの根が得られる．特に $(*), (**)$ における符号をともに $+$ とすれば，$e^{2\pi i/5}$ が得られる：
$$e^{2\pi i/5} = \frac{1}{4}\left((-1+\sqrt{5}) + i\sqrt{10+2\sqrt{5}}\right). \quad \Box$$

13. $a = \pm 1$ のとき，
$$4x^3 - 3x \mp 1 = (x \mp 1)(4x^2 \pm 4x + 1) = (x \mp 1)(2x \pm 1)^2.$$
この場合の解は自明であるから，以下 $|a| < 1,\ a = \cos\theta\ (0 < \theta < \pi)$ とする．§1.3 の記号で，$p = -\dfrac{3}{4},\ q = -\dfrac{a}{4}$ であるから，
$$t^2 + qt - \frac{p^3}{27} = t^2 - \frac{a}{4}t + \frac{1}{4^3} = 0.$$
この 2 根は $\dfrac{1}{8}e^{i\theta}, \dfrac{1}{8}e^{-i\theta}$ によって与えられる．よって
$$u_1 = \frac{1}{2}e^{i\theta/3}, \quad v_1 = \frac{1}{2}e^{-i\theta/3}$$
とすることができ，$x_1 = u_1 + v_1 = \cos\dfrac{\theta}{3}$ となる．この場合，ほかの 2 根は
$$x_2 = \omega u_1 + \omega^2 v_1 = \frac{1}{2}(e^{i(\theta+2\pi)/3} + e^{-i(\theta+2\pi)/3}) = \cos\frac{\theta + 2\pi}{3},$$
$$x_3 = \omega^2 u_1 + \omega v_1 = \frac{1}{2}(e^{i(\theta+4\pi)/3} + e^{-i(\theta+4\pi)/3}) = \cos\frac{\theta + 4\pi}{3}$$
である．$\Box$

14. n 次多項式 $f(x)$ が $(n+1)$ 個以上の根（零点）をもたないことを，n に関する帰納法で証明する．$n=1$ のとき，1 次方程式 $f(x) = ax + b = 0\ (a \neq 0)$ はただ 1 つの根 $x = -\dfrac{b}{a}$ をもつから，この場合は正しい．一般に $n > 1$ とし，

$f(x)$ が $(n+1)$ 個の相異なる根 $\alpha_1, \ldots, \alpha_{n+1}$ をもったと仮定すれば，剰余定理により，$f(x) = (x-\alpha_1)f_1(x)$ と分解される．そのとき，$2 \leq i \leq n+1$ に対し，

$$f(\alpha_i) = (\alpha_i - \alpha_1)f_1(\alpha_i) = 0$$

となるが，$\alpha_i - \alpha_1 \neq 0$ であるから，$f_1(\alpha_i) = 0$．$f_1(x)$ は $(n-1)$ 次多項式であるから，これは帰納法の仮定に反する．よって $f(x)$ は $(n+1)$ 個以上の根をもたない．□

15. $f(x) = \sum_{i=0}^{n} a_i x^{n-i}$, $g(x) = \sum_{j=0}^{m} b_j x^{m-j}$, $h(x) = f(x)g(x)$ とおけば，

$$h(x) = \sum_{k=0}^{n+m} c_k x^{n+m-k}, \quad c_k = \sum_{i+j=k} a_i b_j$$

である．よって，

$$\begin{aligned}\bar{h}(x) &= \sum_{k=0}^{n+m} \bar{c}_k x^{n+m-k} = \sum_{k=0}^{n+m} \left(\sum_{i+j=k} \bar{a}_i \bar{b}_j\right) x^{n+m-k} \\ &= \left(\sum_{i=0}^{n} \bar{a}_i x^{n-i}\right)\left(\sum_{j=0}^{m} \bar{b}_j x^{m-j}\right) = \bar{f}(x)\bar{g}(x).\end{aligned}$$

特に $g(x) = \bar{f}(x)$ とすれば，$\bar{g}(x) = f(x)$ となるから，

$$\bar{h}(x) = \bar{f}(x)\bar{g}(x) = g(x)f(x) = h(x)$$

である．よって $h(x)$ の係数 c_k はすべて実数である．□

第 2 章の問題解答

1. まず $n \geq 1$ とし，n に関する帰納法で証明する．D において

$$\begin{aligned}\frac{h(z+\Delta z) - h(z)}{\Delta z} &= f(z+\Delta z)\frac{f(z+\Delta z)^{n-1}g(z+\Delta z) - f(z)^{n-1}g(z)}{\Delta z} \\ &\quad + \frac{f(z+\Delta z) - f(z)}{\Delta z} f(z)^{n-1} g(z).\end{aligned}$$

$n = 1$ のとき，この等式から，$\Delta z \to 0$ とすれば，明らかに，

$$h'(z) \doteqdot f(z)g'(z)+f'(z)g(z)$$

（積の微分の公式）を得る．$n \geq 2$ のとき，右辺の第 1 項は，帰納法の仮定と $f(z)$ の連続性により，

$$f(z)(f(z)^{n-1}g(z))' = f(z)\cdot f(z)^{n-2}((n-1)f'(z)g(z)+f(z)g'(z))$$

に収束する．右辺の第 2 項は，明らかに

$$f(z)^{n-1}f'(z)g(z)$$

に収束するから，n の場合の等式

$$h'(z) = f(z)^{n-1}(nf'(z)g(z)+f(z)g'(z))$$

が得られる．次に $n = 0$ の場合は自明であるから，$n < 0$ とする．D から $f(z)$ の零点を除いた領域で，$h(z) = (f(z)^{-1})^{-n}g(z)$ であるから，上の等式を $f(z)^{-1}$ と $-n$ に適用して，

$$h'(z) = (f(z)^{-1})^{-n-1}((-n)(f(z)^{-1})'g(z)+f(z)^{-1}g'(z)).$$

上に証明した積の微分の公式を $f(z)f(z)^{-1} = 1$ に適用し，

$$f'(z)f(z)^{-1}+f(z)(f(z)^{-1})' = 0$$

から，$(f(z)^{-1})' = -f'(z)f(z)^{-2}$ を得る．これを上式に代入して，

$$h'(z) = f(z)^{n+1}(nf(z)^{-2}f'(z)g(z)+f(z)^{-1}g'(z)).$$

これから証明すべき等式が得られる．□

2. $w = g(z)$, $\Delta w = g(z+\Delta z)-g(z)$ とおけば，$z, z+\Delta z \in D'$ のとき，仮定により

$$h(z+\Delta z)-h(z) = f(g(z+\Delta z))-f(g(z)) = f(w+\Delta w)-f(w)$$
$$= f'(w)\Delta w + o(\Delta w) = f'(g(z))(g'(z)\Delta z + o(\Delta z)) + o(\Delta w).$$

ここで，$\Delta z \to 0$ のとき（$\Delta w \to 0$ であるから）

$$\frac{o(\Delta z)}{\Delta z} \to 0, \quad \frac{o(\Delta w)}{\Delta z} = \frac{\Delta w}{\Delta z}\frac{o(\Delta w)}{\Delta w} \to g'(z)\cdot 0 = 0$$

である（$\Delta w = 0$ になることがあっても第 2 式は成立する）から，

$$\frac{h(z+\Delta z)-h(z)}{\Delta z} \to f'(g(z))g'(z)$$

である．□

3. $F(z) = \sum_{n=1}^{\infty} \frac{a_{n-1}}{n} z^n$ が $f(z)$ の原始関数になることを示す．$|z_0| < r$ とすれば，ある（n に無関係の）正定数 K があって，

$$\left|\frac{a_{n-1}}{n} z^n\right| \leq |a_{n-1} z_0^{n-1}| \frac{|z_0|}{n} \left|\frac{z}{z_0}\right|^n \leq K \left|\frac{z}{z_0}\right|^n.$$

よって，$F(z)$ のベキ級数は $|z| < |z_0|$ において収束する．したがってその収束半径は $\geq r$ である．$F(z)$ を項別微分すれば，明らかに $F'(z) = f(z)$ である．よって，定理 1 により，$F(z)$ の収束半径は実際 $f(z)$ のそれと等しく $= r$ である．(これは，コーシー–アダマールの式からもわかる．)（§2.4，定理 2″ 系の記号で

$$\frac{a_{n-1}}{n} z^n = \int_0^z a_{n-1} z^{n-1} dz$$

であるから，$F(z)$ の級数は，$f(z)$ のそれを項別積分したものである．）□

4.
$$\lim_{n \to \infty} \frac{(n+1)^{-2}}{n^{-2}} = \lim_{n \to \infty} \left(1 + \frac{1}{n}\right)^{-2} = 1$$

であるから，$f(z) = \sum_{n=1}^{\infty} \frac{z^n}{n^2}$ の収束半径は 1 である．$|z| < 1$ において，

$$f'(z) = \sum_{n=1}^{\infty} \frac{z^{n-1}}{n} = \sum_{n=0}^{\infty} \frac{z^n}{n+1}, \quad f''(z) = \sum_{n=1}^{\infty} \frac{n}{n+1} z^{n-1}.$$

よって，

$$zf''(z) + f'(z) = \sum_{n=0}^{\infty} z^n = \frac{1}{1-z}$$

が成立する．□

5. $z = \psi(t')$ $(a' \leq t' \leq b')$ を別のパラメーター表示とし，2 つのパラメーターの間の関係は，$[a,b]$ において単調増大で（区分的に）滑らかな関数 σ：

$$\sigma(a) = a', \quad \sigma(b) = b', \quad \sigma(t) = t'$$

によって与えられるものとする．そのとき，

$$\varphi(t) = \psi(\sigma(t)), \quad \varphi'(t) = \psi'(\sigma(t))\sigma'(t) \quad (a \leq t \leq b)$$

であるから，これらを (2.15) の右辺に代入して

$$\int_a^b f(\varphi(t))\varphi'(t)dt = \int_a^b f(\psi(\sigma(t)))\psi'(\sigma(t))\sigma'(t)dt.$$

変数変換 $t' = \sigma(t)$ を行えば，$dt' = \sigma'(t)dt$ であるから，置換積分公式によりこの式は

$$= \int_{a'}^{b'} f(\psi(t'))\psi'(t')dt'$$

となる．これはパラメーター表示 $z = \psi(t')$ に対応する (2.15) に他ならない．また，曲線の長さに関しては，$\sigma(t)$ が単調増大（したがって $\sigma'(t) > 0$）であることから，

$$|\varphi'(t)|dt = |\psi'(\sigma(t))|\sigma'(t)dt = |\psi'(t')|dt'$$

となり，(2.14) から変数変換で，$z = \psi(t')$ に対応する式

$$L = \int_{a'}^{b'} |\psi'(t')|dt'$$

が得られる．□

6. 等式

$$\frac{1}{z-\zeta-\Delta\zeta} - \frac{1}{z-\zeta} = \frac{\Delta\zeta}{(z-\zeta-\Delta\zeta)(z-\zeta)}$$

と $f(\zeta)$ の定義式から

$$\frac{f(\zeta+\Delta\zeta)-f(\zeta)}{\Delta\zeta} = \int_\gamma \frac{\varphi(z)}{(z-\zeta-\Delta\zeta)(z-\zeta)}dz,$$

$$(*) \quad \frac{f(\zeta+\Delta\zeta)-f(\zeta)}{\Delta\zeta} - \int_\gamma \frac{\varphi(z)}{(z-\zeta)^2}dz = \Delta\zeta \cdot \int_\gamma \frac{\varphi(z)}{(z-\zeta-\Delta\zeta)(z-\zeta)^2}dz$$

が得られる．$0 < \rho < r$ を固定したとき，$z \in \gamma$；$\zeta, \zeta+\Delta\zeta \in C_\rho(a)$ ならば，$|z-\zeta|, |z-\zeta-\Delta\zeta| > r-\rho$ となり，また $|\varphi(z)|$ $(z \in \gamma)$ は有界である．よって，ある ($\zeta, \Delta\zeta$ に無関係な) 正定数 K があって，式 $(*)$ の右辺の絶対値は $\leq K|\Delta\zeta|$ である．よって $f(\zeta)$ は $C_r(a)$ において正則で，

$$f'(\zeta) = \int_\gamma \frac{\varphi(z)}{(z-\zeta)^2} dz$$

が成立する． □

7. 仮定により，$f(z) = a\prod_{k=1}^{n}(z-\alpha_k)$ $(a \neq 0,\ k \neq j \Rightarrow \alpha_k \neq \alpha_j)$ と表される．$\dfrac{1}{f(z)}$ は有理関数であるから，全平面で有理型で，α_k $(1 \leq k \leq n)$ においてのみ1位の極をもち，その留数は

$$\lim_{z \to \alpha_k} \frac{z - \alpha_k}{f(z)} = \prod_{j \neq k}(\alpha_k - \alpha_j)^{-1} = f'(\alpha_k)^{-1}$$

である．よって，

$$g(z) = \frac{1}{f(z)} - \sum_{k=1}^{n} f'(\alpha_k)^{-1} \frac{1}{z - \alpha_k}$$

とおけば，$g(z)$ は全平面で正則な有理式, すなわち多項式になる．しかし, $z \to \infty$ のとき, 右辺を見てわかるように, $g(z) \to 0$ であるから, $g(z)$ は定数 0 である. よって問題の等式（ラグランジュの公式）を得る．$\dfrac{1}{f(z)}$ の極は, 上述のように, $z = \alpha_k$ $(1 \leq k \leq n)$ における1位の極のみであるから, 留数定理により, $\displaystyle\int_\gamma \frac{1}{f(z)} dz$ の表示式 $(*)$ を得る．特に，$f(z) = z^n + 1$ $(n \geq 2)$ とすれば,

$$f(z) = \prod_{k=1}^{n}(z - \zeta^{2k-1}) \quad (\zeta = e^{\pi i/n}),$$

すなわち, 上の記号で $\alpha_k = \zeta^{2k-1}$ で,

$$f'(\alpha_k) = n\zeta^{(2k-1)(n-1)} = -n\zeta^{-(2k-1)}.$$

よって，$f(x) = x^n + 1$ の x^{n-1} の係数が0であることから，根と係数の関係により

$$\sum_{k=1}^{n} f'(\alpha_k)^{-1} = -n^{-1} \sum_{k=1}^{n} \zeta^{(2k-1)} = 0.$$

γ の半径 $\neq 1$ ならば, γ の内部は α_k を全部含むか, 1つも含まないから, $(*)$ により，$\displaystyle\int_\gamma \frac{1}{f(z)} dz = 0$ を得る． □

第3章の問題解答

1. 1) $(1+z^2)^{-1}$ のテイラー展開は
$$(1+z^2)^{-1} = 1-z^2+z^4-\cdots \qquad (|z|<1)$$
であるから，これを項別積分して，
$$\arctan z = \int_0^z \frac{dz}{1+z^2} = z-\frac{z^3}{3}+\frac{z^5}{5}-\cdots$$
を得る．このベキ級数の収束半径も $(1+z^2)^{-1}$ のそれと同じ 1 である．□

2) $\cos z = \frac{1}{2}(e^{iz}+e^{-iz})$ であるから，
$$\cos z = 0 \Leftrightarrow e^{2iz} = -1 \Leftrightarrow z = \frac{\pi}{2}+n\pi\ (n\in \mathbf{Z}).$$
$z=\frac{\pi}{2}+n\pi$ に対し，$\sin\left(\frac{\pi}{2}+n\pi\right) = \pm 1$ であるから，z のこの値に対し $\tan z = \frac{\sin z}{\cos z}$ は 1 位の極になる．また
$$\tan z = \frac{1}{i}\frac{e^{2iz}-1}{e^{2iz}+1} = \pm i \Leftrightarrow e^{2iz}-1 = \mp(e^{2iz}+1).$$
$e^{2iz} \neq 0$ であるから，明らかにこの最後の方程式は解をもたない．したがって，$\tan z \neq \pm i$ である．$\tan z$ が周期 π の周期関数になることはその定義式から明白である．□

3) $w=\arctan z$ と $z=\tan w$ が互いに逆関数になることは，$\log(1+z)$ と e^w-1 の場合と同じ論法で証明することができる．しかしここでは，これを後者の場合に帰着させて証明することにする．

まず，
$$\begin{aligned}\arctan z &= \int_0^z \frac{dz}{1+z^2} = \frac{i}{2}\int_0^z \left(\frac{1}{z+i}-\frac{1}{z-i}\right)dz \\ &= \frac{i}{2}\left(\log\left(1+\frac{z}{i}\right)-\log\left(1-\frac{z}{i}\right)\right) \\ &= \frac{i}{2}\log\frac{1-iz}{1+iz} = \frac{1}{2i}\log\left(1+\frac{2iz}{1-iz}\right).\end{aligned}$$
一方，

$$\tan w = \frac{\sin w}{\cos w} = \frac{1}{i}\frac{e^{iw}-e^{-iw}}{e^{iw}+e^{-iw}} = \frac{1}{i}\frac{e^{2iw}-1}{e^{2iw}+1}.$$

よっていま,$w' = 2iw$,$z' = \dfrac{2iz}{1-iz}(\Leftrightarrow iz = \dfrac{z'}{z'+2})$ とおけば,

$$w = \arctan z \iff 2iw = \log\left(1+\frac{2iz}{1-iz}\right)$$
$$\iff w' = \log(1+z'),$$
$$z = \tan w \iff iz = \frac{e^{2iw}-1}{e^{2iw}+1}$$
$$\iff z' = e^{w'} - 1.$$

よって,これらの式はすべて同値になる.

より精密に 1 対 1 対応を得るために,$z' \in D_1$,$|\operatorname{Im} w'| < \pi$(主値)とすれば,本文に説明したように,上の関係で z', w' は 1 対 1 に対応する.上記の 1 次分数変換 $z' \to iz = \dfrac{z'}{z'+2}$ により,$z' = -1, -2, -\infty$ は $z = i, \pm i\infty, -i$ に写され,したがって半直線 $(-1, -\infty)$ から -2 を除いた部分は,2 本の(垂直な)半直線 $(i, i\infty), (-i\infty, -i)$ に対応する.よって領域 D_1 は D_1' に 1 対 1 に写像される.一方,$w' \to w = \dfrac{1}{2i}w'$ により,(水平な)帯上領域 $|\operatorname{Im} w'| < \pi$ は(垂直な)帯上領域 $|\operatorname{Re} w| < \dfrac{\pi}{2}$ に 1 対 1 に写像される.したがって,これらの対応を合成すれば,写像 $z \to w = \arctan z$(主値)により,D_1' が $|\operatorname{Re} w| < \dfrac{\pi}{2}$ に 1 対 1 に写像され,その逆写像が $z = \tan w$ によって与えられることがわかる.要約すれば,関数 $w = \arctan z$ は次のように分解される:

$$z \in D_1' \to z' = \frac{2iz}{1-iz} \in D_1 \to w' = \log(1+z'),\ |\operatorname{Im} w'| < \pi$$
$$\to w = \frac{1}{2i}w',\ |\operatorname{Re} w| < \frac{\pi}{2}.\ \square$$

注意 これはほんの一例にすぎないが,一般に有理式(分数式)の原始関数は,有理式と対数関数によって表される.これはすでに 18 世紀末にはよく知られていて,次の問題として,代数関数の原始関数,およびその逆関数を求めることが考えられるようになった.楕円関数はその(三角関数以外の)最初の例として登場したのである.

2. (3.11) において,変数変換 $x \to y = e^{-x}$ を行えば,

$$x = \log\frac{1}{y},\quad dy = -e^{-x}dx.$$

x の区間 $[0,\infty)$ は y の（負方向の）区間 $(0,1]$ に対応する．よって
$$\Gamma(s) = \int_0^1 \left(\log\frac{1}{y}\right)^{s-1} dy.$$
$y > 0$ に対し
$$\log\frac{1}{y} = -\log y = -\left.\frac{dy^t}{dt}\right|_{t=0} = \lim_{t\to 0}\frac{1-y^t}{t} = \lim_{k\to\infty} k(1-y^{\frac{1}{k}})$$
であるから，
(*) $$\Gamma(s) = \int_0^1 \lim_{k\to\infty} k^{s-1}(1-y^{\frac{1}{k}})^{s-1} dy.$$
ここで，再び変数変換 $y \to x = 1-y^{1/k}$ を行えば，
$$y = (1-x)^k, \quad dy = -k(1-x)^{k-1} dx.$$
ベータ積分の公式（この場合は k に関する帰納法で容易に証明できる）により
$$\int_0^1 (1-y^{\frac{1}{k}})^{s-1} dy = k\int_0^1 x^{s-1}(1-x)^{k-1} dx = -\frac{k!}{s(s+1)\cdots(s+k-1)}.$$
よって，(*) において（オイラー流に）積分と極限の入れかえを行えば，
$$\Gamma(s) = \lim_{k\to\infty} k^{s-1}\frac{k!}{s(s+1)\cdots(s+k-1)}.$$
これから $((k-1)/k \to 1$ であるから）ガウスの公式 (3.13) はただちに得られる．（より厳密な証明については『概論』§68 参照．）

3. (3.13′) $\Gamma(s)^{-1} = s\lim_{n\to\infty} n^{-s}(1+s)\left(1+\frac{s}{2}\right)\cdots\left(1+\frac{s}{n}\right)$ から，
$$\Gamma(1-s)^{-1} = -s^{-1}\Gamma(-s)^{-1}$$
$$= -s^{-1}(-s)\lim_{n\to\infty} n^s(1-s)\left(1-\frac{s}{2}\right)\cdots\left(1-\frac{s}{n}\right).$$
よって，
$$\Gamma(s)^{-1}\Gamma(1-s)^{-1} = s\lim_{n\to\infty}(1-s^2)\left(1-\frac{s^2}{2^2}\right)\cdots\left(1-\frac{s^2}{n^2}\right).$$
(1.17) により，これは $\frac{1}{\pi}\sin\pi s$ に等しい．

4. ガウスの公式
(3.13) $$\Gamma(s) = \lim_{n\to\infty}\frac{n!n^s}{s(s+1)\cdots(s+n)}$$

から
$$\Gamma\left(\frac{s}{2}\right) = \lim_{n\to\infty} \frac{n! n^{\frac{s}{2}}}{\frac{s}{2}\left(\frac{s}{2}+1\right)\cdots\left(\frac{s}{2}+n\right)}$$
$$= \lim_{n\to\infty} \frac{2^{n+1} n! n^{\frac{s}{2}}}{s(s+2)\cdots(s+2n)},$$
$$\Gamma\left(\frac{s+1}{2}\right) = \lim_{n\to\infty} \frac{2^{n+1} n! n^{\frac{s+1}{2}}}{(s+1)(s+3)\cdots(s+2n+1)}.$$

よって
$$\Gamma\left(\frac{s}{2}\right)\Gamma\left(\frac{s+1}{2}\right) = \lim_{n\to\infty} \frac{2^{2(n+1)}(n!)^2 n^{s+\frac{1}{2}}}{s(s+1)(s+2)\cdots(s+2n+1)}.$$

一方，(3.13) およびウォリスの公式から
$$\Gamma(s) = \lim_{n\to\infty} \frac{(2n)!(2n)^s}{s(s+1)\cdots(s+2n)},$$
$$\sqrt{\pi} = \Gamma\left(\frac{1}{2}\right) = \lim_{n\to\infty} \frac{2^{n+1} n! n^{\frac{1}{2}}}{1\cdot 3\cdot\cdots\cdot(2n+1)}.$$

よって
$$\sqrt{\pi}\,\Gamma(s) = \lim_{n\to\infty} \frac{2^{2n+1}(n!)^2 (2n)^s n^{\frac{1}{2}}}{s(s+1)\cdots(s+2n)\cdot(2n+1)},$$

$(s+2n+1)/(2n+1) \to 1$ であるから，
$$\Gamma\left(\frac{s}{2}\right)\Gamma\left(\frac{s+1}{2}\right)\Big/\sqrt{\pi}\,\Gamma(s) = 2^{1-s}$$

を得る．

5.
$$\frac{e^x-1}{x} = \sum_{n=1}^{\infty} \frac{1}{n!} x^{n-1} = \sum_{n=0}^{\infty} \frac{1}{(n+1)!} x^n,$$
$$f(x) = \sum_{n=0}^{\infty} \frac{B_n}{n!} x^n.$$

よって，(形式的) ベキ級数の乗法により
$$\frac{e^x-1}{x} f(x) = \sum_{n=0}^{\infty} c_n x^n$$

とすれば，
$$c_n = \sum_{k=0}^{n} \frac{1}{(n-k+1)!} \cdot \frac{B_k}{k!} = \frac{1}{(n+1)!} \sum_{k=0}^{n} \binom{n+1}{k} B_k.$$
よって
$$c_n = \frac{1}{n!} \iff \sum_{k=0}^{n} \binom{n+1}{k} B_k = n+1$$
である．□

6. $\sigma > 1$ に対し
$$\int_{1}^{\infty} \frac{dx}{x^\sigma} = \lim_{K \to \infty} \int_{1}^{K} \frac{dx}{x^\sigma} = \lim_{K \to \infty} \frac{1}{1-\sigma}(K^{1-\sigma}-1) = \frac{1}{\sigma-1}.$$
よって，問題の不等式に $\sigma-1$ をかければ，
$$1 < (\sigma-1)\zeta(\sigma) < \sigma$$
となり，明らかに $\lim_{\sigma \to 1+0} (\sigma-1)\zeta(\sigma) = 1$．□

7. 1) $L(s,\chi) = \sum_{n=0}^{\infty} \frac{(-1)^n}{(2n+1)^s}$ の絶対値級数は，$\zeta(s)$ のそれの一部であるから，$\sigma = \mathrm{Re}\, s > 1$ のとき，
$$1 + \frac{1}{3^\sigma} + \frac{1}{5^\sigma} + \cdots < \zeta(\sigma) < \infty.$$
よって，この級数は絶対収束する．同様に
$$\sum_{p:\text{prime}} \frac{1}{p^\sigma} < \infty$$
であるから，オイラー積
$$\prod_{p} \left(1 - \frac{\chi(p)}{p^s}\right)^{-1} = \prod_{p} \left(1 + \frac{\chi(p)}{p^s} + \frac{\chi(p)^2}{p^{2s}} + \cdots\right)$$
も絶対収束し，通常の分配法則によって展開することができる．そのとき，$\frac{1}{n^s}$ の係数は，$n = \prod_{i=1}^{m} p_i^{r_i}$ に対し，指標 χ の乗法性から，

になる．よって
$$L(s,\chi) = \prod_p \left(1 - \frac{\chi(p)}{p^s}\right)^{-1}.$$

また $G(x) = \sum_{n=1}^{\infty} \chi(n)e^{-nx}$ とおけば，
$$\begin{aligned} G(x) &= \sum_{m=0}^{\infty} e^{-(4m+1)x} - \sum_{m=0}^{\infty} e^{-(4m+3)x} \\ &= \frac{e^{-x} - e^{-3x}}{1 - e^{-4x}} = \frac{1}{e^x + e^{-x}}. \end{aligned}$$

よって，$\zeta(s)$ のときと同様の論法により，Re $s > 1$ に対し
$$\int_0^{\infty} e^{-nx} x^{s-1} dx = \frac{\Gamma(s)}{n^s}$$
から，
$$\Gamma(s)L(s,\chi) = \int_0^{\infty} \left(\sum_{n=1}^{\infty} \chi(n)e^{-nx}\right) x^{s-1} dx = \int_0^{\infty} G(x) x^{s-1} dx$$
を得る．□

2) $G(x)$ の極は $x = \pi i k/2$ ($k \in \mathbf{Z}$) における 1 位の極だけであるから，$0 < \varepsilon < \dfrac{\pi}{2}$ とし，$\zeta(s)$ のときの積分 $F(x)$ において $(e^x - 1)^{-1}$ を $G(x)$ でおきかえたもの
$$H(s) = i \int_{\infty}^{\infty} G(x)(-x)^{s-1} dx$$
を考えれば，$\zeta(s)$ のときと同様にして
$$H(s) = 2\sin \pi s \int_{\varepsilon}^{\infty} G(x) x^{s-1} dx - ie^{-\pi i s} \int_{\gamma_{\varepsilon}(0)} G(x) x^{s-1} dx$$
となり，$H(s)$ は ε によらない整関数である．0 の近傍で $|xG(x)|$ は有界であるから，Re $s > 1$ のとき，$\varepsilon \to 0$ とすれば，第 2 の積分は $\to 0$ となり，
$$H(s) = 2\sin \pi s \int_0^{\infty} G(x) x^{s-1} dx = 2\sin \pi s \cdot \Gamma(s) L(s,\chi),$$

あるいは，(3.14) により
$$L(s,\chi) = \frac{1}{2\pi}\Gamma(1-s)H(s).$$

4) に示すように，正整数 n に対し，$H(n) = 0$ であるから，$L(s,\chi)$ は整関数である．(このことは下記の等式 (*) からもわかる．$\zeta\left(s,\frac{1}{4}\right),\zeta\left(s,\frac{3}{4}\right)$ ともに $s=1$ においてのみ 1 位の極をもち，その留数はともに 1 であるから．) □

3) 関数等式も $\zeta(s)$ のときと同様にして得られるが，ここでは付記 3B のフルヴィッツのゼータ関数の関数等式を利用して証明する (問題 10)．明らかに

$$(*) \qquad L(s,\chi) = 4^{-s}\left(\zeta\left(s,\frac{1}{4}\right)-\zeta\left(s,\frac{3}{4}\right)\right)$$

で，$G(x) = \dfrac{e^{3x}-e^x}{e^{4x}-1}$ であるから，$H(s)$ の定義式において，変換 $x \to y = 4x$ を行えば，

$$\begin{aligned}
H(s) &= i\int_\infty^\infty \frac{e^{3x}-e^x}{e^{4x}-1}(-x)^{s-1}dx \\
&= i\int_\infty^\infty \frac{e^{\frac{3}{4}y}-e^{\frac{1}{4}y}}{e^y-1}\left(-\frac{y}{4}\right)^{s-1}dy \\
&= 4^{-s}\left(F\left(s,\frac{1}{4}\right)-F\left(s,\frac{3}{4}\right)\right).
\end{aligned}$$

3 章の付記 (B3) により，Re $s < 0$ のとき，((3) = 1 または 3 として)

$$F\left(s,\frac{(3)}{4}\right) = (2\pi)^s\, 2\sum_{k=1}^\infty \frac{\sin\frac{\pi}{2}(s+(3)k)}{k^{1-s}}.$$

また

$$\sin\left(\frac{\pi}{2}(s+k)\right)-\sin\left(\frac{\pi}{2}(s+3k)\right) = \begin{cases} 0 & (k:\text{偶数}) \\ (-1)^{\frac{k-1}{2}}2\cos\frac{\pi}{2}s & (k:\text{奇数}) \end{cases}$$

であるから，

$$\begin{aligned}
H(s) &= 4^{-s}(2\pi)^s\, 2\sum_{k=1}^\infty \frac{\chi(k)2\cos\frac{\pi}{2}s}{k^{1-s}} \\
&= 4\left(\frac{\pi}{2}\right)^s\cos\frac{\pi}{2}s\cdot L(1-s,\chi).
\end{aligned}$$

これから関数等式

を得る．□

4)
$$e^x + e^{-x} = 2\sum_{m=0}^{\infty} \frac{1}{(2m)!} x^{2m},$$

であるから，$(e^x+e^{-x})G(x)=1$ によって定義された偶関数 $G(x)$ のベキ級数展開を

$$G(x) = \frac{1}{2}\sum_{m=0}^{\infty} \frac{(-1)^m E_m}{(2m)!} x^{2m}$$

とおけば，

$$\left(\sum_{m=0}^{\infty} \frac{1}{(2m)!} x^{2m}\right)\left(\sum_{m=0}^{\infty} \frac{(-1)^m E_m}{(2m)!} x^{2m}\right) = 1.$$

これから $E_0 = 1$ で，$E_1, E_2, \ldots$ は漸化式

$$\sum_{k=0}^{m}(-1)^k \binom{2m}{2k} E_k = 0 \quad (m \geq 1)$$

から求められる：

$$E_1 = 1,\ E_2 = 5,\ E_3 = 61,\ \ldots$$

(E_m は"オイラー数"と呼ばれている．"オイラー定数"([概論]§44) とは別のものであることに注意．E_m は正の奇数で，末尾の数字は 1 または 5 になる．)
よって

$$G(x) = \frac{1}{2} - \frac{1}{4}x^2 + \frac{5}{48}x^4 + \cdots.$$

$n \in \mathbf{Z}$ に対して，

$$H(n) = (-1)^n 2\pi \operatorname{Res}_{x=0}(G(x)x^{n-1})$$

であるから，$n \geq 1$ または n が奇数ならば，明らかに $H(n) = 0$ で，

$$H(-2m) = (-1)^m \pi \frac{E_m}{(2m)!} \quad (m \geq 0).$$

また $L(n,\chi) = \dfrac{1}{2\pi}\Gamma(1-n)H(n)$ は n が負の奇数ならば $=0$ で,$n=-2m$ のとき

$$L(-2m,\chi) = (-1)^m \frac{E_m}{2} \quad (m \geq 0),$$

$n = 2m+1$ のとき,関数等式において $s = 2m+1$ とおき,オイラーの公式

$$L(2m+1,\chi) = \left(\frac{\pi}{2}\right)^{2m+1} \frac{E_m}{2(2m)!} \quad (m \geq 0)$$

を得る. □

8. (A2) の証明:B_n の定義により

$$\frac{t}{e^t-1} = \sum_{n=0}^{\infty} \frac{B_n}{n!}(-t)^n, \quad e^{xt} = \sum_{n=0}^{\infty} \frac{1}{n!}x^n t^n.$$

よって,

$$\begin{aligned}
\frac{te^{xt}}{e^t-1} &= \sum_{n=0}^{\infty} \frac{B_n}{n!}(-t)^n \cdot \sum_{n=0}^{\infty} \frac{1}{n!}x^n t^n \\
&= \sum_{n=0}^{\infty} n! \left(\sum_{k=0}^{n} (-1)^k \frac{B_k}{k!} \frac{1}{(n-k)!} x^{n-k} \right) \frac{t^n}{n!} \\
&= \sum_{n=0}^{\infty} \left(\sum_{k=0}^{n} (-1)^k \binom{n}{k} B_k x^{n-k} \right) \frac{t^n}{n!}.
\end{aligned}$$

よって $B_n(x)$ の定義から,

$$\frac{te^{xt}}{e^t-1} = \sum_{n=0}^{\infty} B_n(x) \frac{t^n}{n!}. \quad \square$$

(逆にこの式を $B_n(x)$ の定義式とすることもできる.)

(A3) の証明:$n \geq 1$ のとき,

$$\begin{aligned}
B_n'(x) &= \sum_{j=0}^{n-1} (-1)^j \binom{n}{j} B_j \cdot (n-j) x^{n-j-1} \\
&= \sum_{j=0}^{n-1} (-1)^j \frac{n!}{j!(n-j-1)!} B_j x^{n-j-1} \\
&= n \sum_{j=0}^{n-1} (-1)^j \binom{n-1}{j} B_j x^{n-j-1} = nB_{n-1}(x). \quad \square
\end{aligned}$$

(A4) の証明：

$$\sum_{n=0}^{\infty}(B_n(x+1)-B_n(x))\frac{t^n}{n!} = \frac{t(e^{(x+1)t}-e^{xt})}{e^t-1} = te^{xt}$$
$$= \sum_{n=0}^{\infty}\frac{x^n}{n!}t^{n+1} = \sum_{n=0}^{\infty}nx^{n-1}\frac{t^n}{n!}.$$

よって，t^n の係数を比較して，

$$B_n(x+1)-B_n(x) = nx^{n-1} \quad (n\geq 0). \quad \Box$$

(A5) の証明：

$$\sum_{n=0}^{\infty}B_n(1-x)\frac{t^n}{n!} = \frac{te^{(1-x)t}}{e^t-1} = \frac{te^{-xt}}{1-e^{-t}} = \frac{(-t)e^{x(-t)}}{e^{-t}-1}$$
$$= \sum_{n=0}^{\infty}B_n(x)\frac{(-t)^n}{n!}.$$

よって，

$$B_n(1-x) = (-1)^n B_n(x). \quad \Box$$

9. $B_{n+1}(x)$ に対する (A4) に順次 $x=1,\ldots,k$ を代入した式を辺々加えれば，

$$1^n+2^n+\cdots+k^n = \frac{1}{n+1}(B_{n+1}(k+1)-B_{n+1}(1))$$

を得る．この右辺に (A5) を適用すれば，

$$= \frac{(-1)^{n+1}}{n+1}(B_{n+1}(-k)-B_{n+1}(0))$$
$$= \frac{(-1)^{n+1}}{n+1}\left(\sum_{j=0}^{n+1}(-1)^j\binom{n+1}{j}B_j(-k)^{n+1-j}-(-1)^{n+1}B_{n+1}\right)$$
$$= \frac{1}{n+1}\sum_{j=0}^{n}\binom{n+1}{j}B_j k^{n+1-j}.$$

10. この問題の解答の主要な部分はすでに問題 7 の解答の中に述べたので，省略する．問題 7 の解答参照．

11. $L(s,\chi)$ が $\operatorname{Re} s>1$ で絶対収束することは既知である．逆に $L(s,\chi)$, $\sigma=\operatorname{Re} s>0$ の級数が絶対収束するとすれば，任意の正整数は $n=2^r n'$ (n' は奇

数）と一意的に表されるから

$$\sum_{n=1}^{\infty}\frac{1}{n^\sigma} = \sum_{n=0}^{\infty}\frac{1}{2^{n\sigma}} \cdot \sum_{n:\text{odd}}\frac{1}{n^\sigma}$$

も収束するから，$\sigma > 1$ である．よって $\rho^+ = 1$．一方，$\sigma > 0$ ならば，

$$L(\sigma,\chi) = \sum_{m=1}^{\infty}(-1)^m\frac{1}{(2m+1)^\sigma}$$

は交代級数で，$(2m+1)^{-\sigma} \to 0 \ (m \to \infty)$ であるから，収束する．しかし $\sigma < 0$ ならば，$(2m+1)^{-\sigma} \to \infty (m \to \infty)$ となるから，この級数は発散する．よって，$\rho = 0$ である．□

12. $f(x) = \displaystyle\sum_{n=1}^{\infty}a_n n^{-s}$, $1 < m \leq m'$ に対し，

$$A_{m,m'} = \sum_{n=m}^{m'}a_n, \quad S_{m,m'} = \sum_{n=m}^{m'}a_n n^{-\sigma}, \quad \sigma > 0$$

とおく．仮定により，任意の $1 < m \leq n$ に対し

$$|A_{m,n}| = |A_n - A_{m-1}| \leq |A_n| + |A_{m-1}| \leq 2C.$$

アーベルの変形法により，

$$S_{m,m'} = \sum_{n=m}^{m'-1}A_{m,n}(n^{-\sigma}-(n+1)^{-\sigma}) + A_{m,m'}m'^{-\sigma}$$

であるから，

$$|S_{m,m'}| \leq \sum_{n=m}^{m'-1}2C(n^{-\sigma}-(n+1)^{-\sigma}) + 2Cm'^{-\sigma}$$
$$= 2Cm^{-\sigma} \to 0 \quad (m \to \infty).$$

よって $f(\sigma)$ の級数は収束する．したがって，$\rho \leq 0$ である．□

第 4 章の問題解答

1.　　$61 = 6^2 + 5^2$, $73 = 8^2 + 3^2$．よって，(4.2) により

$$4453 = 61\cdot 73 \;=\; (6^2+5^2)(8^2+3^2) \;=\; (6\cdot 8-5\cdot 3)^2+(6\cdot 3+5\cdot 8)^2$$
$$= 33^2+58^2 \;=\; 58^2+33^2$$
$$= (5^2+6^2)(8^2+3^2) \;=\; (5\cdot 8-6\cdot 3)^2+(5\cdot 3+6\cdot 8)^2$$
$$= 22^2+63^2 \;=\; 63^2+22^2. \quad \Box$$

2. $\dfrac{5}{1+3i} = \dfrac{5(1-3i)}{10} = \dfrac{1}{2} - \dfrac{3}{2}i$. これに最も近い格子点（の1つ）は $-i$ であるから，(4.3) は

$$5 \;=\; (-i)(1+3i)+(2+i), \quad |2+i| < |1+3i|$$

となる．同様に，$\dfrac{1+3i}{2+i} = 1+i$. しかし，これ自身が格子点（ガウスの整数）であるから，

$$1+3i \;=\; (1+i)(2+i).$$

この2式により，$2+i$ が 5 と $1+3i$ の G.C.D. であることがわかる．別法として，5 の素元分解

$$5 = 2^2+1^2 \;=\; (2+i)(2-i)$$

から，$2+i$ を見いだすこともできる．

3. R において，$\alpha = \beta\gamma$ と分解されたとすれば，

$$p \;=\; N(\alpha) \;=\; N(\beta)N(\gamma).$$

ここで，p は素数，$N(\beta), N(\gamma)$ は正整数であるから，$N(\beta), N(\gamma)$ の一方は $=1$ でなければならない；たとえば，$N(\beta)=1$ とすれば，β は単数である．よって α は素元である．$\Box$

4. $\alpha = a+b\omega, \beta = c+d\omega \in \mathbf{Z}[\omega]$ とすれば，

$$\alpha\pm\beta = (a\pm c)+(b\pm d)\omega \in \mathbf{Z}[\omega]$$

は明白．$\omega^2 = -1-\omega$ から

$$\alpha\beta = (a+b\omega)(c+d\omega) = (ac-bd)+(ad+bc-bd)\omega \in \mathbf{Z}[\omega].$$

よって，$\mathbf{Z}[\omega]$ は加減乗の演算に関して閉じているから，$\mathbf{C}$ の部分環になる．$\mathbf{Z}[\omega]$

における素元分解の一意性をいうためには，($\mathbf{Z}[i]$ の場合と同様に）$R = \mathbf{Z}[\omega]$ に対して，補題 1 が成り立つことをみればよい．この場合，R は $\mathbf{C}$ の部分集合として，$x+y\omega$ $(x,y \in \mathbf{Z})$ の形の元からなる格子で，その基本集合は，$0, 1, \omega$ を 3 頂点にもつ平行四辺形である（図 2）．

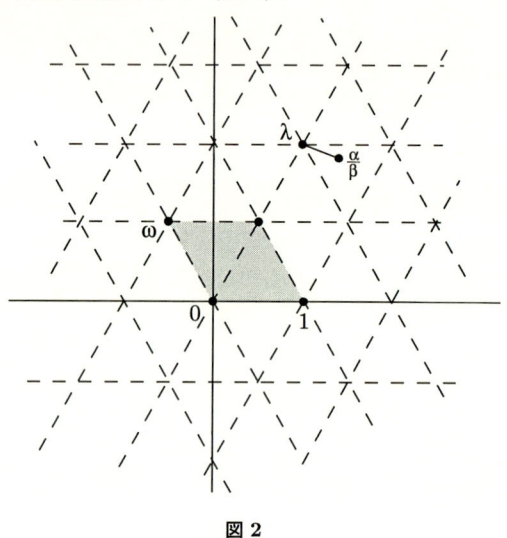

図 2

この平行四辺形は 2 つの（1 辺の長さ 1 の）正三角形の和集合になっている．よって，与えられた $\alpha, \beta \in R$, $\beta \neq 0$ に対し，α/β に最も近い格子点（の 1 つ）を λ とすれば，

$$\left|\frac{\alpha}{\beta} - \lambda\right| < 1 \quad (\text{実際}, \leq \frac{1}{\sqrt{3}})$$

が成り立つ．よって補題 1 が成立する．□

5. 第 3 章の (3.36′) および問題 7 に与えた $L(s, \chi)$ の関数等式により，

$$\zeta(1-s) = 2(2\pi)^{-s} \cos\frac{\pi}{2}s \cdot \Gamma(s)\zeta(s),$$

$$L(1-s, \chi) = \left(\frac{\pi}{2}\right)^{-s} \sin\frac{\pi}{2}s \cdot \Gamma(s) L(s, \chi).$$

$Z(s) = \zeta(s) L(s, \chi)$ であるから，この 2 式から

$$Z(1-s) = \pi^{-2s} \sin \pi s \cdot \Gamma(s)^2 Z(s)$$

を得る．この等式は

$$\tilde{Z}(s) \ = \ 2\pi^{1-s}\Gamma(s)Z(s)$$

とおけば，$\tilde{Z}(1-s) = \tilde{Z}(s)$ と書き直すこともできる．(右辺の因子 2 は不要であるが，一般の公式に合わせるために付け加えた．)

6. $a_{11} = a_{12} = a_{14} = a_{15} = a_{19} = a_{21} = a_{22} = a_{23} = a_{24} = a_{27} = a_{28} = a_{30} = 0$,

$$a_{13} = 2 \ (13 = 3^2 + 2^2), \quad a_{16} = 1 \ (16 = 2^4 = 4^2),$$
$$a_{17} = 2 \ (17 = 4^2 + 1^2), \quad a_{18} = 1 \ (18 = 2 \cdot 3^2 = 3^2 + 3^2),$$
$$a_{20} = 2 \ (20 = 2^2 \cdot 5 = 4^2 + 2^2), \quad a_{25} = 3 \ (25 = 5^2 = 4^2 + 3^2),$$
$$a_{26} = 2 \ (26 = 2 \cdot 13 = 5^2 + 1^2), \quad a_{29} = 2 \ (29 = 5^2 + 2^2).$$

7. x, y, z を正整数，$x^2 + y^2 = z^2$, G.C.D.$(x, y) = 1$ とする．もし z が偶数ならば，x, y ともに偶数になり矛盾である．(奇数の平方は $\equiv 1 \pmod 4$ となることに注意．) よって z は奇数である．$\mathbf{Z}[i]$ において，

$$(x+iy)(x-iy) \ = z^2.$$

z の ($\mathbf{Z}$ における) 素因数分解を $z = \prod_{k=1}^{r} p_k \ (p_k \neq 2)$ とするとき，もしある p_k が $x \pm iy$ の約数になれば，それは x, y の公約数となり，やはり矛盾を生じる．よって，(§ 4.2 の結果により) すべての p_k は $\mathbf{Z}[i]$ において，

$$p_k \ = \ \pi_k \bar{\pi}_k, \quad \pi_k \not\sim \bar{\pi}_k$$

の形に分解し，$\pi_k, \bar{\pi}_k$ の一方だけが $x + iy$ の約数になる．$\mathbf{Z}[i]$ における z^2 の素元分解は

$$z^2 \ = \ \prod_{k=1}^{r} \pi_k^{\ 2} \bar{\pi}_k^{\ 2}$$

となるから，上記により，(必要ならば π_k を $\bar{\pi}_k$ でおきかえて)

$$x+iy = \varepsilon \prod_{k=1}^{r} \pi_k^{\ 2}, \quad x-iy \ = \ \bar{\varepsilon} \prod_{k=1}^{r} \bar{\pi}_k^{\ 2} \quad (\varepsilon \text{は単数})$$

としてよい．よって $m + in = \prod_{k=1}^{r} \pi_k$ とおけば，G.C.D.$(m, n) = 1$ で

$$x+iy = \varepsilon(m+in)^2 = \varepsilon((m^2-n^2)+2imn),$$

すなわち

$$(x,y) = \pm(m^2-n^2,\ 2mn)\ \text{または}\ \pm(2mn,\ n^2-m^2).$$

$x,y\ (>0)$ の一方は偶数，他方は奇数であるから，y が偶数であるとし，（必要ならば π_1 を単数倍でおきかえて）

$$(x,y,z) = (m^2-n^2, 2mn, m^2+n^2) \quad (m>n>0,\ \text{G.C.D.}(m,n)=1)$$

とすることができる．m,n の一方は偶数，他方は奇数である．逆に上式が $x^2+y^2=z^2$ の正整数解 $(\text{G.C.D.}(x,y)=1)$ を与えることは明白である．□

注意 ここでは，$\mathbf{Q}[i]$ における整数論の練習問題として証明したが，

$$y^2 = z^2 - x^2 = (z+x)(z-x)$$

であるから，より簡単に初等整数論の範囲で証明することも可能である．実際，y が偶数であると仮定すれば，上記の分解から，$\text{G.C.D.}(z+x,z-x) = 2$，したがって

$$z+x = 2m^2,\quad z-x = 2n^2,\quad m>n>0,\quad \text{G.C.D.}(m,n)=1$$

と表されることが容易に導かれる．

8. (i) いま，法 m の完全代表系の1つを $a_1,\ldots,a_m$ とする（たとえば，$1,\ldots,m$ としてよい）．定義から

$$\varphi(m) = \#\{i\,|\,1\leq i\leq m,\ \text{G.C.D.}(a_i,m)=1\}$$

である．同様に，法 n の完全代表系の1つを $b_1,\ldots,b_n$ とする．仮定により，$\text{G.C.D.}(m,n)=1$ であるから，$um+vn=1$ となるような $u,v\in\mathbf{Z}$ が存在する．$e_1 = vn,\ e_2 = um$ とおけば，$e_1+e_2 = 1$ で，

$$\begin{cases} e_1 \equiv 1 \pmod{m} \\ e_1 \equiv 0 \pmod{n} \end{cases},\quad \begin{cases} e_2 \equiv 0 \pmod{m} \\ e_2 \equiv 1 \pmod{n} \end{cases}$$

である．そこで $c_{ij} = a_i e_1 + b_j e_2$ とおけば，

$$\begin{cases} c_{ij} \equiv a_i \pmod{m} \\ c_{ij} \equiv b_j \pmod{n} \end{cases}$$

で，任意の $x\in\mathbf{Z}$ に対して

が成立する $(x-c_{ij} = e_1(x-a_i)+e_2(x-b_j)$ であるから). よって, c_{ij} $(1 \leq i \leq m, 1 \leq j \leq n)$ が mn を法とする1つの完全代表系を与える. c_{ij} の定義から明らかに

$$\text{G.C.D.}(c_{ij}, mn) = 1 \Leftrightarrow \text{G.C.D.}(c_{ij}, m) = \text{G.C.D.}(c_{ij}, n) = 1$$
$$\Leftrightarrow \text{G.C.D.}(a_i, m) = \text{G.C.D.}(b_j, n) = 1.$$

$\varphi(mn) = \#\{(i,j) | \text{G.C.D.}(c_{ij}, mn) = 1\}$ であるから, $\varphi(mn) = \varphi(m)\varphi(n)$ を得る. □

(ii) p^e を法とする完全代表系として, $1, 2, \ldots, p^e$ をとれば, この中で p の倍数になるものは,

$$p, 2p, \ldots, p^e$$

で, その個数は p^{e-1} である. よって p と互いに素なものの個数は

$$\varphi(p^e) = p^e - p^{e-1} = p^{e-1}(p-1)$$

である. □

9. (i) $f(x) = \displaystyle\sum_{i=0}^{n} a_i x^{n-i}$, $a_i \in \mathbf{Z}$ に対し,

$$a = \text{G.C.D.}(a_0, \ldots, a_n), \quad a_i = a a_i' \ (0 \leq i \leq n),$$

$$f_0(x) = \sum_{i=0}^{n} a_i' x^{n-i}$$

とおけば, 明らかに $a_i' \in \mathbf{Z}$, $\text{G.C.D.}(a_0', \ldots, a_n') = 1$ であるから, $f_0(x)$ は原始多項式で, $f(x) = af_0(x)$ となる. 逆にこのような表示があれば, $a = \text{G.C.D.}(a_0, \ldots, a_n)$ であるから, $a, f_0(x)$ は符号を除いて一意的に定まる. □

(ii) 与えられた2つの原始多項式を

$$f_0(x) = \sum_{i=0}^{n} a_i x^{n-i}, \quad g_0(x) = \sum_{j=0}^{m} b_j x^{m-j}$$

とする．これらが原始的であることから，任意の素数 p に対し，ある $0 \leq i_0 \leq n$, $0 \leq j_0 \leq m$ があって

$$a_{i_0} \not\equiv 0, \ a_i \equiv 0 \pmod{p} \quad (i_0 < i \leq n);$$
$$b_{j_0} \not\equiv 0, \ b_j \equiv 0 \pmod{p} \quad (j_0 < j \leq m)$$

となる．そのとき，$f_0(x)g_0(x)$ において $x^{n+m-i_0-j_0}$ の係数は

$$\sum_{i+j=i_0+j_0} a_i b_j = \sum_{0 \leq i < i_0} a_i b_j + a_{i_0} b_{j_0} + \sum_{i_0 < i \leq n} a_i b_j$$

となるが，右辺において第 3 項は $\equiv 0 \pmod{p}$，第 1 項では $j_0 < j \leq m$ となるからやはり $\equiv 0 \pmod{p}$ で，右辺の総和は $\not\equiv 0 \pmod{p}$ である．よって $f_0(x)g_0(x)$ は原始多項式である．□

10. $f(x)$ が既約でないとすれば，2 つの $\mathbf{Q}$ 係数の多項式 $g(x), h(x)$ の積に分解される．前問の結果により，ある $b, c \in \mathbf{Q}^{\times}$ と 2 つの原始多項式 $g_0(x)$, $h_0(x)$ があって，$g(x) = bg_0(x), h(x) = ch_0(x)$ と書ける．したがって

$$f(x) = bcg_0(x)h_0(x).$$

$f(x)$ も原始的であるから，やはり前問により，$bc = \pm 1$．よって初めから $g(x)$, $h(x)$ はともに原始多項式であるとしてよい．そのとき，

$$g(x) = \sum_{j=0}^{m} b_j x^{m-j}, \quad h(x) = \sum_{k=1}^{l} c_k x^{l-k}$$

とすれば，$m+l = n$ で，仮定により

$$a_n = b_m c_l \equiv 0 \pmod{p}, \quad \not\equiv 0 \pmod{p^2}.$$

よって，

$$b_m \equiv 0 \pmod{p}, \quad c_l \not\equiv 0 \pmod{p}$$

としてよい．$g(x)$ が原始的であることから，ある $0 \leq j_0 < m$ があって，

$$b_{j_0} \not\equiv 0 \pmod{p}, \quad b_j \equiv 0 \pmod{p} \quad (j_0 < j \leq m).$$

よって，$i_0 = j_0 + l \ (\geq 1)$ とすれば，（前問と同様に）

$$a_{i_0} = b_{j_0}c_l + b_{j_0+1}c_{l-1} + \cdots \not\equiv 0 \pmod{p}$$

となり，仮定に反する．よって $f(x)$ は既約である．□

11. $f(x) = x^n - 2 = \sum_{i=0}^{n} a_i x^{n-i} \ (n > 1)$ とおけば，$2^{1/n}$ が $f(x) = 0$ の根になることは自明である．$f(x)$ の係数 $a_i \ (0 \leq i \leq n)$ は，$p = 2$ に対して，問題 10 の条件をみたす．よってアイゼンシュタインの定理により $f(x)$ は既約である．したがって $2^{1/n}$ は n 次の無理数である．□

12. $m \equiv 1 \pmod{4}$ のとき，例 2 により，$(\omega_1, \omega_2) = \left(1, \dfrac{1+\sqrt{m}}{2}\right)$ としてよいから

$$D = \begin{vmatrix} 1 & \dfrac{1+\sqrt{m}}{2} \\ 1 & \dfrac{1-\sqrt{m}}{2} \end{vmatrix}^2 = (-\sqrt{m})^2 = m.$$

$m \equiv 2, 3 \pmod{4}$ のとき，$(\omega_1, \omega_2) = (1, \sqrt{m})$ としてよいから，

$$D = \begin{vmatrix} 1 & \sqrt{m} \\ 1 & -\sqrt{m} \end{vmatrix} = (-2\sqrt{m})^2 = 4m. \ \square$$

13. ファンデルモンデの行列式の公式により

$$\det(\alpha^{(i)j-1}) = (-1)^{\frac{n(n-1)}{2}} \prod_{i<j}(\alpha^{(i)} - \alpha^{(j)}).$$

よって

$$D = (\det(\alpha^{(i)j-1}))^2 = \left(\prod_{i<j}(\alpha^{(i)} - \alpha^{(j)})\right)^2.$$

この右辺は，定義により $f(x) = \prod_{i=1}^{n}(x - \alpha^{(i)})$ の判別式である．□

14. m の素因数分解を $m = (-1)^\kappa \prod_{i=1}^{s} q_i$ または $= (-1)^\kappa 2\prod_{i=1}^{s} q_i$ ($\kappa = 0, 1$；$q_i > 0$ 奇素数) とする．

1) $m \equiv 1 \pmod{4}$ の場合：$D = m$ である．まず $p = 2$ について考える．$q_i \equiv 1, 3, 5, 7 \pmod{8}$ であるから，それぞれの場合の個数を a_1, a_3, a_5, a_7 と

する. $m = (-1)^\kappa \prod_{i=1}^{s} q_i \equiv 1 \pmod 4$ であるから, $\kappa + a_3 + a_7 \equiv 0 \pmod 2$. よって

$$(-1)^\kappa 3^{a_3} \cdot 7^{a_7} \equiv (3\cdot 7)^{a_3} \equiv 5^{a_3} \pmod 8.$$

よって

$$D = m \equiv (-1)^\kappa 3^{a_3} 5^{a_5} 7^{a_7} \equiv 5^{a_3+a_5} \pmod 8.$$

一方, 第 2 補充則 (4.5c) により

$$\left(\frac{2}{q_i}\right) = (-1)^{\frac{q_i^2-1}{8}} = \begin{cases} 1 & (q_i \equiv 1, 7 \pmod 8) \\ -1 & (q_i \equiv 3, 5 \pmod 8) \end{cases}$$

であるから,

$$D \equiv 1 \pmod 8 \Leftrightarrow a_3 + a_5 \equiv 0 \pmod 2 \Leftrightarrow \prod_{i=1}^{s} \left(\frac{2}{q_i}\right) = 1.$$

よって (例 4 の ⇔ により)

$$\chi(2) = \prod_{i=1}^{s} \left(\frac{2}{q_i}\right).$$

以下, p を奇素数 $(\neq q_i)$ とする. 平方剰余記号の乗法性と相互法則 (4.5a,b) により,

$$\chi(p) = \left(\frac{D}{p}\right) = \left(\frac{(-1)^\kappa}{p}\right) \prod_{i=1}^{s} \left(\frac{q_i}{p}\right)$$

$$= (-1)^{\kappa \frac{p-1}{2}} \prod_{i=1}^{s} (-1)^{\frac{p-1}{2} \cdot \frac{q_i-1}{2}} \left(\frac{p}{q_i}\right).$$

容易にわかるように, $m = (-1)^\kappa \prod_{i=1}^{s} q_i$ に対し

(*) $$\kappa + \sum_{i=1}^{s} \frac{q_i-1}{2} \equiv \frac{m-1}{2} \pmod 2$$

が成り立つ. よって, いまの場合,

$$(-1)^\kappa \prod_{i=1}^{s}(-1)^{\frac{q_i-1}{2}} = (-1)^{\frac{m-1}{2}} = 1$$

となり，$\chi(p) = \prod_{i=1}^{s} \left(\dfrac{p}{q_i}\right)$ を得る．□

2) $m \equiv 3 \pmod 4$ の場合：$D = 4m$ であるから，$p \neq 2, q_i$ に対し，上と同様 ($(*)$ により)

$$\chi(p) = \left(\dfrac{D}{p}\right) = \left(\dfrac{(-1)^\kappa}{p}\right) \prod_{i=1}^{s} \left(\dfrac{q_i}{p}\right)$$

$$= (-1)^{\kappa \frac{p-1}{2}} \prod_{i=1}^{s} (-1)^{\frac{p-1}{2} \cdot \frac{q_i-1}{2}} \left(\dfrac{p}{q_i}\right)$$

$$= (-1)^{\frac{p-1}{2}} \prod_{i=1}^{s} \left(\dfrac{p}{q_i}\right). \quad \Box$$

3) $m = 2m'$ の場合：$D = 8m'$, $m' = (-1)^\kappa \prod_{i=1}^{s} q_i$ であるから，$p \neq 2, q_i$ に対し，上と同様にして

$$\chi(p) = \left(\dfrac{D}{p}\right) = \left(\dfrac{(-1)^\kappa}{p}\right)\left(\dfrac{2}{p}\right) \cdot \prod_{i=1}^{s} \left(\dfrac{q_i}{p}\right)$$

$$= (-1)^{\kappa \frac{p-1}{2} + \frac{p^2-1}{8}} \prod_{i=1}^{s} (-1)^{\frac{p-1}{2} \cdot \frac{q_i-1}{2}} \left(\dfrac{p}{q_i}\right)$$

$$= (-1)^{\frac{p^2-1}{8} + \frac{p-1}{2} \cdot \frac{m'-1}{2}} \prod_{i=1}^{s} \left(\dfrac{p}{q_i}\right)$$

を得る．□

15. $\alpha_0 \in A$, $\alpha_0 \neq 0$ をとれば，$(\alpha_0) \subset A$ であるから，(4.21) により，ある整イデアル B があって，$AB = (\alpha_0)$ となる．そのとき，$(\alpha_0^{-1}B)A = O_K$ であるから，$(\alpha_0^{-1}B) \subset A^{-1}$ は明らか．一方，$AA^{-1} \subset O_K$ であるから，

$$A^{-1} \subset O_K A^{-1} = (\alpha_0^{-1}B)AA^{-1} \subset (\alpha_0^{-1}B)O_K = \alpha_0^{-1}B.$$

よって $A^{-1} = \alpha_0^{-1}B$ となり，A^{-1} は分数イデアルで，$A^{-1}A = O_K$ をみたす．□

16. $N = 6$ の場合：$|X_6| = \varphi(6) = 2$ であるから，$X_6 = \{\chi_6^0, \chi_1\}$ とすれば，

a	1	2	3	4	5	6
$\chi_6^0(a)$	1	0	0	0	1	0
$\chi_1(a)$	1	0	0	0	-1	0

$N_{\chi_1} = 3$ であるから,χ_1 は X_6 の元としては原始的でない.

$N = 8$ の場合:$|X_8| = \varphi(8) = 4$ で,X_8 は $(2,2)$ 型のアーベル群である.よって,$X_8 = \{\chi_8^0, \chi_1, \chi_2, \chi_1\chi_2\}$ とし,χ_1, χ_2 を次のようにとることができる.(以下,$\chi_N^0(a)$ は自明であるから省略する.)

a	1	2	3	4	5	6	7	8
$\chi_1(a)$	1	0	-1	0	1	0	-1	0
$\chi_2(a)$	1	0	-1	0	-1	0	1	0
$\chi_1\chi_2(a)$	1	0	1	0	-1	0	-1	0

$\chi_1(a) = (-1)^{(a-1)/2}$ (a は奇数)は 4 を法とする(唯一の)原始指標となり,X_8 の元としては原始的でない.$\chi_2(a) = (-1)^{(a^2-1)/8}$ (a は奇数),および $\chi_1\chi_2$ は原始指標である.($\chi_1, \chi_2, \chi_1\chi_2$ はそれぞれ $\mathbf{Q}(i), \mathbf{Q}(\sqrt{2}), \mathbf{Q}(\sqrt{-2})$ のクロネッカー指標である.)

$N = 9$ の場合:$|X_9| = \varphi(9) = 6$ で,X_9 は 6 次の巡回群である.(9 を法とする剰余類環 $\mathbf{Z}/9\mathbf{Z}$ の原始根として 2 (mod 9) をとることができる.)X_9 の生成元 χ_1 を次のようにとる.ただし,$\zeta = \zeta_6 = e^{2\pi i/6}, \omega = \zeta^2$.

a	1	2	3	4	5	6	7	8	9
$\chi_1(a)$	1	ζ	0	ζ^2	ζ^5	0	ζ^4	ζ^3	0
$\chi_1^2(a)$	1	ω	0	ω^2	ω^2	0	ω	1	0
$\chi_1^3(a)$	1	-1	0	1	-1	0	1	-1	0
$\chi_1^4(a)$	1	ω^2	0	ω	ω	0	ω^2	1	0
$\chi_1^5(a)$	1	ζ^5	0	ζ^4	ζ	0	ζ^2	ζ^3	0

$\chi_1^3(a) = \left(\dfrac{a}{3}\right)$ は 3 を法とする(唯一の)原始指標($\mathbf{Q}(\sqrt{-3})$ のクロネッカー指標)となり,X_9 の元としては原始的でない.他の $\chi_1, \chi_1^2, \chi_1^4, \chi_1^5$ は,明らかに 3 を法とする指標にならないから,X_9 における原始指標である.

$N=12$ の場合：$|X_{12}|=\varphi(12)=4$ で，$X_{12} \cong X_4 \times X_3$ は $(2,2)$ 型のアーベル群である．よって，$X_{12}=\{\chi_{12}^0, \chi_1, \chi_2, \chi_1\chi_2\}$ とし，χ_1, χ_2 を次のようにとることができる．

a	1	2	3	4	5	6	7	8	9	10	11	12
$\chi_1(a)$	1	0	0	0	1	0	-1	0	0	0	-1	0
$\chi_2(a)$	1	0	0	0	-1	0	1	0	0	0	-1	0
$\chi_1\chi_2(a)$	1	0	0	0	-1	0	-1	0	0	0	1	0

$(X_4, X_3(=X_6) \subset X_{12}$ と考えたとき) χ_1, χ_2 はそれぞれ $4, 3$ を法とする指標になるから，原始的でない．$\chi_1\chi_2$ は $4, 3$ を法とする指標にはならないから，12 を法とする原始指標（$\mathbf{Q}(\sqrt{3})$ のクロネッカー指標）である．

（$\chi(-1)=\pm 1$ のとき，$\chi(N-a)=\pm\chi(a)$，すなわち表の数値は左右対称，または歪対称になっていることに注意．）

17. 本文の意味で $X_m \subset X_{2m}$ とみてよい．m が奇数のとき，G.C.D.$(2,m)=1$，$\varphi(2)=1$ であるから，

$$|X_{2m}| = \varphi(2m) = \varphi(2)\varphi(m) = \varphi(m) = |X_m|.$$

よって $X_m = X_{2m}$ である．□（したがって $2m$ を法とする原始指標は存在しない．問題 16 の例では $X_3 = X_6$．）

18. $N=3$ の場合：X_3 の中の唯一の原始指標は $\chi_1(a)=\left(\dfrac{a}{3}\right)$ であるから，$\omega = e^{2\pi i/3} = \dfrac{-1+\sqrt{3}i}{2}$ とすれば，

$$\tau(\chi_1) = \sum_{a=1,2} \chi_1(a)\omega^a = \omega - \omega^2 = \sqrt{3}i.$$

$N=4$ の場合：X_4 の中の唯一の原始指標は $\chi_1(a)=(-1)^{(a-1)/2}$ （a は奇数）であるから，

$$\tau(\chi_1) = \sum_{a=1,3} \chi_1(a)i^a = i - i^3 = 2i.$$

$N=5$ の場合：X_5 は 4 次の巡回群で，その生成元として $\chi_1(2)=i$ となる指標 χ_1 をとることができる．$\zeta_5 = e^{2\pi i/5}$ とすれば，§1.6, 問題 12 の解により

$$\zeta_5 = \frac{1}{4}\left(-1+\sqrt{5}+\sqrt{10+2\sqrt{5}}\,i\right),$$

$$\zeta_5^2 = \frac{1}{4}\left(-1-\sqrt{5}+\sqrt{10-2\sqrt{5}}\,i\right),$$

$$\zeta_5^3 = \overline{\zeta_5^2}, \quad \zeta_5^4 = \overline{\zeta_5}.$$

よって，原始指標 χ_1^k $(k=1,2,3)$ に対し

$$\begin{aligned}
\tau(\chi_1) &= \zeta_5 + i\zeta_5^2 - i\zeta_5^3 - \zeta_5^4 \\
&= \frac{1}{2}\left(-\sqrt{10-2\sqrt{5}}+\sqrt{10+2\sqrt{5}}\,i\right), \\
\tau(\chi_1^2) &= \zeta_5 - \zeta_5^2 - \zeta_5^3 + \zeta_5^4 \\
&= \frac{1}{2}(-1+\sqrt{5}+1+\sqrt{5}) = \sqrt{5}, \\
\tau(\chi_1^3) &= \zeta_5 - i\zeta_5^2 + i\zeta_5^3 - \zeta_5^4 \\
&= \frac{1}{2}\left(\sqrt{10-2\sqrt{5}}+\sqrt{10+2\sqrt{5}}\,i\right).
\end{aligned}$$

(特に $\chi_1^2(a) = \left(\dfrac{a}{5}\right)$ は $\mathbf{Q}(\sqrt{5})$ のクロネッカー指標である.)

$N=8$ の場合：問題 16 の記号で，原始指標は $\chi_2, \chi_1\chi_2$ である．$\zeta_8 = e^{\pi i/4}$ とすれば,

$$\zeta_8 = \frac{1+i}{\sqrt{2}}, \quad \zeta_8^3 = \frac{-1+i}{\sqrt{2}}, \quad \zeta_8^5 = \frac{-1-i}{\sqrt{2}}, \quad \zeta_8^7 = \frac{1-i}{\sqrt{2}}.$$

よって,

$$\begin{aligned}
\tau(\chi_2) &= \sum_{a=1,3,5,7} \chi_2(a)\zeta_8^a = \zeta_8 - \zeta_8^3 - \zeta_8^5 + \zeta_8^7 \\
&= \frac{1+i}{\sqrt{2}} - \frac{-1+i}{\sqrt{2}} - \frac{-1-i}{\sqrt{2}} + \frac{1-i}{\sqrt{2}} = \frac{4}{\sqrt{2}} = 2\sqrt{2}, \\
\tau(\chi_1\chi_2) &= \sum_{a=1,3,5,7} \chi_1\chi_2(a)\zeta_8^a = \zeta_8 + \zeta_8^3 - \zeta_8^5 - \zeta_8^7 \\
&= \frac{1+i}{\sqrt{2}} + \frac{-1+i}{\sqrt{2}} - \frac{-1-i}{\sqrt{2}} - \frac{1-i}{\sqrt{2}} = \frac{4i}{\sqrt{2}} = 2\sqrt{2}\,i.
\end{aligned}$$

19. メービウス関数 μ の定義から，$\mu(1)=1$, また, $N = \prod_{i=1}^{r} p_i^{e_i} > 1$ $(e_i \geq 1,\ r \geq 1)$ に対して

$$\sum_{d|N} \mu(d) = 1 + \sum_{i=1}^{r} \mu(p_i) + \sum_{i<j} \mu(p_i p_j) + \sum_{i<j<k} \mu(p_i p_j p_k) \cdots$$
$$= 1 - r + \binom{r}{2} - \binom{r}{3} + \cdots = (1-1)^r = 0,$$

すなわち

(*) $$\sum_{d|N} \mu(d) = \begin{cases} 1 & (N=1) \\ 0 & (N>1) \end{cases}$$

が成立する．問題の $\Rightarrow$ をいうために，$F(N) = \sum_{d|N} G(d)$ とすれば，

$$\sum_{d|N} \mu\left(\frac{N}{d}\right) F(d) = \sum_{d|N} \mu\left(\frac{N}{d}\right) \sum_{d_1|d} G(d_1)$$
$$= \sum_{d_1|N} G(d_1) \sum_{d_1|d|N} \mu\left(\frac{N}{d}\right).$$

$d = d_1 d'$, $N = d_1 N'$ とおけば，最後の項は (*) により

$$\sum_{d_1|d|N} \mu\left(\frac{N}{d}\right) = \sum_{d'|N'} \mu\left(\frac{N'}{d'}\right) = \begin{cases} 1 & (N'=1) \\ 0 & (N'>1) \end{cases}.$$

$N' = 1 \Leftrightarrow d_1 = N$ であるから，

$$\sum_{d|N} \mu\left(\frac{N}{d}\right) F(d) = G(N).$$

逆にこの関係を仮定すれば，上と同様に，$d' = d/d_1$, $N' = N/d_1$ として

$$\sum_{d|N} G(d) = \sum_{d|N} \sum_{d_1|d} \mu\left(\frac{d}{d_1}\right) F(d_1)$$
$$= \sum_{d_1|N} F(d_1) \sum_{d_1|d|N} \mu\left(\frac{d}{d_1}\right)$$
$$= \sum_{d_1|N} F(d_1) \sum_{d'|N'} \mu(d') = F(N)$$

を得る．□

注意 2つの数論的関数 F, G に対して，その"接合積" $F * G$ を

$$F * G(n) = \sum_{d|n} F(d) G\left(\frac{n}{d}\right) \quad (n \in \mathbf{Z}, n \geq 1)$$

で定義すれば，明らかに，可換律 $F*G=G*F$, 結合律, etc. が成立する．また数論的関数 $\mathbf{1}$, id, δ を

$$\mathbf{1}(n)=1, \quad \mathrm{id}(n)=n \quad (\forall n), \quad \delta(n)=\begin{cases} 1 & (n=1) \\ 0 & (n>1) \end{cases}$$

と定義すれば，明らかに任意の F に対し，$F*\delta=\delta*F=F$，また $(*)$ により

$$\mathbf{1}*\mu=\mu*\mathbf{1}=\delta, \quad \mathbf{1}*\varphi=\varphi*\mathbf{1}=\mathrm{id}$$

(φ はオイラー関数)．これらの関係を使えば，問題の $G*\mathbf{1}=F \Leftrightarrow G=F*\mu$ (特に，$\varphi*\mathbf{1}=\mathrm{id}$ から $\varphi=\mathrm{id}*\mu$) は自明になる．

20. 補題3の証明：$N=N_1N_2$, G.C.D.$(N_1,N_2)=1$ とし，対応する 1 の分解を (e_1,e_2) とする．定義により

$$e_1+e_2 \equiv 1 \pmod{N}, \quad e_i \equiv 1 \pmod{N_i}.$$

また

$$\chi \in X_N, \quad \chi=\chi_1\chi_2, \quad \chi_i \in X_i \quad (i=1,2)$$

とする．そのとき，mod N の完全代表系として

$$a' = a_1e_1+a_2e_2 \quad (1 \leq a_1 \leq N_1,\ 1 \leq a_2 \leq N_2)$$

をとることができる．よって，定義から

$$\tau(\chi,N,b) = \sum_{a'} \chi(a')\zeta_N^{a'b} = \sum_{a_1=1}^{N_1}\sum_{a_2=1}^{N_2} \chi_1(a_1)\chi_2(a_2)\zeta_N^{(a_1e_1+a_2e_2)b}.$$

ここで $N_2|e_1$ であるから，

$$\zeta_N^{e_1} = (\zeta_N^{N_2})^{e_1/N_2} = \zeta_{N_1}^{e_1/N_2},$$

同様に $\zeta_N^{e_2} = \zeta_{N_2}^{e_2/N_1}$ となる．よって，

$$\begin{aligned}\tau(\chi,N,b) &= \sum_{a_1=1}^{N_1} \chi_1(a_1)\zeta_{N_1}^{a_1e_1b/N_2} \sum_{a_2=1}^{N_2} \chi_2(a_2)\zeta_{N_2}^{a_2e_2b/N_1} \\ &= \tau(\chi_1,N_1,be_1/N_2)\tau(\chi_2,N_2,be_2/N_1).\end{aligned}$$

特に χ 原始的，$b=1$ とすれば，χ_i $(i=1,2)$ も原始的で，$\chi_i(e_i)=1$ であるから，

$$\tau(\chi_1, N_1, e_1/N_2) = \bar{\chi}_1(e_1/N_2)\tau(\chi_1) = \chi_1(N_2)\tau(\chi_1),$$

同様に $\tau(\chi_2, N_2, e_2/N_1) = \chi_2(N_1)\tau(\chi_2)$. よって

$$\tau(\chi) = \chi_1(N_2)\tau(\chi_1) \cdot \chi_2(N_1)\tau(\chi_2)$$

となり，(B4a) を得る． □

（たとえば，$N_1 = 4$, $N_2 = 3$ に対し，原始指標 $\chi_1(a) = (-1)^{(a-1)/2}$, $\chi_2(a) = \left(\dfrac{a}{3}\right)$ をとれば，$\chi_1(3) = -1$, $\chi_2(4) = 1$. また問題 18 の結果により，

$$\tau(\chi_1) = 2i, \quad \tau(\chi_2) = \sqrt{3}i.$$

よって，$N = 12$ に対し，(B4a) により，$\tau(\chi_1\chi_2) = 2\sqrt{3}$ を得る．）

21. (B7) の証明：

$$\sum_{n=0}^{\infty} B_{n,\chi}(x)\frac{t^n}{n!} = \frac{\sum_{a=1}^{N}\chi(a)e^{(a+x)t}t}{e^{Nt}-1}$$

$$= \frac{\sum_{a=1}^{N}\chi(a)e^{at}t}{e^{Nt}-1} \cdot e^{xt}$$

$$= \sum_{n=0}^{\infty} B_{n,\chi}\frac{t^n}{n!} \cdot \sum_{n=0}^{\infty} \frac{x^n}{n!}t^n$$

$$= \sum_{n=0}^{\infty}\left(\sum_{j=0}^{n}\binom{n}{j}B_{j,\chi}x^{n-j}\right)\frac{t^n}{n!}.$$

よって，t^n の係数を比較して (B7) を得る． □

(B8) の証明：

$$\sum_{n=0}^{\infty} B_{n,\chi^0}(x)\frac{t^n}{n!} = \frac{e^{(1+x)t}t}{e^t-1}$$

$$= \sum_{n=0}^{\infty} B_n(x+1)\frac{t^n}{n!}.$$

よって付記 3A の (A5), (A1) により，

$$B_{n,\chi^0}(x) = B_n(x+1) = (-1)^n B_n(-x)$$

$$= \sum_{j=0}^{n}(-1)^{n+j}\binom{n}{j}B_j(-x)^{n-j}$$
$$= \sum_{n=0}^{\infty}\binom{n}{j}B_j x^{n-j}.$$

特に定数項を比較して，$B_{n,\chi^0} = B_n$. □

(B9) の証明：$\chi \neq \chi^0$，すなわち $N > 1$ とする．

$$\sum_{n=0}^{\infty} B_{n,\chi}(-x)\frac{t^n}{n!} = \frac{\sum_{a=1}^{N}\chi(a)e^{(a-x)t}t}{e^{Nt}-1}.$$

変換 $a \to N-a$ を行って

$$= \frac{\sum_{a=1}^{N}\chi(-a)e^{(N-a-x)t}t}{e^{Nt}-1}$$

$$= \chi(-1)\sum_{a=1}^{N}\frac{\chi(a)e^{-(a+x)t}t}{1-e^{-Nt}}.$$

さらに変換 $t \to -t$ を行えば，

$$\sum_{n=0}^{\infty} B_{n,\chi}(-x)\frac{(-t)^n}{n!} = \chi(-1)\sum_{a=1}^{N}\frac{\chi(a)e^{(a+x)t}t}{e^{Nt}-1}.$$
$$= \chi(-1)\sum_{n=0}^{\infty} B_{n,\chi}(x)\frac{t^n}{n!}.$$

よって

(B9) $\qquad B_{n,\chi}(-x) = (-1)^n\chi(-1)B_{n,\chi}(x)$

を得る．□

22. 定義式 (B6a) の左辺は，2 つのベキ級数

$$\sum_{a=1}^{N}\chi(a)e^{at} = \sum_{n=0}^{\infty}\left(\sum_{a=1}^{N}\chi(a)a^n\right)\frac{t^n}{n!},$$

$$\frac{t}{e^{Nt}-1} = \frac{1}{N}\left(1+\frac{1}{2}Nt+\sum_{n=2}^{\infty}B_n N^n\frac{t^n}{n!}\right)$$

の積である．よって両辺における t の係数を比較して，

$$B_{1,\chi} = \frac{1}{2}\sum_{a=1}^{N}\chi(a) + \frac{1}{N}\sum_{a=1}^{N}\chi(a)a.$$

この第 1 項は，$\chi \neq \chi^0$ のとき $= 0$ であるから，(B12) を得る．(特に $\chi(-1) = 1$ ならば，さらに

$$B_{1,\chi} = \frac{1}{N}\sum_{a=1}^{N}\chi(N-a)(N-a) = \frac{1}{N}\sum_{a=1}^{N}\chi(a)(N-a)$$

であるから，これを (B12) に加えて 2 で割れば，$B_{1,\chi} = \frac{1}{2}\sum_{a=1}^{N}\chi(a) = 0$ を得る．) □

23. K を 2 次体，D をその判別式，χ をクロネッカー指標とする．定義式 (4.34), (C11) により

$$\tilde{\zeta}_K(s) = |D|^{\frac{s}{2}}G_1(s)^{r_1}G_2(s)^{r_2}\zeta_K(s), \quad \tilde{\zeta}(s) = G_1(s)\zeta(s),$$

$$\tilde{L}(s,\chi) = |D|^{\frac{s}{2}}\pi^{\frac{\delta-s}{2}}\Gamma\left(\frac{s+\delta}{2}\right)L(s,\chi),$$

ここで，

$$G_1(s) = \pi^{-\frac{s}{2}}\Gamma\left(\frac{s}{2}\right), \quad G_2(s) = (2\pi)^{1-s}\Gamma(s).$$

(4.35) により，$\zeta_K(s) = \zeta(s)L(s,\chi)$ であるから，問題の等式を導くためには

$$(*) \qquad G_1(s)^{r_1}G_2(s)^{r_2} = G_1(s)\pi^{\frac{\delta-s}{2}}\Gamma\left(\frac{s+\delta}{2}\right)$$

をいえばよい．$D > 0$ のとき，$r_1 = 2$, $r_2 = 0$, $\delta = 0$ であるから，(*) は成立する．$D < 0$ のとき，$r_1 = 0$, $r_2 = 1$, $\delta = 1$ で，(*) の右辺は

$$= \pi^{-\frac{s}{2}}\Gamma\left(\frac{s}{2}\right)\pi^{\frac{1-s}{2}}\Gamma\left(\frac{s+1}{2}\right).$$

ルジャンドルの関係式 (3.15)：

$$\Gamma\left(\frac{s}{2}\right)\Gamma\left(\frac{s+1}{2}\right) = 2^{1-s}\sqrt{\pi}\,\Gamma(s)$$

により，これはちょうど $G_2(s)$ に等しい．

24. $\mathbf{Q}(\sqrt{2})$ の場合：$D=8$,
$$\chi(a') = (-1)^{\frac{a'^2-1}{8}} = 1, -1 \quad (a'=1,3 \text{ のとき}).$$

$\sin\dfrac{\pi}{4} = \cos\dfrac{\pi}{4} = \dfrac{1}{\sqrt{2}}$ から，簡単な三角関数の計算により

$$\sin\frac{\pi}{8} = \frac{\sqrt{2-\sqrt{2}}}{2},$$

$$\sin\frac{3\pi}{8} = \cos\frac{\pi}{8} = \frac{\sqrt{2+\sqrt{2}}}{2}.$$

基本単数は明らかに $\varepsilon_1 = 1+\sqrt{2}$ であるから，(C18$'$) により

$$(1+\sqrt{2})^h = \left(\sin\frac{\pi}{8}\right)^{-1}\left(\sin\frac{3\pi}{8}\right)$$
$$= \frac{\sqrt{2+\sqrt{2}}}{\sqrt{2-\sqrt{2}}} = \left(\frac{\sqrt{2}+1}{\sqrt{2}-1}\right)^{\frac{1}{2}} = 1+\sqrt{2}.$$

よって $h=1$ である．

$\mathbf{Q}(\sqrt{5})$ の場合：$D=5$,
$$\chi(a') = \left(\frac{a'}{5}\right) = 1, -1 \quad (a'=1,2 \text{ のとき}).$$

§1.6, 問題 12 の解により

$$\sin\frac{\pi}{5} = \sin\frac{4\pi}{5} = \frac{\sqrt{10-2\sqrt{5}}}{4}, \quad \cos\frac{\pi}{5} = -\cos\frac{4\pi}{5} = \frac{1+\sqrt{5}}{4},$$

$$\sin\frac{2\pi}{5} = \frac{\sqrt{10+2\sqrt{5}}}{4}, \quad \cos\frac{2\pi}{5} = \frac{-1+\sqrt{5}}{4}.$$

基本単数は $\varepsilon_1 = \dfrac{1+\sqrt{5}}{2}$ である（§4.6, 例 5）から，(C18$'$) により

$$\left(\frac{1+\sqrt{5}}{2}\right)^h = \frac{\sin\dfrac{2\pi}{5}}{\sin\dfrac{\pi}{5}} = 2\cos\frac{\pi}{5} = \frac{1+\sqrt{5}}{2}.$$

よって $h=1$ である．

$\mathbf{Q}(\sqrt{10})$ の場合：$D=40$,

$$\chi(a') = (-1)^{\frac{a'^2-1}{8}} \left(\frac{a'}{5}\right)$$
$$= 1, 1, -1, 1, -1, 1, -1, -1 \quad (a' = 1, 3, 7, 9, 11, 13, 17, 19 \text{ のとき}).$$

基本単数は明らかに $\varepsilon_1 = 3+\sqrt{10}$ である．一方，

$$\chi(20-a') = -\chi(a'), \quad \sin\frac{(20-a')\pi}{40} = \cos\frac{a'\pi}{40}$$

に注目すれば，$(3.18')$ の右辺は

$$= \frac{\sin\dfrac{19\pi}{40}\sin\dfrac{17\pi}{40}\sin\dfrac{11\pi}{40}\sin\dfrac{7\pi}{40}}{\sin\dfrac{\pi}{40}\sin\dfrac{3\pi}{40}\sin\dfrac{9\pi}{40}\sin\dfrac{13\pi}{40}}$$

$(*)\qquad = \dfrac{\cos\dfrac{\pi}{40}\cos\dfrac{3\pi}{40}\cos\dfrac{9\pi}{40}\cos\dfrac{13\pi}{40}}{\sin\dfrac{\pi}{40}\sin\dfrac{3\pi}{40}\sin\dfrac{9\pi}{40}\sin\dfrac{13\pi}{40}}$

となるが，これを直接計算するのは得策ではない．次のような変形を行う．

$$\begin{aligned}
\sin\frac{\pi}{40}\sin\frac{9\pi}{40} &= \sin\frac{\pi}{40}\sin\left(\frac{\pi}{4}-\frac{\pi}{40}\right) \\
&= \sin\frac{\pi}{40}\cdot\frac{1}{\sqrt{2}}\left(\cos\frac{\pi}{40}-\sin\frac{\pi}{40}\right) \\
&= \frac{1}{2\sqrt{2}}\left(\sin\frac{\pi}{20}-\left(1-\cos\frac{\pi}{20}\right)\right) \\
&= \frac{1}{2}\left(-\frac{1}{\sqrt{2}}+\sin\left(\frac{\pi}{20}+\frac{\pi}{4}\right)\right) \\
&= \frac{1}{2}\left(-\frac{1}{\sqrt{2}}+\sin\frac{3\pi}{10}\right) = \frac{1}{2}\left(-\frac{1}{\sqrt{2}}+\cos\frac{\pi}{5}\right).
\end{aligned}$$

同様にして，

$$\begin{aligned}
\sin\frac{3\pi}{40}\sin\frac{13\pi}{40} &= \frac{1}{2}\left(\frac{1}{\sqrt{2}}-\cos\frac{2\pi}{5}\right), \\
\cos\frac{\pi}{40}\cos\frac{9\pi}{40} &= \frac{1}{2}\left(\frac{1}{\sqrt{2}}+\cos\frac{\pi}{5}\right), \\
\cos\frac{3\pi}{40}\cos\frac{13\pi}{40} &= \frac{1}{2}\left(\frac{1}{\sqrt{2}}+\cos\frac{2\pi}{5}\right).
\end{aligned}$$

$\mathbf{Q}(\sqrt{5})$ の場合に述べたように

$$\cos\frac{\pi}{5} = \frac{1+\sqrt{5}}{4}, \quad \cos\frac{2\pi}{5} = \frac{-1+\sqrt{5}}{4}$$

であるから，(*) は

$$= \frac{\left(\frac{1}{\sqrt{2}}+\cos\frac{\pi}{5}\right)\left(\frac{1}{\sqrt{2}}+\cos\frac{2\pi}{5}\right)}{\left(-\frac{1}{\sqrt{2}}+\cos\frac{\pi}{5}\right)\left(\frac{1}{\sqrt{2}}-\cos\frac{2\pi}{5}\right)}$$

$$= \frac{(2\sqrt{2}+1+\sqrt{5})(2\sqrt{2}-1+\sqrt{5})}{(-2\sqrt{2}+1+\sqrt{5})(2\sqrt{2}+1-\sqrt{5})}$$

$$= \frac{(2\sqrt{2}+\sqrt{5})^2-1}{1-(2\sqrt{2}-\sqrt{5})^2} = \frac{3+\sqrt{10}}{-3+\sqrt{10}} = (3+\sqrt{10})^2$$

となる．よって $h=2$．

$\mathbf{Q}(\sqrt{-2})$ の場合： $D = -8, \ w = 2$,

$$\chi(a) = (-1)^{\frac{a^2-1}{8}+\frac{a-1}{2}}$$
$$= 1, 1, -1, -1 \ (a = 1, 3, 5, 7 \text{ のとき}).$$

よって (C19) により，

$$h = -\frac{1}{8}(1+3-5-7) = 1.$$

$\mathbf{Q}(\sqrt{-5})$ の場合： $D = -20, \ w = 2$,

$$\chi(a) = (-1)^{\frac{a-1}{2}}\left(\frac{a}{5}\right)$$
$$= 1, 1, 1, 1, -1, -1, -1, -1 \ (a = 1, 3, 7, 9, 11, 13, 17, 19 \text{ のとき}).$$

よって (C19) により，

$$h = -\frac{1}{20}(1+3+7+9-11-13-17-19) = 2.$$

$\mathbf{Q}(\sqrt{-10})$ の場合： $D = -40, \ w = 2$,

$$\chi(a) = (-1)^{\frac{a^2-1}{8}+\frac{a-1}{2}}\left(\frac{a}{5}\right)$$
$$= 1, -1, 1, 1, 1, 1, -1, 1, -1, 1, -1, -1, -1, -1, 1, -1$$
$$(a = 1, 3, 7, 9, 11, 13, 17, 19, 21, 23, 27, 29, 31, 33, 37, 39 \text{ のとき}).$$

よって，(C19) により $\chi(a+20) = -\chi(a)$ に注目して，

$$h = -\frac{1}{40}(1-3+7+9+11+13-17+19-21+23-27-29-31-33+37-39)$$
$$= -\frac{1}{40}(-20+20-20-20-20-20+20-20) = 2.$$

25. 1) $N_i = |D_i| = (4)|m_i|$ $(i=1,2,3)$ とおけば，仮定により

$$m_1 \equiv 1 \pmod{4}, \quad N_1 = |m_1|,$$

$$m_3 = m_1 m_2 \equiv m_2 \pmod{4}, \quad N_3 = N_1 N_2, \quad \text{G.C.D.}(N_1, N_2) = 1.$$

したがって，$\mathbf{Q}(\sqrt{m_1})$ のクロネッカー指標 χ_1 は

$$\chi_1(a) = \prod_{q|N_1} \left(\frac{a}{q}\right)$$

となる．$\mathbf{Q}(\sqrt{m_i})$ $(i=2,3)$ のクロネッカー指標 χ_i は N_i を法とするディリクレ指標で，m_i の偶奇いずれの場合にも，$\chi_3(a)$ の表示式は $\chi_2(a)$ のそれに上記の $\chi_1(a)$ を乗じたものになる．よって $\chi_3 = \chi_1\chi_2$ である．

したがって $\chi_i(-1) = (-1)^{\delta_i}$, $\delta_i = 0, 1$ とすれば，

$$\delta_1 + \delta_2 \equiv \delta_3 \pmod{2}.$$

よって，

(∗) $\qquad \dfrac{1}{2}(\delta_1+\delta_2-\delta_3) = \begin{cases} 1 & (\delta_1 = \delta_2 = 1 \text{ の場合}) \\ 0 & (\text{その他の場合}) \end{cases},$

この右辺を $= \delta_1\delta_2$ と表すこともできる．

2) χ_i $(i=1,2,3)$ は N_i を法とする原始指標であるから，(B4a) により

$$\tau(\chi_3) = \chi_1(N_2)\chi_2(N_1)\tau(\chi_1)\tau(\chi_2) = \chi_1(|m_2|)\chi_2(|m_1|)\tau(\chi_1)\tau(\chi_2).$$

よって，

(∗∗) $\qquad \tau(\chi_i) = \sqrt{-1}^{\delta_i}\sqrt{N_i} \quad (i=1,2)$

を仮定すれば，右辺は

$$= \chi_1(|m_2|)\chi_2(|m_1|)\sqrt{-1}^{\delta_1+\delta_2}\sqrt{N_3}.$$

よって

$$\tau(\chi_3) = \sqrt{-1}^{\delta_3}\sqrt{N_3} \iff \chi_1(|m_2|)\chi_2(|m_1|)\sqrt{-1}^{\delta_1+\delta_2} = \sqrt{-1}^{\delta_3}.$$

$(*)$ により, $\sqrt{-1}^{\delta_1+\delta_2-\delta_3} = (-1)^{\delta_1\delta_2}$ であるから, この条件は $(***)$ と同値である. □

3) $p > 0$ を奇素数,

$$m_1 = \varepsilon p \equiv 1 \pmod{4}, \quad \varepsilon = \text{sign } m_1 = (-1)^{\delta_1} = \left(\frac{-1}{p}\right)$$

とする. この場合, $\chi_1(|m_2|) = \left(\frac{|m_2|}{p}\right)$ であるから, $(***)$ は

$(***)'$ $\qquad \chi_2(p) = (-1)^{\delta_1\delta_2}\chi_1(|m_2|) = \left(\frac{(-1)^{\delta_2}|m_2|}{p}\right)$

の形 ($\chi_2(p)$ の定義式) に変形される. ここで $m_2 = q > 0$ (奇素数), $-1, 2$ の場合に, 左辺を $\chi_2(p)$ の表示式 (A4a,b) でおきかえれば, 次のようになる.

$m_2 = q > 0$ の場合:

$$\chi_2(p) = (-1)^{\frac{p-1}{2}\cdot\frac{q-1}{2}}\left(\frac{p}{q}\right) = \left(\frac{q}{p}\right).$$

$m_2 = -1$ の場合:

$$\chi_2(p) = (-1)^{\frac{p-1}{2}} = \left(\frac{-1}{p}\right).$$

$m_2 = 2$ の場合:

$$\chi_2(p) = (-1)^{\frac{p^2-1}{8}} = \left(\frac{2}{p}\right).$$

これらは平方剰余の相互法則 (4.5a,b,c) に他ならない！

注意 問題 25 において, $m_2 = -1, 2$ に対し (C16) が成立することは, §4B, 問題 18 の結果からわかる. 一般の m_2 に対しても, $(***)'$ が (4.5a,b,c) から導かれることは, §4.5, 問題 13 の結果である. したがって, 一般に「クロネッカー指標 χ に対して (C16) が成立する」ことが, $m_1 = \pm p \equiv 1 \pmod 4$ の場合から帰納的に証明されるのである (『初整』§60).

逆に, もし一般に (C16) が成立することが, 直接 (相互法則を使わずに) 証明されれば, 問題 25 の結果, 相互法則の新しい証明が得られる. これを実行するには,

次のように考えるのがよい．m を平方因子をもたない正の奇数，$m = \prod_{i=1}^{s} q_i$ とし，$\chi'(a) = \prod_{i=1}^{s} \left(\dfrac{a}{q_i}\right)$（判別式 $D' = (-1)^{(m-1)/2}m$ のクロネッカー指標）とおく．一方，一般に正の奇数 m に対し，

$$G(m) = \sum_{k=1}^{m} \zeta_m^{k^2}$$

とおけば，$G(m)$ は直接計算することができ，

$$G(m) = i^{\frac{(m-1)^2}{4}} \sqrt{m}$$

となる（[D–De] § 111–115）．$G(p)$ は本来のガウス和に等しく，一般の $G(m)$ に対しては (B4), (B4a) と類似の積公式が証明される．これらのことから，特に m が平方因子をもたない場合，（m の素因子の個数 s に関する帰納法により）$G(m) = \tau(\chi')$ であることが確かめられる．よって上述のようにして相互法則 (4.5b) が得られる．これは本質的にガウスの第 4 証明（1805）と同じである．

人　名　表

ユークリッド
　　　　　　Euclid (約 300 B.C.)
ディオファンタス
　　　　　　Diophantus (約 300)
フォンターナ（タルターリア）
　　　　　　N. Fontana (Tartaglia)
　　　　　　(1499?–1557)
カルダーノ　G. Cardano (1501–1576)
フェルラーリ
　　　　　　L. Ferrari (1522–1565)
ヴィエート　F. Viète (1540–1603)
デカルト　　R. Descartes (1596–1650)
フェルマー　P. de Fermat (1601–1665)
ウォリス　　J. Wallis (1616–1703)
グレゴリー　J. Gregory (1638–1675)
ニュートン　I. Newton (1642–1727)
ライプニッツ
　　　　　　G. W. Leibniz (1646–1716)
ベルヌーイ（ヨハン）
　　　　　　Johann Bernoulli
　　　　　　(1667–1748)
テイラー　　B. Taylor (1685–1731)
オイラー　　L. Euler (1707–1783)
ラグランジュ
　　　　　　J. L. Lagrange
　　　　　　(1736–1813)
ルジャンドル
　　　　　　A. M. Legendre
　　　　　　(1752–1833)
ガウス　　　C. F. Gauss (1777–1855)
コーシー　　A. L. Cauchy (1789–1857)
アーベル　　N. H. Abel (1802–1829)

ヤコビ　　　C. G. J. Jacobi
　　　　　　(1804–1851)
ディリクレ　P. G. L. Dirichlet
　　　　　　(1805–1859)
クンマー　　E. E. Kummer (1810–1893)
ガロア　　　E. Galois (1811–1832)
ワイエルシュトラス
　　　　　　K. Weierstrass (1815–1897)
アイゼンシュタイン
　　　　　　F. G. M. Eisenstein
　　　　　　(1823–1852)
クロネッカー
　　　　　　L. Kronecker (1823–1891)
リーマン　　G. F. B. Riemann
　　　　　　(1826–1866)
デデキント　J. W. R. Dedekind
　　　　　　(1831–1916)
ウェーバー　H. Weber (1842–1913)
カントール　G. Cantor (1845–1918)
クライン　　F. Klein (1849–1925)
ポァンカレ　H. Poincaré (1854–1912)
フルヴィッツ
　　　　　　A. Hurwitz (1859–1919)
ヒルベルト　D. Hilbert (1862–1943)
ミンコフスキ
　　　　　　H. Minkowski (1864–1909)
アダマール　J. S. Hadamard
　　　　　　(1865–1963)
カルタン　　E. Cartan (1869–1951)
高木　　　　T. Takagi (1875–1960)
ハーディー　G. H. Hardy (1877–1947)
ジーゲル　　C. L. Siegel (1896–1981)
アルティン　E. Artin (1898–1962)

索　引

ア行

アイゼンシュタイン　90
　　——の定理　125
アダマール　94, 95
アーベル　5
　　——の定理　29
　　——の連続性定理　89
アルティン　70, 121

イデアル　129
　単項——　129
　分数——　134
イデアル類群　135
イデアル論の基本定理　130

ヴィエート　9
ヴェイユ　90, 120
ウェーバー，H.　124
ウェーバー，W.　78
ウォリス　19
　　——の公式　19

n 次代数体　122
円分体　123, 124

オイラー　10, 24
　　——の関係式　11
　　——の規準　116
オイラー数　157, 193
オイラー積　76

カ行

解析的延長　59

ガウス　20, 24
　　——平面　21
　　——の公式（ガンマ関数）　71
　　——の整数　107
　　——の補題　110, 124
　　——和　151
ガリレイ　10
カルダーノ　4, 24
カルタン　46
ガロア　5
ガロア群　5
関数等式　141, 160
　　ゼータ関数の——　88
関数要素　58
カントール　133
ガンマ関数　70

基本単数　139
既約多項式　122
共役（数，体）　2, 123
極　54
曲線　39
　方向づけられた——　39
　滑らかな——　40
　　——の長さ　40

グレゴリー　14
クロネッカー　124
　　——の記号　132
クンマー　56, 129
　　——の理想数　129

原始 n 乗根　123
原始関数　46

索　引　　　　　　　　　　　　　　　　　*223*

原始根　114
原始多項式　124

合同（m を法として）　114
コーシー　13, 25, 55
　　——の判定条件　30
　　——の積分定理　43
　　——の積分公式　48
　　——の留数定理　54
コーシー–アダマールの公式　32
コーシー–リーマンの関係式　27

サ　行

最小多項式　122
最大公約数　111
三角関数　35

ジーゲル　96
指数関数　35
自然対数　17
収束　29
　　絶対——　29
　　広義の一様に——　31
収束円　32
収束半径　32
シュタルク　136
巡回群　114
剰余類　114
真性特異点　54

ストークスの定理　43

整関数　28
整数環　125
正則関数　25
ゼータ関数
　　リーマンの——　72
　　——の自明な零点　85
　　——の関数等式　88, 141
　　フルヴィッツの——　99
　　デデキントの——　118, 139
絶対収束　29
セルベルク　96
線積分　41

素イデアル　130
素元　111
素元分解の一意性　111
素数　112
素数定理　95
　　算術級数の——　92, 142

タ　行

体　3
第 1, 第 2 補充則　117
代数学の基本定理　20, 51
対数関数　62
　　——の主値　60
対数積分　95
代数的数　122
代数的整数　125
代数的整数論　121
高木貞治　121
高木類体論　124
ダランベール　13
タルターリア　5
　　——の解法　6
単位円　37
単一閉曲線　43
単数　109
単数基準　139
単数群　137
単連結　45

中国人の剰余定理　146
超越数　122
調和級数　75
直交関係　150

ディオファンタス　109
テイラー　14
　　——展開　12, 34
　　——級数　14
ディリクレ　25, 133, 169
　　——の単数定理　137
　　——の L 関数　142, 157
　　——の類数公式　165
ディリクレ級数　102
ディリクレ指標　132, 144

索　　引

原始的—— 144
　　——の導手　144
デカルト　20
テータ関数　93
デデキント　25, 78, 133, 170
　　——のゼータ関数　118, 139
　　——のイデアル論　129
デル・フェルロ　4

導関数　13, 26
同型　127
同伴　109
特異点　52
　除去可能な——　49
　真性——　54
ド・モアブルの公式　11
ド・ラ・ヴァレ・プーサン　95

ナ　行

2項定理　13, 66
ニュートン　10

ノルム　127

ハ　行

倍数　108
パスカル　20
ハーディ　96
パラメーター表示　39
判別式　127

p 進 L 関数　85
ピタゴラス数　121
微分形式　46

フェルマー　20, 113
　——素数　22
　——の定理　113
　——の最後定理　129, 142
フェルラーリ　5
フォンターナ　5
フォン・マンゴルト　94, 95
複素解析関数　25
複素数　2

　——の共役　2
　——のノルム　3
　——の絶対値　3
複素平面　21
部分環　108
フルヴィッツ　99, 135
フルトウェングラー　121
分解する　112
分岐する　112, 131
分岐点　62
分数イデアル　134

閉曲線　43
平方剰余　115
　——の相互法則　116
ベキ関数　65
　——の主値　65
ベキ級数　29
部屋割り論法　135
ベルヌーイ（ヨハン）　14
ベルヌーイ数　73
ベルヌーイ多項式　98
　拡張された——　156

ホイヘンス　20
母関数　98
ホモトピック　45
ボルツァーノ　13

マ　行

ミンコフスキの定理　127

明示公式（リーマンの）　95
メービウス関数　153

モレラの定理　50

ヤ　行

約数　108
ヤコビ　90
　——のテータ関数　93

有限体　114
有理型関数　54

ユークリッド 4

ラ 行

ライプニッツ 10
　——の公式 89
ラグランジュ 15
ラングランズ予想 143

理想数 129
リーマン 25, 57
　——のゼータ関数 72
　——の明示公式 95
リーマン–ジーゲルの公式 96
リーマン面 56
リーマン予想 94

リューヴィルの定理 51
留数 54

類数 135
類数公式 142
ルジャンドル記号 115
ルジャンドルの公式（ガンマ関数） 72

零点の位数 52

ローラン展開 53

ワ 行

ワイエルシュトラス 15, 25, 56

好評の事典・辞典・ハンドブック

数学オリンピック事典	野口　廣 監修	B5判 864頁
コンピュータ代数ハンドブック	山本　慎ほか 訳	A5判 1040頁
和算の事典	山司勝則ほか 編	A5判 544頁
朝倉 数学ハンドブック［基礎編］	飯高　茂ほか 編	A5判 816頁
数学定数事典	一松　信 監訳	A5判 608頁
素数全書	和田秀男 監訳	A5判 640頁
数論＜未解決問題＞の事典	金光　滋 訳	A5判 448頁
数理統計学ハンドブック	豊田秀樹 監訳	A5判 784頁
統計データ科学事典	杉山高一ほか 編	B5判 788頁
統計分布ハンドブック（増補版）	蓑谷千凰彦 著	A5判 864頁
複雑系の事典	複雑系の事典編集委員会 編	A5判 448頁
医学統計学ハンドブック	宮原英夫ほか 編	A5判 720頁
応用数理計画ハンドブック	久保幹雄ほか 編	A5判 1376頁
医学統計学の事典	丹後俊郎ほか 編	A5判 472頁
現代物理数学ハンドブック	新井朝雄 著	A5判 736頁
図説ウェーブレット変換ハンドブック	新　誠一ほか 監訳	A5判 408頁
生産管理の事典	圓川隆夫ほか 編	B5判 752頁
サプライ・チェイン最適化ハンドブック	久保幹雄 著	B5判 520頁
計量経済学ハンドブック	蓑谷千凰彦ほか 編	A5判 1048頁
金融工学事典	木島正明ほか 編	A5判 1028頁
応用計量経済学ハンドブック	蓑谷千凰彦ほか 編	A5判 672頁

価格・概要等は小社ホームページをご覧ください．

著者略歴

佐武一郎（さたけいちろう）

1927 年　山口県に生まれる
1950 年　東京大学理学部数学科卒業
1962–63 年　東京大学教授
1963–68 年　シカゴ大学教授
1968–83 年　カリフォルニア大学（バークレイ校）教授
1980–91 年　東北大学教授
1991–98 年　中央大学教授
現　在　カリフォルニア大学（バークレイ校）名誉教授
　　　　東北大学名誉教授
　　　　理学博士
主　著　『線形代数学』，裳華房，1958（増補改題，1974）．
　　　　"Algebraic Structures of Symmetric Domains"，岩波書店，1980.
　　　　『新版 リー環の話』，日本評論社，2002．

現代数学の源流（上）
―複素関数論と複素整数論―
　　　　　　　　　　　　　　　定価はカバーに表示

2007 年 2 月 20 日　初版第 1 刷
2017 年 3 月 25 日　　　　第 5 刷

　　　　　　　著　者　佐　武　一　郎
　　　　　　　発行者　朝　倉　誠　造
　　　　　　　発行所　株式会社　朝　倉　書　店

　　　　　　　　東京都新宿区新小川町6–29
　　　　　　　　郵便番号　162–8707
　　　　　　　　電　話　03(3260)0141
　　　　　　　　FAX　03(3260)0180
　　　　　　　　http://www.asakura.co.jp

〈検印省略〉

　　　　　　　　　　　　　　　東京書籍印刷・渡辺製本
© 2007〈無断複写・転載を禁ず〉

ISBN 978-4-254-11117-0　C 3041　　　Printed in Japan

JCOPY　<（社）出版者著作権管理機構 委託出版物>

本書の無断複写は著作権法上での例外を除き禁じられています．複写される場合は，そのつど事前に，（社）出版者著作権管理機構（電話 03-3513-6969，FAX 03-3513-6979，e-mail: info@jcopy.or.jp）の許諾を得てください．